Solutions Manual to Accompany
ELEMENTS OF VIBRATION ANALYSIS
SECOND EDITION

LEONARD MEIROVITCH

Virginia Polytechnic Institute and State University

Prepared by
   Joram Shenhar
      with contributions from
         Ching-Pyng Chang and Roger D. Quinn

McGraw-Hill Book Company
New York St. Louis San Francisco Auckland Bogotá Hamburg
London Madrid Mexico Montreal New Delhi Panama
Paris São Paulo Singapore Sydney Tokyo Toronto

Solutions Manual to Accompany
ELEMENTS OF VIBRATION ANALYSIS
Second Edition
Copyright ©1986 by McGraw-Hill, Inc. All rights reserved.
Printed in the United States of America. The contents, or
parts thereof, may be reproduced for use with
ELEMENTS OF VIBRATION ANALYSIS
Second Edition
by Leonard Meirovitch
provided such reproductions bear copyright notice, but may not
be reproduced in any form for any other purpose without
permission of the publisher.

0-07-041343-6

234567890 WHT WHT 898

Chapter 1

1.1

$$F_d = F_{d1} + F_{d2} = c_1(\dot{x}_2 - \dot{x}_1) + c_2(\dot{x}_2 - \dot{x}_1)$$

$$= (c_1 + c_2)(\dot{x}_2 - \dot{x}_1) = c_{eq}(\dot{x}_2 - \dot{x}_1)$$

$$\therefore c_{eq} = c_1 + c_2$$

$$F_d = c_2(\dot{x}_2 - \dot{x}_0) = c_1(\dot{x}_0 - \dot{x}_1)$$

$$\dot{x}_2 - \dot{x}_1 = (\frac{1}{c_1} + \frac{1}{c_2})F_d$$

$$F_d = (\frac{1}{c_1} + \frac{1}{c_2})^{-1}(\dot{x}_2 - \dot{x}_1) = c_{eq}(\dot{x}_2 - \dot{x}_1)$$

$$\therefore c_{eq} = (\frac{1}{c_1} + \frac{1}{c_2})^{-1}$$

1.2

$$m\ddot{x}(t) = -F_s = -k_{eq}x(t) \quad \therefore m\ddot{x}(t) + k_{eq}x(t) = 0$$

where $k_{eq} = (\frac{1}{k_1 + k_2} + \frac{1}{k_3})^{-1}$

1.3 $k_1 = k_2 = 500$ lb/in, $k_3 = 1500$ lb/in, $m = 1.5$ lb-s^2/in

$$k_{eq} = (\frac{1}{k_1 + k_2} + \frac{1}{k_3})^{-1} = (\frac{1}{1000} + \frac{1}{1500})^{-1} = 600 \text{ lb/in}$$

$$\omega_n = \sqrt{\frac{k_{eq}}{m}} = \sqrt{\frac{600}{1.5}} = 20 \text{ rad/s}$$

1.4 From the buoyancy law, $F_x = -g\gamma Ax$

$$F_x = m\ddot{x} = -g\gamma Ax \quad \therefore m\ddot{x} + \gamma g A x = 0, \quad \omega_n = \sqrt{\frac{\gamma A g}{m}} \text{ rad/s}$$

1.5 $M = 0.9$ kg, $\omega_n = \sqrt{\frac{k}{m}} = 100$ rad/s, $\Omega_n = \sqrt{\frac{k}{m+M}} = 80$ rad/s

$$k = 10^4 m, \quad k = 80^2(m + M) = 80^2(m + 0.9)$$

$$\therefore m = 1.6 \text{ kg}, \quad k = 16{,}000 \text{ N/m}$$

1.6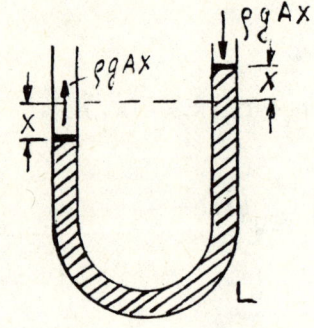

A = cross-sectional area

m = ρAL = total mass of liquid

$\sum F = -2\rho g A x = m\ddot{x} = \rho A L \ddot{x}$

$\therefore \ddot{x} + \omega_n^2 x = 0, \quad \omega_n = \sqrt{\dfrac{2g}{L}}$

$T = \dfrac{2\pi}{\omega_n} = 2\pi\sqrt{\dfrac{L}{2g}}$

1.7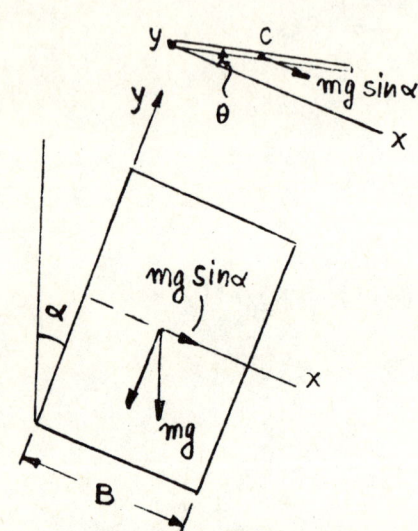

$\sum M_y = -mg \sin\alpha \dfrac{B}{2} \sin\theta = I_y \ddot{\theta}$

where, assuming that the door thickness is much smaller than the width,

$I_y \cong \dfrac{1}{3} mB^2$

$\therefore \dfrac{1}{3} mB^2 \ddot{\theta} + mg \dfrac{B}{2} \sin\alpha \sin\theta = 0$

For small θ,

$\ddot{\theta} + \omega_n^2 \theta = 0, \quad \omega_n = \sqrt{\dfrac{3g \sin\alpha}{2B}}$

1.8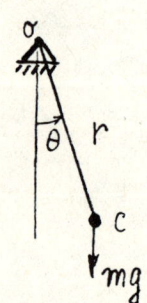

$\sum M_0 = -mgr \sin\theta = I_0 \ddot{\theta}$

For small θ,

$\ddot{\theta} + \omega_n^2 \theta = 0, \quad \omega_n = \dfrac{2\pi}{T} = \sqrt{\dfrac{mgr}{I_0}}$

$\therefore I_C = I_0 - mr^2 = \dfrac{mgrT^2}{4\pi^2} - mr^2$

1.9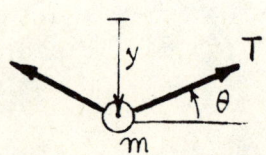

$\sum F_y = -2T \sin\theta = m\ddot{y}$

For small θ,

$$\sin\theta \cong \theta \cong \tan\theta \cong \frac{2y}{L}$$

$$\therefore\ m\ddot{y} + \frac{4T}{L}y = 0 \rightarrow \omega_n = \sqrt{\frac{4T}{mL}}$$

1.10
$$\sum M_0 = -mgh\sin\theta = I_0\ddot{\theta}$$

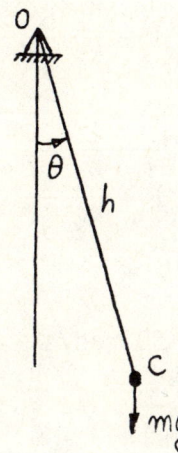

For small θ,

$$\ddot{\theta} + \omega_n^2\theta = 0,\ \omega_n = \sqrt{\frac{mgh}{I_0}}$$

$$I_0 = \frac{mgh}{\omega_n^2} = I_C + mh^2$$

$$\therefore\ h^2 - \frac{gh}{\omega_n^2} + \frac{I_C}{m} = 0$$

$$h^2 - 0.2725h + 0.0144 = 0$$

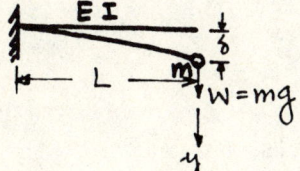 $= 0.1363 \pm \sqrt{0.1363^2 - 0.0144} = \begin{cases} 0.2008\ m \\ 0.0717\ m \end{cases}$

The radius of gyration of the pendulum is $r_g = \sqrt{\frac{I_C}{m}} = \sqrt{\frac{0.432 \times 10^{-4}}{3 \times 10^{-3}}} = 0.12\ m$

Because h must be smaller than r_g, $h = 0.0717\ m$

1.11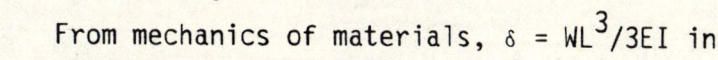

From mechanics of materials, $\delta = WL^3/3EI$ in

$k = W/\delta = 3EI/L^3$ lb/in

$F_y = m\ddot{y} = -ky \quad \therefore\ m\ddot{y} + ky = 0,\ T = \frac{2\pi}{\omega_n} = 2\pi\sqrt{\frac{mL^3}{3EI}}$ s

1.12 From mechanics of materials, $\alpha = \frac{ML}{GJ}$, $k_{eq} = \frac{M}{\alpha} = \frac{GJ}{L}$

$$M_x = -k_{eq}\theta = -\frac{GJ}{L}\theta = I\ddot{\theta} \quad \therefore\ I\ddot{\theta} + \frac{GJ}{L}\theta = 0,\ \omega_n = \sqrt{\frac{GJ}{IL}}\ \text{rad/s}$$

1.13 Choose the static equilibrium position of the mass m as the reference for y

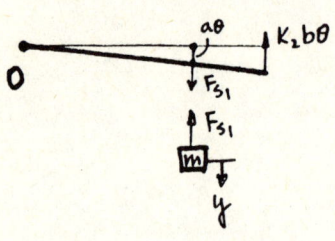

$$\Sigma F_y = m\ddot{y} = -F_{s1} = -k_1(y - a\theta)$$

$$\Sigma M_O = bF_{s2} - aF_{s1} = 0, \quad F_{s2} = k_2 b\theta$$

$$\therefore k_2 b^2 \theta - ak_1(y - a\theta) = 0 \rightarrow \theta = \frac{1}{1 + \frac{k_2}{k_1}\frac{b^2}{a^2}} \frac{y}{a}$$

$$m\ddot{y} + k_1 y - k_1 a \frac{1}{1 + \frac{k_2}{k_1}\frac{b^2}{a^2}} \frac{y}{a} = 0 \quad \therefore m\ddot{y} + k_{eq} y = 0, \quad k_{eq} = \frac{k_1}{1 + \frac{k_1}{k_2}\frac{a^2}{b^2}}$$

$$\omega_n = \sqrt{\frac{k_{eq}}{m}} = \sqrt{\frac{k_1}{m(1 + \frac{k_1}{k_2}\frac{a^2}{b^2})}} = \sqrt{\frac{2500}{1 \times (1 + \frac{2500}{900} \cdot \frac{80^2}{100^2})}} = 30 \text{ rad/s}$$

1.14 $k_1 = GJ_1/L_1$, $K_2 = GJ_2/L_2$, $k_{eq} = k_1 + k_2$

$$\Sigma M = -k_{eq}\theta = I_p \ddot{\theta} \rightarrow \ddot{\theta} + \omega_n^2 \theta = 0, \quad \omega_n = \sqrt{\frac{k_{eq}}{I_p}}$$

$$J = \frac{\pi d^4}{32} \rightarrow k_{eq} = \frac{\pi G}{32}\left(\frac{d_1^4}{L_1} + \frac{d_2^4}{L_2}\right) = \frac{\pi \times 80 \times 10^9}{32}\left(\frac{0.05^4}{2.5} + \frac{0.025^4}{1.0}\right) = 22{,}702 \text{ N·m}$$

$$\omega_n = \sqrt{\frac{22{,}702}{0.8}} = 168.5 \text{ rad/s}$$

1.15 From mechanics of materials

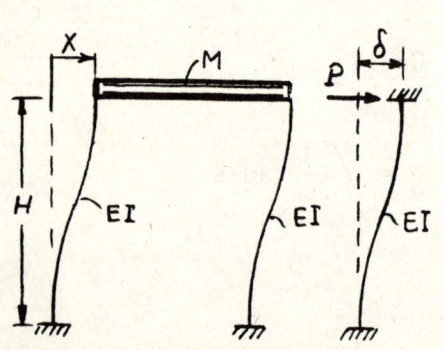

$$\delta = \frac{PH^3}{12EI} \rightarrow k_{eq} = \frac{P}{\delta} = \frac{12EI}{H^3}$$

Equation of motion,

$$M\ddot{x} + 2k_{eq}x = 0, \quad \omega_n = \sqrt{\frac{2k_{eq}}{M}} = \sqrt{\frac{24EI}{MH^3}}$$

1.16

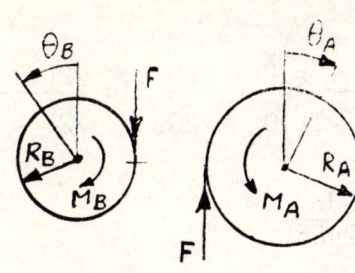

$R_A = nR_B \rightarrow \theta_B = n\theta_A$

$\sum M_A = FR_A - M_A = I_A \ddot{\theta}_A, \quad M_A = \dfrac{GJ}{L} \theta_A$

$\sum M_B = -FR_B - M_B = I_B \ddot{\theta}_B, \quad M_B = \dfrac{GJ}{L} \theta_B$

$I_A \ddot{\theta}_A + \dfrac{GJ}{L} \theta_A - FR_A = 0, \quad I_B \ddot{\theta}_B + \dfrac{GJ}{L} \theta_B + FR_B = 0$

Eliminating F and considering the geometric and kinematic relations,

$(I_A + n^2 I_B) \ddot{\theta}_A + \dfrac{GJ}{L}(1 + n^2) \theta_A = 0 \rightarrow \omega_n = \sqrt{\dfrac{GJ(1 + n^2)}{L(I_A + n^2 I_B)}}$

1.17   Equivalent spring constant for a beam fixed at both ends

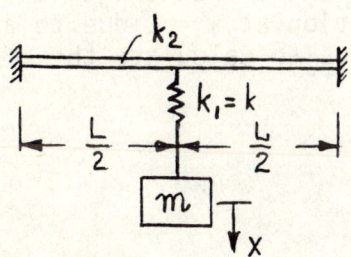

$k_2 = \dfrac{192EI}{L^3}$

Equivalent spring constant for two springs in series

$k_{eq} = \dfrac{1}{\dfrac{1}{k_1} + \dfrac{1}{k_2}} = \dfrac{k_1 k_2}{k_1 + K_2} = \dfrac{192EIk}{kL^3 + 192EI}$

$m\ddot{x} + k_{eq} x = 0 \rightarrow \omega_n = \sqrt{\dfrac{192 EIk}{(kL^3 + 192EI)m}}$

1.18   To derive the equivalent spring constant for the shaft, determine $\theta(L)$ by solving

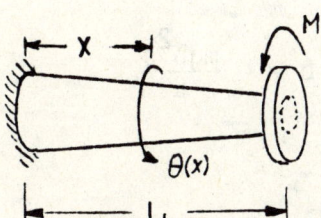

$\dfrac{d}{dx}\left[GJ(x) \dfrac{d\theta(x)}{dx}\right] = 0, \quad \theta(0) = 0, \quad GJ \dfrac{d\theta}{dx}\bigg|_{x=L} = M$

Integrating once,

$GJ(x) \dfrac{d\theta(x)}{dx} = c_1 \rightarrow GJ \dfrac{d\theta}{dx}\bigg|_{x=L} = M \rightarrow c_1 = M$

5

$$\theta(x) = c_2 + \int_0^x \frac{M}{GJ(\xi)} d\xi, \quad \theta(0) = 0 \to c_2 = 0$$

$$\frac{M}{GJ} \int_0^x \frac{d\xi}{1 - \frac{1}{2}\frac{\xi^2}{L^2}} = \frac{2L^2 M}{GJ} \int_0^x \frac{d\xi}{2L^2 - \xi^2} = \frac{2L^2 M}{GJ} \frac{1}{2\sqrt{2}L} \ln \frac{\sqrt{2}L + \xi}{\sqrt{2}L - \xi}\Big|_0^x = \frac{LM}{\sqrt{2}GJ} \ln \frac{\sqrt{2}L + x}{\sqrt{2}L - x}$$

$$\theta(L) = \frac{LM}{\sqrt{2}GJ} \ln \frac{\sqrt{2} + 1}{\sqrt{2} - 1} = 1.2465 \frac{LM}{GJ} \to k_{eq} = \frac{M}{\theta(L)} = \frac{GJ}{1.2465L}$$

Equation of motion

$$I\ddot{\theta} + k_{eq}\theta = 0, \quad \theta = \theta(L) \to \omega_n = \sqrt{\frac{k_{eq}}{I}} = \sqrt{\frac{GJ}{1.2465LI}}$$

1.19 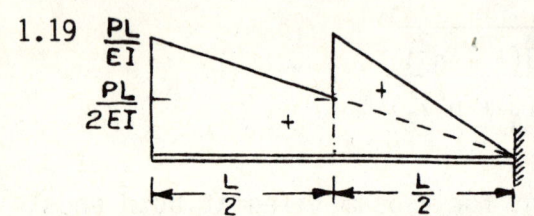 According to the conjugate beam method, the deflection at a given point on the beam is equal to the moment of the area at the same point on a conjugate beam loaded with the bending moment diagram divided by the bending stiffness. A fixed end corresponds to a free end on the conjugate beam and a free end to a fixed end. We use this method to calculate the deflection at $x = L$ due to a load P at the same point. This, in turn, will permit us to calculate the equivalent spring constant.

From the figure, the deflection at $x = L$ is

$$\delta = \frac{1}{2} \frac{PL}{EI} L \frac{2L}{3} + \frac{1}{2} \frac{PL}{2EI} \frac{L}{2} \frac{L}{3} = \frac{1}{3} \frac{PL^3}{EI} \left(1 + \frac{1}{8}\right) = \frac{3PL^3}{8EI}$$

$$\therefore k_{eq} = \frac{P}{\delta} = \frac{8EI}{3L^3}$$

Equation of motion,

$$m\ddot{y} + k_{eq} y = 0, \quad \omega_n = \sqrt{\frac{k_{eq}}{m}} = \sqrt{\frac{8EI}{3mL^3}} \to T = \frac{2\pi}{\omega_n} = 2\pi \sqrt{\frac{3mL^3}{8EI}}$$

1.20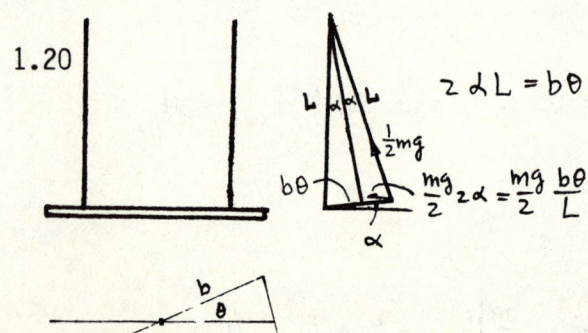

$2\alpha L = b\theta$

$$\Sigma M_0 = I\ddot{\theta} = -2\frac{mg}{2}\frac{b\theta}{L} b = -\frac{mgb^2\theta}{L}$$

$$\frac{1}{3} ma^2 \ddot{\theta} + \frac{mgb^2}{L} \theta = 0$$

$$\ddot{\theta} + \frac{3b^2 g}{a^2 L} \theta = 0$$

1.21

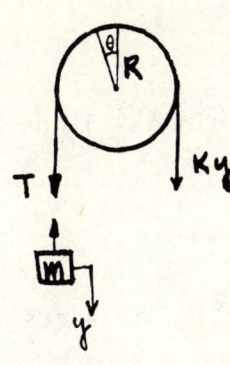

$\Sigma M_O = (T - ky)R = I\ddot{\theta}$, $\theta = \frac{y}{R}$

$\Sigma F_y = -T = m\ddot{y}$

$\therefore \ddot{y} + \frac{k}{m + I/R^2} y = 0$

$\omega_n = \sqrt{\frac{k}{m + I/R^2}} = \sqrt{\frac{2500}{2.5 + 600/20^2}} = 25$ rad/s

1.22

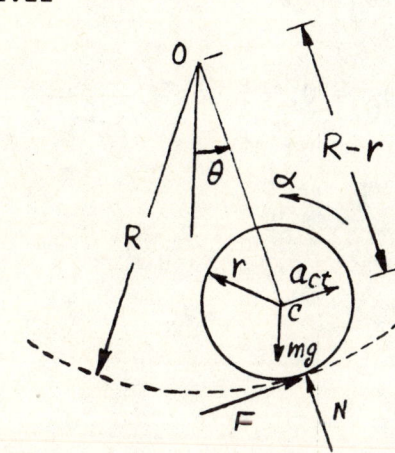

From kinematics, $a_{Ct} = (R - r)\ddot{\theta} = -r\alpha$

$\Sigma F_t = F - mg \sin\theta = ma_{Ct} = m(R - r)\ddot{\theta}$

$\Sigma M_C = Fr = I_C \alpha = -I_C \frac{R-r}{r}\ddot{\theta}$, $I_C = \frac{1}{2} mr^2$

Eliminating F,

$\frac{3}{2} m(R - r)\ddot{\theta} + mg \sin\theta = 0$

For small θ,

$\frac{3}{2} m(R - r)\ddot{\theta} + mg\theta = 0 \rightarrow \omega_n = \sqrt{\frac{2g}{3(R - r)}}$

1.23

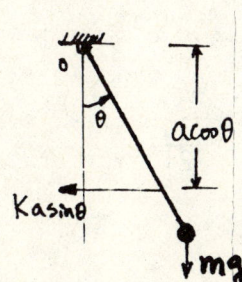

$\Sigma M_O = mL^2 \ddot{\theta} = -ka \sin\theta\, a \cos\theta - mgL \sin\theta$

$\therefore mL^2 \ddot{\theta} + ka^2 \sin\theta \cos\theta + mgL \sin\theta = 0$

For small θ,

$\ddot{\theta} + \left(\frac{k}{m}\frac{a^2}{L^2} + \frac{g}{L}\right)\theta = 0$, $\omega_n = \sqrt{\frac{k}{m}\frac{a^2}{L^2} + \frac{g}{L}}$

7

1.24
$$\sum M_0 = -mg\frac{1}{2}\sin\theta + \frac{1}{2}m\Omega^2 l \sin\theta \frac{2}{e} l \cos\theta$$

$$= I_0\ddot{\theta}, \quad I_0 = \frac{ml^2}{3}$$

$$\therefore \frac{1}{3}ml^2\ddot{\theta} + \frac{mgl}{2}\sin\theta - \frac{1}{3}m\Omega^2 l^2 \sin\theta\cos\theta = 0$$

(a) In equilibrium, $\theta = \theta_0$, $\dot{\theta} = \ddot{\theta} = 0$

$$ml(\frac{g}{2} - \frac{1}{3}\Omega^2 l \cos\theta_0)\sin\theta_0 = 0$$

Equilibrium positions: $\theta_0 = 0, \pi, \cos^{-1}\frac{3g}{2\Omega^2 l}$

(b) Let $\theta(t) = \theta_0 + \theta_1(t)$, $\theta_1(t)$ = small, so that

$$\sin\theta \cong \sin\theta_0 + \theta_1 \cos\theta_0,$$

$$\cos\theta \cong \cos\theta_0 - \theta_1 \sin\theta_0$$

Introducing into the equation of motion and ignoring second-order terms in θ_1,

$$\ddot{\theta}_1 + (\frac{3g}{2l}\cos\theta_0 - \Omega^2 \cos 2\theta_0)\theta_1 = 0$$

(c) For stability, $\frac{3g}{2l}\cos\theta_0 - \Omega^2 \cos 2\theta_0 > 0$

Equilibrium position $\theta_0 = 0$ is stable if $\Omega^2 < \frac{3g}{2l}$

Equilibrium position $\theta_0 = \cos^{-1}\frac{3g}{2\Omega^2 l}$ is stable if $\Omega^2 > \frac{3g}{2l}$

Equilibrium position $\theta_0 = \pi$ is unstable

(d) $\theta_0 = 0$, $\omega_n = \sqrt{\frac{3g}{2l} - \Omega^2}$

$\theta_0 = \cos^{-1}\frac{3g}{2\Omega^2 l}$, $\omega_n = \sqrt{\Omega^2 - \frac{9g^2}{4\Omega^2 l^2}}$

(e) For very large Ω, $\omega_n = \Omega$ and $\theta_0 = \frac{\pi}{2}$ → Bar oscillates about the horizontal position.

1.25 $\quad \Sigma M_0 = mL^2 \ddot{\theta} = mgL \sin \theta - kL \sin \theta \, L \cos \theta$

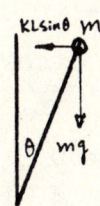

$$\therefore \ddot{\theta} + \frac{k}{m} \sin \theta \cos \theta - \frac{g}{L} \sin \theta = 0$$

(a) Equilibrium equation: $kL \sin \theta_0 \cos \theta_0 = mg \sin \theta_0$

Equilibrium positions: $\begin{cases} \sin \theta_0 = 0 \to \theta_0 = 0 \\ \cos \theta_0 = \frac{mg}{kL} \to \theta_0 = \cos^{-1} \frac{mg}{kL} \end{cases}$

(b) Let $\theta = \theta_0 + \theta_1$, where θ_1 is sufficiently small that

$$\sin \theta \cong \sin \theta_0 + \theta_1 \cos \theta_0, \quad \cos \theta \cong \cos \theta_0 - \theta_1 \sin \theta_0$$

$$\therefore \ddot{\theta}_1 + (\frac{k}{m} \cos 2\theta_0 - \frac{g}{L} \cos \theta_0) \theta_1 = 0, \quad \omega_n = \sqrt{\frac{k}{m} \cos 2\theta_0 - \frac{g}{L} \cos \theta_0}$$

For $\theta_0 = 0$, the differential equation becomes

$$\ddot{\theta}_1 + (\frac{k}{m} - \frac{g}{L}) \theta_1 = 0$$

For $\theta_0 = \cos^{-1} \frac{mg}{kL}$, it is

$$\ddot{\theta}_1 + \frac{k}{m} [(\frac{mg}{kL})^2 - 1] \theta_1 = 0$$

(c) For $\theta_0 = 0$, system is stable if $\frac{k}{m} > \frac{g}{L}$

For $\theta_0 = \cos^{-1} \frac{mg}{kL}$, system is unstable because $(\frac{mg}{kL})^2 - 1 = \cos^2 \theta_0 - 1 < 0$

(d) For $\theta_0 = 0$, $\omega_n = \sqrt{\frac{k}{m} - \frac{g}{L}}$

1.26 $\sum M_0 = -k \frac{L}{2} \sin \theta \frac{L}{2} \cos \theta + mg(L \cos \theta + H \sin \theta) = I_0 \ddot{\theta}, \quad I_0 = m(L^2 + H^2)$

$$m(L^2 + H^2) \ddot{\theta} + \frac{kL^2}{4} \sin \theta \cos \theta - mg(L \cos \theta + H \sin \theta) = 0$$

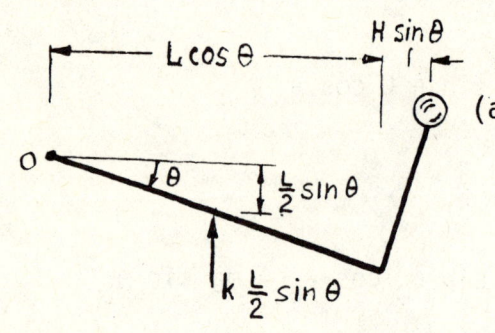

(a) In equilibrium, $\theta = \theta_0$, $\ddot{\theta} = 0$.

Equilibrium equation, $\frac{kL^2}{4} \sin \theta_0 \cos \theta_0 - mg(L \cos \theta_0 + H \sin \theta_0) = 0$

(b) Let $\theta(t) = \theta_0 + \theta_1(t)$, $\theta_1(t)$ = small, so that

$$\sin \theta \cong \sin \theta_0 + \theta_1 \cos \theta_0, \quad \cos \theta \cong \cos \theta_0 - \theta_1 \sin \theta_0$$

Ignoring second-order terms in θ_1,

$$m(L^2 + H^2)\ddot{\theta}_1 + [\frac{kL^2}{4} \cos 2\theta_0 - mg(H \cos \theta_0 - L \sin \theta_0)]\theta_1 = 0$$

(c) $\omega_n = \sqrt{\dfrac{kL^2 \cos 2\theta_0 - 4mg(H \cos \theta_0 - L \sin \theta_0)}{4m(L^2 + H^2)}}$

(d) For instability, $\frac{kL^2}{4} \cos 2\theta_0 - mg(H \cos \theta_0 - L \sin \theta_0) < 0$

$$\therefore \quad H > \frac{kL^2 \cos 2\theta_0 + 4mgL \sin \theta_0}{4mgL \cos \theta_0}$$

1.27

$\sum M_x = -c\dot{\theta} - k_{eq}\theta = I\ddot{\theta}$

where, from Problem 1.12, $k_{eq} = \frac{GJ}{L}$

$\therefore \quad I\ddot{\theta} + c\dot{\theta} + \frac{GJ}{L}\theta = 0$

Letting $\frac{c}{I} = 2\zeta\omega_n$, $\frac{GJ}{IL} = \omega_n^2$

$\ddot{\theta} + 2\zeta\omega_n\dot{\theta} + \omega_n^2\theta = 0$

For $\zeta < 1$, $\omega_d = \omega_n(1-\zeta^2)^{1/2} = (\frac{GJ}{IL} - \frac{c^2}{4I^2})^{1/2} \rightarrow T = \frac{2\pi}{\omega_d} = 2\pi(\frac{GJ}{IL} - \frac{c^2}{4I^2})^{-1/2}$

1.28 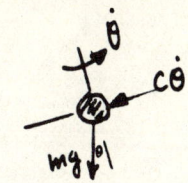 For arbitrary θ,

$$mL\ddot{\theta} = -c\dot{\theta} - mg\sin\theta \quad \therefore \quad mL\ddot{\theta} + c\dot{\theta} + mg\sin\theta = 0$$

For small θ, $\sin\theta \approx \theta$. Then, $\ddot{\theta} + \dfrac{c}{mL}\dot{\theta} + \dfrac{g}{L}\theta = 0$

Let $\dfrac{c}{mL} = 2\zeta\omega_n$, $\dfrac{g}{L} = \omega_n^2$ $\quad\therefore\quad \ddot{\theta} + 2\zeta\omega_n\dot{\theta} + \omega_n^2\theta = 0$

For $0 < \zeta < 1$, $\omega_d = \omega_n(1-\zeta^2)^{1/2} = \left[\dfrac{g}{L} - \dfrac{c^2}{4m^2L^2}\right]^{1/2}$

1.29 From Eq. (1.50),

$$x(t) = (A_1' e^{\sqrt{\zeta^2-1}\,\omega_n t} + A_2' e^{-\sqrt{\zeta^2-1}\,\omega_n t})e^{-\zeta\omega_n t}$$

$$= [(A_1' + A_2')\tfrac{1}{2}(e^{\sqrt{\zeta^2-1}\,\omega_n t} + e^{-\sqrt{\zeta^2-1}\,\omega_n t})$$

$$+ (A_1' - A_2')\tfrac{1}{2}(e^{\sqrt{\zeta^2-1}\,\omega_n t} - e^{-\sqrt{\zeta^2-1}\,\omega_n t})]e^{-\zeta\omega_n t}$$

$$= [(A_1' + A_2')\cosh\sqrt{\zeta^2-1}\,\omega_n t + [(A_1' - A_2')\sinh\sqrt{\zeta^2-1}\,\omega_n t]e^{-\zeta\omega_n t}$$

$$= (C_1 \cosh\sqrt{\zeta^2-1}\,\omega_n t + C_2 \sinh\sqrt{\zeta^2-1}\,\omega_n t)e^{-\zeta\omega_n t}$$

where $C_1 = A_1' + A_2'$, $C_2 = A_1' - A_2'$

As $\zeta \to 1$, $\cosh\sqrt{\zeta^2-1}\,\omega_n t \to 1$ and $\sinh\sqrt{\zeta^2-1}\,\omega_n t \to \sqrt{\zeta^2-1}\,\omega_n t$

$$\therefore \quad x(t) = (C_1 + C_2\sqrt{\zeta^2-1}\,\omega_n t)e^{-\omega_n t} = (A_1 + A_2 t)e^{-\omega_n t}$$

where $C_1 = A_1$, $C_2\sqrt{\zeta^2-1}\,\omega_n = A_2$

1.30 Choose the equilibrium position as the reference position. Then,

$$\Sigma M_0 = mL^2\ddot{\theta} = -Ka\theta a - cL\dot{\theta}L \to \ddot{\theta} + \dfrac{c}{m}\dot{\theta} + \dfrac{ka^2}{mL^2}\theta = 0$$

Let $\frac{c}{m} = 2\zeta\omega_n$, $\frac{ka^2}{mL^2} = \omega_n^2$.

Then, $\ddot{\theta} + 2\zeta\omega_n\dot{\theta} + \omega_n^2\theta = 0$

$$\omega_d = \omega_n(1-\zeta^2)^{1/2} = \left(\frac{ka^2}{mL^2} - \frac{c^2}{4m^2}\right)^{1/2}$$

$$= \left(\frac{4000 \times 50^2}{10 \times 100^2} - \frac{20^2}{4 \times 10^2}\right)^{1/2} = \sqrt{99} = 9.95 \text{ rad/s}$$

1.31 $\ddot{x} + 2\zeta\omega_n\dot{x} + \omega_n^2 x = 0$, $\omega_n = \sqrt{\frac{\gamma A g}{m}}$

$\zeta > 1$. From Prob. 1.29,

$$x(t) = (C_1 \cosh\sqrt{\zeta^2-1}\,\omega_n t + C_2 \sinh\sqrt{\zeta^2-1}\,\omega_n t)e^{-\zeta\omega_n t}$$

$x(0) = x_0 = C_1$
$\dot{x}(0) = 0 = -\zeta\omega_n C_1 + \sqrt{\zeta^2-1}\,\omega_n C_2$ $\rightarrow$ $\begin{cases} C_1 = x_0 \\ C_2 = \dfrac{\zeta}{\sqrt{\zeta^2-1}} x_0 \end{cases}$

$\therefore x(t) = x_0\left(\cosh\sqrt{\zeta^2-1}\,\omega_n t + \dfrac{\zeta}{\sqrt{\zeta^2-1}} \sinh\sqrt{\zeta^2-1}\,\omega_n t\right)e^{-\zeta\omega_n t}$

$\zeta = 1$. From Eq. (1.51),
$$x(t) = (A_1 + A_2 t)e^{-\omega_n t}$$

$x(0) = x_0 = A_1$
$\dot{x}(0) = 0 = -\omega_n A_1 + A_2$ $\rightarrow$ $\begin{cases} A_1 = x_0 \\ A_2 = \omega_n A_1 = \omega_n x_0 \end{cases}$

$\therefore x(t) = x_0(1 + \omega_n t)e^{-\omega_n t}$

$\zeta < 1$. From Eq. (1.54),

$$x(t) = A e^{-\zeta\omega_n t} \cos(\omega_d t - \phi)$$

$x(0) = x_0 = A\cos\phi$
$\dot{x}(0) = 0 = -\zeta\omega_n A\cos\phi + \omega_d A\sin\phi$ $\rightarrow$ $\begin{cases} A\cos\phi = x_0 \\ A\sin\phi = \dfrac{\zeta}{\sqrt{1-\zeta^2}} x_0 \end{cases}$

$$\therefore x(t) = x_0 e^{-\zeta\omega_n t}\left(\cos \omega_d t + \frac{\zeta}{\sqrt{1-\zeta^2}} \sin \omega_d t\right)$$

1.32 $\quad x_0 = 10$ in, $\omega_n = 5$ rad/s, $0 \le t \le 6$

$$\zeta = 2, \; x(t) = x_0\left(\cosh\sqrt{\zeta^2 - 1}\,\omega_n t + \frac{\zeta}{\sqrt{\zeta^2 - 1}} \sinh\sqrt{\zeta^2 - 1}\,\omega_n t\right)e^{-\zeta\omega_n t}$$

$$= 10\,(\cosh 8.66t + 1.155 \sinh 8.66t)e^{-10t}$$

[Graph of $x(t)$ vs t (sec), decaying from 10 to 0 by about $t=2$]

$$\zeta = 1, \; x(t) = x_0(1 + \omega_n t)e^{-\omega_n t} = 10(1 + 5t)e^{-5t}$$

[Graph of $x(t)$ vs t (sec), decaying from 10 to 0 by about $t=3$]

$$\zeta = 0.1, \; x(t) = x_0[1 + \zeta^2(\omega_n/\omega_d)^2]^{1/2} e^{-\zeta\omega_n t} \cos(\omega_d t - \phi),$$

$$\phi = \cos^{-1}\frac{1}{[1 + \zeta^2(\omega_n/\omega_d)^2]^{1/2}}$$

$$x(t) = x_0 e^{-\zeta\omega_n t}\left(\cos \omega_d t + \zeta\frac{\omega_n}{\omega_d} \sin \omega_d t\right)$$

$$= 10 e^{-0.5t}\left(\cos \omega_d t + \frac{0.5}{\omega_d} \sin \omega_d t\right), \quad \omega_d = 5.0 \times (0.99)^2 \text{ rad/s}$$

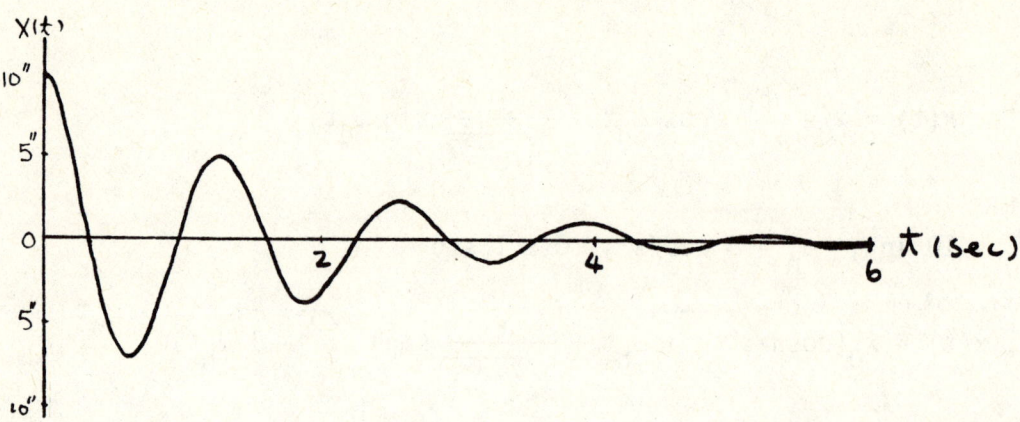

1.33 From Eq. (1.54), $x(t) = Ae^{-\zeta\omega_n t} \cos(\omega_d t - \phi)$

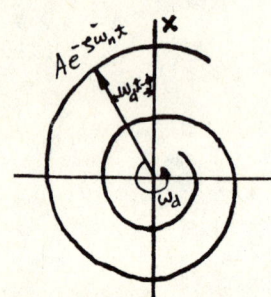 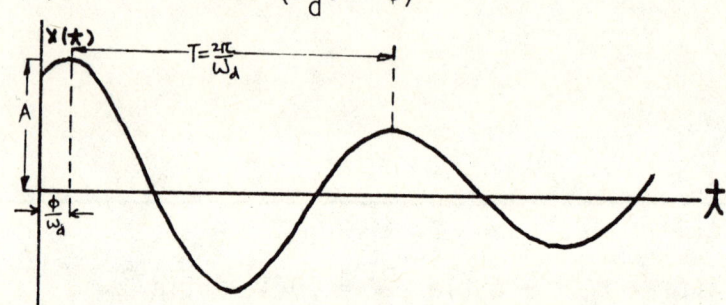

1.34 $\delta = \ln \frac{x_1}{x_2} = \zeta\omega_n T = \ln \frac{1}{0.75} = \ln \frac{4}{3}$, $\zeta \cong \frac{\delta}{2\pi} = \frac{1}{2\pi} \ln \frac{4}{3}$

$$\left|\frac{x_{4.5}}{x_1}\right| = \left|\frac{Ae^{-\zeta\omega_n(t_1 + 4.5T)} \cos[\omega_d(t_1+4.5T) - \phi]}{Ae^{-\zeta\omega_n t_1} \cos(\omega_d t_1 - \phi)}\right| = \left|-e^{-\zeta\omega_n(\frac{9}{2}T)}\right|$$

$$= e^{-\frac{9}{2}\zeta\omega_n T} = e^{-\frac{9}{2}\delta} = e^{-\frac{9}{2}\ln\frac{4}{3}} = 0.274 = 27.4\%$$

1.35 For $n = 1$, $x(t) = (x_0 - f_d)\cos \omega_n t + f_d$

Motion stops at the end of the first half cycle if

$(x_0 - f_d)(-1) + f_d > -f_d$ $\therefore x_0 - f_d < 2f_d$

For $n = 2$, $x(t) = (x_0 - 3f_d)\cos \omega_n t - f_d$

Motion stops at the end of the second half cycle if

$(x_0 - 3f_d) - f_d < f_d$ $\therefore x_0 - 3f_d < 2f_d$

- -

$\therefore x_0 - (2n - 1)f_d < 2f_d$

1.36 $\omega_n = \sqrt{\dfrac{k}{m}} = \sqrt{\dfrac{800}{2}} = 20$ rad/s

$0 \le t \le t_1$: $x_1(t) = 0.0966 + (1.2 - 0.0966)\cos \omega_n t = 0.0966 + 1.1034 \cos 20t$

$t_1 \le t \le t_2$: $x_2(t) = -0.0966 + (1.2 - 3 \times 0.0966)\cos \omega_n t$

$\qquad\qquad\qquad\quad = -0.0966 + 0.9102 \cos 20t$

- -

Setting $\dot{x}_1 = \dot{x}_2 = \ldots = 0$, we obtain $t_n = \dfrac{n\pi}{20}$ ($n = 1, 2, \ldots$). Then, we can plot the required curve for each time period.

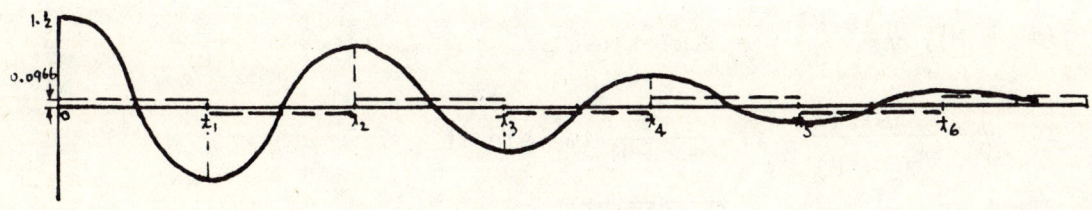

Chapter 2

2.1

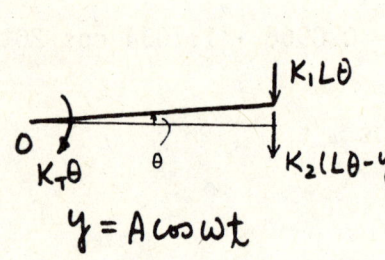

$\Sigma M_O = - k_1 L\theta L - k_2(L\theta - y)L - k_T\theta = I_0\ddot\theta$

$\therefore \ddot\theta + [\dfrac{L^2}{I_0}(k_1 + k_2) + \dfrac{k_T}{I_0}]\theta = \dfrac{k_2 LA}{I_0}\cos\omega t$

At resonance $\omega^2 = \omega_r^2 = \dfrac{L^2}{I_0}(k_1 + k_2) + \dfrac{k_T}{I_0}$

$\omega_n = \sqrt{\dfrac{k_T}{I_0}} = \sqrt{\omega_r^2 - \dfrac{L^2}{I_0}(k_1 + k_2)}$

2.2

$x_{st} = \dfrac{PL^3}{192EI} \quad k_{eq} = \dfrac{P}{x_{st}} = \dfrac{192EI}{L^3}$

From Eq. (2.58), we can write

$(m_s + M)\ddot y + \dfrac{192EI}{L^3} y = m\ell\omega^2 \sin\omega t$

$\therefore \ddot y + \dfrac{192EI}{(m_s + M)L^3} y = \dfrac{m}{m_s + M}\ell\omega^2 \sin\omega t$

Resonance frequency $\omega_r = \sqrt{\dfrac{192EI}{(m_s + M)L^3}}$

Adjust the frequency of rotation until resonance occurs. Then,

$\omega_n = \sqrt{\dfrac{192EI}{ML^3}} = \omega_r\sqrt{1 + \dfrac{m_s}{M}}$

2.3

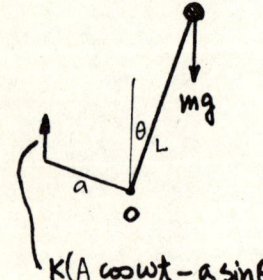

$\Sigma M_O = mgL\sin\theta + k(A\cos\omega t - a\sin\theta)\, a\cos\theta = I_0\ddot\theta = mL^2\ddot\theta$

$\therefore \ddot\theta + (\dfrac{a^2}{L^2}\dfrac{k}{m}\cos\theta - \dfrac{g}{L})\sin\theta = \dfrac{akA}{mL^2}\cos\theta\cos\omega t$

If θ is small, then $\sin\theta \approx \theta$, $\cos\theta \approx 1$, so that

$\ddot\theta + (\dfrac{a^2}{L^2}\dfrac{k}{m} - \dfrac{g}{L})\theta = \dfrac{akA}{mL^2}\cos\omega t$

The solution is

$\theta(t) = C\cos(\omega_n t - \phi) + \dfrac{akA/mL^2}{\omega_n^2 - \omega^2}\cos\omega t$

where

$$\omega_n^2 = \frac{a^2}{L^2}\frac{k}{m} - \frac{g}{L}$$

in which C, ϕ are constants to be determined from the initial conditions.

2.4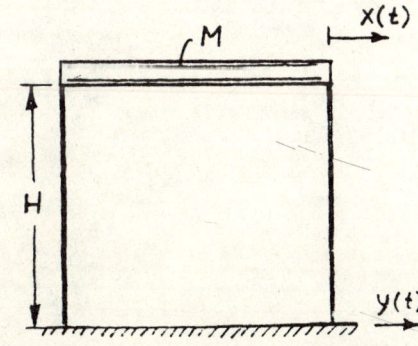
$$\Sigma F_x = P_0 \cos \omega t - 2A\rho g x = LA\rho \ddot{x}$$

$$\therefore \ddot{x} + \frac{2g}{L} x = \frac{P_0}{LA\rho} \cos \omega t$$

$$\omega_n = \sqrt{\frac{2g}{L}}$$

2.5 $F_y = -k_{eq}(y - x) = M\ddot{y}$, $k_{eq} = \dfrac{3EI}{L^3}$

$$\therefore M\ddot{y} + k_{eq}y = k_{eq}x = k_{eq}A \cos \omega t$$

$$\omega_r = \omega_n = \sqrt{\frac{k_{eq}}{M}} = \sqrt{\frac{3EI}{ML^3}}$$

2.6
$$M\ddot{x} + k_{eq}(x - y) = 0, \quad k_{eq} = \frac{24EI}{H^3}$$

$$M\ddot{x} + k_{eq}x = k_{eq}y = k_{eq}y_0 \sin \omega t$$

$$\ddot{x} + \omega_n^2 x = \omega_n^2 y_0 \sin \omega t, \quad \omega_n = \sqrt{\frac{k_{eq}}{M}} = \sqrt{\frac{24EI}{MH^3}}$$

From Eq. (2.53),

$$x(t) = \frac{y_0}{1 - (\omega/\omega_n)^2} \sin \omega t$$

2.7 From Problem 1.16,

$$(I_A + n^2 I_B)\ddot{\theta}_A + \frac{GJ}{L}(1 + n^2)\theta_A = M_0 \cos \omega t$$

$$\ddot{\theta}_A + \omega_n^2 \theta_A = \frac{M_0}{I_A + n^2 I_B} \cos \omega t, \quad \omega_n^2 = \frac{GJ}{L}\frac{1 + n^2}{I_A + n^2 I_B}$$

The solution is

$$\theta_A = \frac{M_0}{I_A + n^2 I_B}\frac{\cos \omega t}{\omega_n^2 - \omega^2} = \frac{M_0 L}{GJ(1 + n^2)[1 - (\omega/\omega_n)^2]} \cos \omega t$$

$$\theta_B = n\theta_A = \frac{M_0 L n}{GJ(1 + n^2)[1 - (\omega/\omega_n)^2]} \cos \omega t$$

2.8 $m\ddot{x} + c\dot{x} + kx = kA \sin \omega t$

$$\ddot{x} + 2\zeta\omega_n \dot{x} + \omega_n^2 x = \omega_n^2 A \sin \omega t, \quad 2\zeta\omega_n = \frac{c}{m}, \quad \omega_n^2 = \frac{k}{m}$$

Assume solution $x(t) = X(\omega) \sin(\omega t - \phi)$

$$\therefore \dot{x}(t) = \omega X(\omega) \cos(\omega t - \phi)$$

$$\ddot{x}(t) = -\omega^2 X(\omega) \sin(\omega t - \phi)$$

$\sin(\omega t - \phi) = \sin \omega t \cos \phi - \cos \omega t \sin \phi,$

$\cos(\omega t - \phi) = \cos \omega t \cos \phi + \sin \omega t \sin \phi$

$-\omega^2 X(\sin \omega t \cos \phi - \cos \omega t \sin \phi) + 2\zeta\omega_n \omega X(\cos \omega t \cos \phi + \sin \omega t \sin \phi)$

$+ \omega_n^2 X(\sin \omega t \cos \phi - \cos \omega t \sin \phi) = \omega_n^2 A \sin \omega t$

Equating coefficients of $\sin \omega t$ and $\cos \omega t$ on both sides,

$[(\omega_n^2 - \omega^2) \cos \phi + 2\zeta\omega_n \omega \sin \phi] X = \omega_n^2 A$

$-[(\omega_n^2 - \omega^2) \sin \phi - 2\zeta\omega_n \omega \cos \phi] X = 0$

$$\tan \phi = \frac{2\zeta\omega_n \omega}{\omega_n^2 - \omega^2} = \frac{2\zeta\omega/\omega_n}{1 - (\omega/\omega_n)^2} \rightarrow \phi = \tan^{-1} \frac{2\zeta\omega/\omega_n}{1 - (\omega/\omega_n)^2}$$

$$\sin \phi = \frac{2\zeta\omega/\omega_n}{\{[1 - (\omega/\omega_n)^2 + (2\zeta\omega/\omega_n)^2\}^{1/2}},$$

$$\cos \phi = \frac{1 - (\omega/\omega_n)^2}{\{[1 - (\omega/\omega_n)^2]^2 + (2\zeta\omega/\omega_n)^2\}^{1/2}}$$

$$X = \frac{\omega_n^2 A}{(\omega_n^2 - \omega^2)\cos \phi + 2\zeta\omega_n \omega \sin \phi} = \frac{A}{[1 - (\omega/\omega_n)^2]\cos \phi + 2\zeta\omega/\omega_n \sin \phi}$$

$$= \frac{\{[1-\omega/\omega_n)^2]^2 + (2\zeta\omega/\omega_n)^2\}^{1/2} A}{[1-(\omega/\omega_n)^2]^2 + (2\zeta\omega/\omega_n)^2} = \frac{A}{\{[1-(\omega/\omega_n)^2]^2 + (2\zeta\omega/\omega_n)^2\}^{1/2}}$$

2.9 $\ddot{x} + 2\zeta\omega_n\dot{x} + \omega_n^2 x = \omega_n^2 f(t) = \omega_n^2 A e^{i\omega t}$

$x = X e^{i(\omega t - \phi)}$, $\dot{x} = i\omega X e^{i(\omega t - \phi)}$, $\ddot{x} = -\omega^2 X e^{i(\omega t - \phi)}$

$[1 - (\omega/\omega_n)^2 + i2\zeta\omega/\omega_n] X e^{i(\omega t - \phi)} = A e^{i\omega t}$

$[1 - (\omega/\omega_n)^2 + i2\zeta\omega/\omega_n] X e^{-i\phi} = A$

Separating the real and imaginary parts,

$\{[1 - (\omega/\omega_n)^2] \cos\phi + (2\zeta\omega/\omega_n)\sin\phi\} X = A$

$-\{[1 - (\omega/\omega_n)^2]\sin\phi - (2\zeta\omega/\omega_n \sin\phi\} X = 0$

yielding

$$X = \frac{A}{\{[1-(\omega/\omega_n)^2]^2 + (2\zeta\omega/\omega_n)^2\}^{1/2}}, \quad \phi = \tan^{-1}\frac{2\zeta\omega/\omega_n}{1 - (\omega/\omega_n)^2}$$

Moreover,

$\text{Re}\{[1 - (\omega/\omega_n)^2 + i2\zeta\omega/\omega_n] X e^{i(\omega t - \phi)}\} = A \cos\omega t$

$\text{Im}\{[1 - (\omega/\omega_n)^2 + i2\zeta\omega/\omega_n] X e^{i(\omega t - \phi)}\} = A \sin\omega t$

Hence, the response to $f(t) = A\cos\omega t$ is $\text{Re } X e^{i(\omega t - \phi)} = X\cos(\omega t - \phi)$ and the response to $f(t) = A\sin\omega t$ is $\text{Im } X e^{i(\omega t - \phi)} = X\sin(\omega t - \phi)$

2.10 $|G(i\omega)| = \dfrac{1}{\{[1-(\omega/\omega_n)^2]^2 + (2\zeta\omega/\omega_n)^2\}^{1/2}}$

At a maximum,

$$\frac{d|G(i\omega)|}{d\omega} = \frac{-\frac{1}{2}\{2[1 - (\omega/\omega_n)^2](-2\omega/\omega_n^2) + 4\zeta^2 2\omega/\omega_n^2\}}{\{[1 - (\omega/\omega_n)^2]^2 + [2\zeta\omega/\omega_n]^2\}^{3/2}} = 0$$

$$\therefore\ 2\zeta^2 = 1 - \left(\frac{\omega}{\omega_n}\right)^2 \to \frac{\omega}{\omega_n} = (1 - 2\zeta^2)^{1/2}$$

$$|G(i\omega)|_{max} = Q = \frac{1}{[(2\zeta^2)^2 + 4\zeta^2(1 - 2\zeta^2)]^{1/2}} = \frac{1}{[4\zeta^2(1 - \zeta^2)]^{1/2}}$$

$$\cong \frac{1}{2\zeta} \quad \text{for } \zeta \ll 1$$

2.11 $\omega = 10$ rad/s, $|G(i\omega)|_{max} = Q = 5$

(1) From Eq. (2.49), $\omega/\omega_n = (1 - 2\zeta^2)^{1/2}$, so that using Eq. (2.48)

$$5 = \frac{1}{\{[1 - (1 - 2\zeta^2)^2 + 4\zeta^2(1 - 2\zeta^2)\}^{1/2}} \to \zeta^4 - \zeta^2 + 10^{-2} = 0$$

The root that is consistent with the problem is $\zeta = 0.1005$

(2) Half-power points, $|G(i\omega)| = \frac{Q}{\sqrt{2}} = \frac{5}{\sqrt{2}}$. To obtain frequencies at half-power points, solve

$$\frac{5}{\sqrt{2}} = \frac{1}{\{[1 - (\omega/\omega_n)^2]^2 + (2\zeta\omega/\omega_n)^2\}^{1/2}}$$

$(\omega/\omega_n)^4 - 1.9596(\omega/\omega_n)^2 + 0.9200 = 0 \to \omega_1 = 0.8831\omega_n,\ \omega_2 = 1.0862\omega_n$

From Eq. (2.49).

$$\omega_n = \frac{\omega}{(1 - 2\zeta^2)^{1/2}} = \frac{10}{(1 - 2 \times 0.1005^2)^{1/2}} = 10.1010 \text{ rad/s}$$

$$\therefore\ \omega_1 = 8.9202 \text{ rad/s},\ \omega_2 = 10.9717 \text{ rad/s}$$

(3) $\Delta\omega = \omega_2 - \omega_1 = 10.9717 - 8.9202 = 2.0515$ rad/s

2.12 $M = 12$ kg, $m = 1$ kg

Using Eq. (2.61),

$$\frac{X}{1} = \frac{m}{M}\left(\frac{\omega}{\omega_n}\right)^2 |G(i\omega)| < 0.1 \rightarrow \left(\frac{\omega}{\omega_n}\right)^2 |G(i\omega)| < 1.2$$

Referring to Fig. 2.7, we choose $\zeta = 0.5$. Then,

$$c = 2\zeta\sqrt{kM} = \sqrt{12k}$$

Choosing $k = 3 \times 10^4$ N/m,

$$c = \sqrt{12 \times 3 \times 10^4} = 600 \text{ N·s/m}, \quad \omega_n = \sqrt{\frac{k}{M}} = \sqrt{\frac{3 \times 10^4}{12}} = 50 \text{ rad/s} = 477.6 \text{ r/min}$$

Design check: During the operation, ω/ω_n varies from zero to $600/477.6$
 = 1.26. From Fig. 2.7, we see that $(\omega/\omega_n)^2 |G(i\omega)|$ remains smaller than 1.2 for $\zeta = 0.5$.

2.13 Diameter of the disk = D = 0.3 m, diameter of the hole = d = 0.03m, eccentricity = l = 0.12 m
The hole in the disk will be treated as a negative mass, $-m$.
Denote the mass of the disk and the hole by M and the mass of the disk without the hole by $M + m$. Hence, $m/(M + m) = -(d/D)^2 = -0.01$. Because M = 15 kg, m = -0.1485 kg.
The natural frequency of the system is

$$\omega_n = \sqrt{\frac{192EI}{ML^3}} = \sqrt{\frac{192 \times 1{,}600}{15 \times 0.4^3}} = 565.7 \text{ rad/s}$$

$$\omega = 6{,}000 \text{ r/min} = \frac{2\pi \times 6{,}000}{60} = 628.3 \text{ rad/s}$$

From Eq. (2.61), the amplitude is

$$X = \frac{ml}{M}\left(\frac{\omega}{\omega_n}\right)^2 \frac{1}{1 - (\omega/\omega_n)^2} = \frac{ml}{M}\frac{1}{(\omega_n/\omega)^2 - 1} = \frac{-0.1485 \times 0.12}{15} \frac{1}{(565.7/628.3)^2 - 1}$$

$$= 0.0063 \text{ m}$$

2.14 $\quad x(t) = \text{Re}\left[\dfrac{1 + 2i\zeta\omega/\omega_n}{1 - (\omega/\omega_n)^2 + 2i\zeta\omega/\omega_n} A e^{i\omega t}\right]$

$$= \text{Re}\left\{\frac{(1 + 2i\zeta\omega/\omega_n)[1 - (\omega/\omega_n)^2 - 2i\zeta\omega/\omega_n]}{[1 - (\omega/\omega_n)^2]^2 + (2\zeta\omega/\omega_n)^2} A e^{i\omega t}\right\}$$

$$= \text{Re} \left\{ \frac{1 - (\omega/\omega_n)^2 + (2\zeta\omega/\omega_n)^2 - 2i\zeta(\omega/\omega_n)^3}{[1 - (\omega/\omega_n)^2]^2 + (2\zeta\omega/\omega_n)^2} Ae^{i\omega t} \right\} = X \cos(\omega t - \phi_1)$$

where

$$X = A\left\{ \frac{1 + (2\zeta\omega/\omega_n)^2}{[1 - (\omega/\omega_n)^2]^2 + (2\zeta\omega/\omega_n)^2} \right\}^{1/2} = A[1 + (2\zeta\omega/\omega_n)^2]^{1/2} |G(i\omega)|$$

$$\phi_1 = \tan^{-1} \frac{2\zeta(\omega/\omega_n)^3}{1 - (\omega/\omega_n)^2 + (2\zeta\omega/\omega_n)^2}$$

2.15 $\zeta \cong \frac{1}{2\pi} \ln \frac{x_1}{x_2} = \frac{1}{2\pi} \ln \frac{1}{0.8} = \frac{1}{2\pi} \ln \frac{5}{4} = 0.0355$

$k = \frac{F}{x_{st}} = \frac{20}{0.1} = 200 \text{ lb/in}$

$$\frac{X}{A} = \left\{ \frac{1 + (2\zeta/\omega_n)^2}{[1 - (\omega/\omega_n)^2]^2 + (2\zeta\omega/\omega_n)^2} \right\}^{1/2}, \quad \phi = \tan^{-1} \frac{2\zeta(\omega/\omega_n)^3}{[1 - (\omega/\omega_n)^2] + (2\zeta\omega/\omega_n)^2}$$

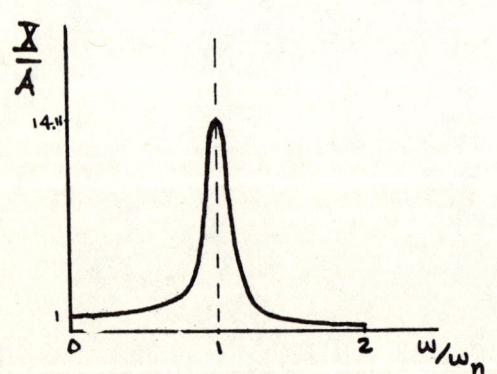 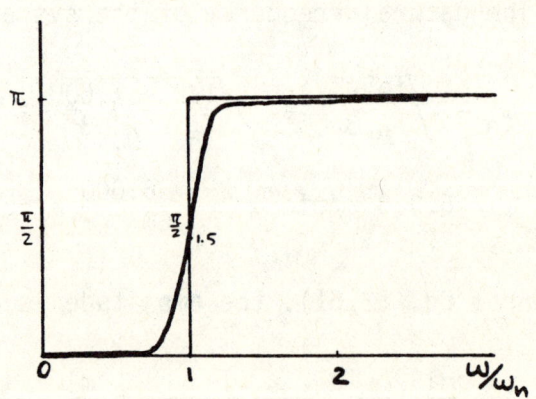

2.16 $m\ddot{z} = -k(z-y) - c(\dot{z}-\dot{y}) \rightarrow m\ddot{z} + kz + c\dot{z} = ky + c\dot{y}$

But $\dot{x} = \frac{dx}{dt} = v = \text{constant} \therefore x = vt \rightarrow y(t) = A \sin \frac{2\pi v}{L} t$

$\therefore \ddot{z} + 2\zeta\omega_n \dot{z} + \omega_n^2 z = \omega_n^2 A \sin \frac{2\pi v}{L} t + 2\zeta\omega_n A \frac{2\pi v}{L} \cos \frac{2\pi v}{L} t$

$$= \omega_n^2 A \left[1 + \left(\frac{4\pi v \zeta}{\omega_n L} \right)^2 \right]^{1/2} \sin\left(\frac{2\pi v}{L} t + \alpha \right)$$

where $2\zeta\omega_n = \frac{c}{m}$, $\omega_n^2 = \frac{k}{m}$, $\alpha = \tan^{-1}\frac{4\pi v\zeta}{\omega_n L}$

Let $Z = \text{Im}[Ce^{i(\frac{2\pi v}{L}t+\alpha)}] = \text{Im}[Ce^{i(\omega t+\alpha)}]$, where $\omega = \frac{2\pi v}{L}$

Then, $\text{Im}\{C[(\omega_n^2 - \omega^2) + 2i\zeta\omega_n\omega]e^{i(\omega t+\alpha)}\} = \text{Im}\{\omega_n^2 A[1 + (\frac{4\pi v\zeta}{\omega_n L})^2]^{1/2}e^{i(\omega t+\alpha)}\}$

$$\therefore C = \frac{\omega_n^2 A[1 + (4\pi v\zeta/\omega_n L)^2]^{1/2}}{(\omega_n^2 - \omega^2) + 2i\zeta\omega_n\omega} = \frac{A[1 + (4\pi v\zeta/\omega_n L)^2]^{1/2}}{\{[1 - (\omega/\omega_n)^2]^2 + (2\zeta\omega/\omega_n)^2\}^{1/2}e^{i\phi}}$$

$$Z = \text{Im}(Ce^{i(\omega t+\alpha)}) = \frac{A[1 + (2\zeta\omega/\omega_n)^2]^{1/2}}{\{[1 - (\omega/\omega_n)^2]^2 + (2\zeta\omega/\omega_n)^2\}^{1/2}} \sin(\omega t + \alpha - \phi)$$

$$= X \sin(\omega t + \alpha - \phi)$$

where $X = \dfrac{A[1 + (2\zeta\omega/\omega_n)^2]^{1/2}}{\{[1 - (\omega/\omega_n)^2]^2 + (2\zeta/\omega_n)^2\}^{1/2}}$, $\phi = \tan^{-1}\dfrac{2\zeta\omega/\omega_n}{1 - (\omega/\omega_n)^2}$

Force transmitted to the vehicle $F = m\ddot{z} = -mX\omega^2 \sin(\omega t + \alpha - \phi)$

2.17 $v_x = \dot{x} + L\dot{\theta}\cos\theta$, $a_x = \ddot{x} + L\ddot{\theta}\cos\theta - L\dot{\theta}^2\sin\theta$

$v_y = L\dot{\theta}\sin\theta$, $a_y = L\ddot{\theta}\sin\theta + L\dot{\theta}^2\cos\theta$

$\Sigma F_x = -T\sin\theta - cv_x = m(\ddot{x} + L\ddot{\theta}\cos\theta - L\dot{\theta}^2\cos\theta)$ (1)

$\Sigma F_y = T\cos\theta - cv_y - mg = m(L\ddot{\theta}\sin\theta + L\dot{\theta}^2\cos\theta)$ (2)

Multiply Eq. (1) by $\cos\theta$, Eq. (2) by $\sin\theta$ and add the results to obtain

$m(L\ddot{\theta} + \ddot{x}\cos\theta) + c(\dot{x}\cos\theta + L\dot{\theta}) + mg\sin\theta = 0$

Let $\frac{c}{m} = 2\zeta\omega_n$ and $\frac{g}{L} = \omega_n^2$. Then, because $x = ImXe^{i\omega t} = X\sin\omega t$,

$$\ddot{\theta} + 2\zeta\omega_n\dot{\theta} + \omega_n^2\theta = -\frac{1}{L}(\ddot{x} + 2\zeta\omega_n\dot{x}) = \frac{X}{L}\omega\omega_n[(\frac{\omega}{\omega_n})^2 + 4\zeta^2]^{1/2}Ime^{i(\omega t - \alpha)}$$

where $\alpha = \tan^{-1} 2\zeta\omega_n/\omega$

The response is

$$\theta(t) = \frac{X}{L}\frac{\omega}{\omega_n}[(\frac{\omega}{\omega_n})^2 + 4\zeta^2]^{1/2}|G(i\omega)|\sin(\omega t - \alpha - \phi)$$

where $|G(i\omega)| = \{[1 - (\omega/\omega_n)^2]^2 + (2\zeta\omega/\omega_n)^2\}^{-1/2}$, $\phi = \tan^{-1}\frac{2\zeta\omega/\omega_n}{1 - (\omega/\omega_n)^2}$

2.18 $M = 80$ kg, $m = 5$ kg, $k = 8,000$ N/m, $l = 0.1$ m, $\omega/\omega_m = 4$

From Eq. (2.97),

$$\frac{F_{tr}}{F_0} = \{\frac{1 + (2\zeta\omega/\omega_n)^2}{[1 - (\omega/\omega_n)^2]^2 + (2\zeta\omega/\omega_n)^2}\}^{1/2}$$

$\omega_n = \sqrt{\frac{k}{M}} = \sqrt{\frac{8000}{80}} = 10$ rad/s, $\omega = 4\omega_n = 40$ rad/s

$F_0 = ml\omega^2 = 5 \times 0.1 \times 40^2 = 800$ N, $F_{tr} < 250$ N

$$\{\frac{1 + (2\zeta\omega/\omega_n)^2}{[1 - (\omega/\omega_n)^2]^2 + (2\zeta\omega/\omega_n)^2}\}^{1/2} = \frac{F_{tr}}{F_0} < \frac{250}{800}$$

$$\frac{1 + (8\zeta)^2}{(1 - 16)^2 + (8\zeta)^2} < (\frac{250}{800})^2 = 0.3125^2$$

$(8\zeta^2)(1 - 0.3125^2) < 225 \times 0.3125^2 - 1 \rightarrow \zeta < 0.6026$

Choose $\zeta = 0.6 \rightarrow c = 2M\omega_n\zeta = 2 \times 80 \times 10 \times 0.6 = 960$ N·s/m

2.19 $V_{max} = \frac{1}{2}kX^2$, $\Delta E_{cyc} = \alpha X^2 = 1.2\% V_{max} = \frac{1.2}{100}\frac{1}{2}kX^2$

$$\therefore \quad \alpha = 0.006k \quad , \quad \gamma = \frac{\alpha}{\pi k} = \frac{0.006}{\pi}$$

2.20 Equation (2.122) can be written in the form $x(t) = A|G(i\omega)|^{i(\omega t - \phi)}$, where by analogy with eqs. (2.48) and (2.40)

$$|G(i\omega)| = \frac{1}{\{[1 - (\omega/\omega_n)^2]^2 + \gamma^2\}^{1/2}} \quad , \quad \phi = \tan^{-1}\frac{\gamma}{1 - (\omega/\omega_n)^2}$$

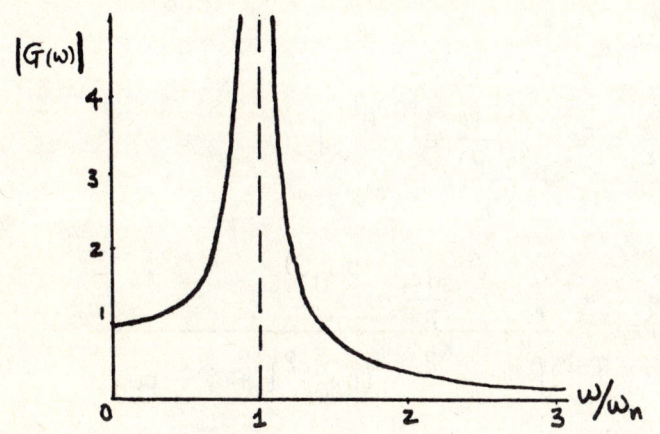
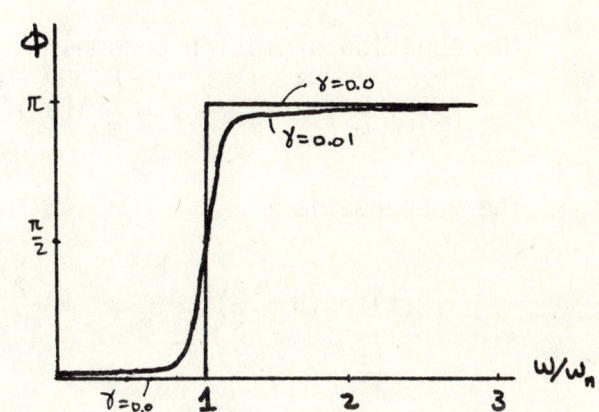

2.21

$$y = B + \frac{A}{T} t \qquad 0 < t < T$$

$$y = B + \frac{A}{T}(t - T) \qquad t < t < 2T$$

$$y = B + \frac{A}{T}(t - 2T) \qquad 2T < t < 3T$$

$$\Sigma F = -c\dot{x} - k_1 x - k_2(x - y) = m\ddot{x} \rightarrow \ddot{x} + \frac{c}{m}\dot{x} + \left(\frac{k_1 + k_2}{m}\right)x = \frac{k_2}{m}y$$

Let $y = B + \frac{A}{2} + \text{Re}\left(\sum_{p=1}^{\infty} A_p e^{ip\omega_0 t}\right)$. Then

$$A_p = \frac{2A}{T^2}\int_0^T t e^{-ip\omega_0 t} dt = \frac{2A}{T^2}\left[\frac{te^{-ip\omega_0 t}}{-ip\omega_0} - \frac{e^{-ip\omega_0 t}}{(ip\omega_0)^2}\right]\Big|_0^T = \frac{iA}{p\pi}, \quad p = 1, 2, \ldots$$

$$\therefore y(t) = B + \frac{A}{2} + \text{Re}\left(\sum_{p=1}^{\infty} \frac{iA}{p\pi} e^{ip\omega_0 t}\right)$$

The equation of motion becomes

$$\ddot{x} + \frac{c}{m} + \frac{k_1 + k_2}{m} x = \frac{k_2}{m}\left[B + \frac{A}{2} + \text{Re}\left(\sum_{p=1}^{\infty} \frac{iA}{p\pi} e^{ip\omega_0 t}\right)\right]$$

The response is

$$x(t) = \left(B + \frac{A}{2}\right)\frac{k_2}{K_1 + K_2} + \frac{k_2}{m}\text{Re}\sum_{p=1}^{\infty} \frac{\frac{iA}{p\pi}e^{ip\omega_0 t}}{\left[\frac{k_1 + k_2}{m} - (p\omega_0)^2\right] + i\frac{c}{m}p\omega_0}$$

$$= \left(B + \frac{A}{2}\right)\frac{k_2}{k_1 + k_2} + \frac{k_2}{m}\text{Re}\sum_{p=1}^{\infty} \frac{\frac{iA}{p\pi}e^{ip\omega_0 t}}{\left\{\left[\frac{k_1 + k_2}{m} - (p\omega_0)^2\right]^2 + \left[\frac{c}{m}p\omega_0\right]^2\right\}^{1/2} e^{i\phi_p}}$$

$$= \left(B + \frac{A}{2}\right)\frac{k_2}{k_1 + k_2} - \frac{k_2 A}{m\pi}\sum_{p=1}^{\infty} \frac{1}{p}|G_p(i\omega_0)|\sin(p\omega_0 t - \phi_p)$$

where $|G_p(i\omega_0)| = \left\{\left[\frac{k_1 + k_2}{m} - (p\omega_0)^2\right]^2 + \left[\frac{c}{m}p\omega_0\right]^2\right\}^{-1/2}$,

$$\phi_p = \tan^{-1}\frac{\frac{c}{m}p\omega_0}{\frac{k_1 + k_2}{m} - (p\omega_0)^2}$$

2.22 $m\ddot{x} + c\dot{x} + kx = kf(t) \rightarrow \ddot{x} + 2\zeta\omega_n\dot{x} + \omega_n^2 x = \omega_n^2 f(t)$

where $\frac{c}{m} = 2\zeta\omega_n$, $\frac{k}{m} = \omega_n^2$

$$f(t) = \begin{cases} -A, & -\frac{T}{2} \leq t \leq -\frac{T}{4} \\ A, & -\frac{T}{4} \leq t \leq \frac{T}{4} \\ -A, & \frac{T}{4} \leq t \leq \frac{T}{2} \end{cases}$$

Let $f(t) = \text{Re}\left(\sum_{p=1}^{\infty} A_p e^{ip\omega_0 t}\right)$. Then,

$$A_p = \frac{2}{T}\{-A\int_{-T/2}^{-T/4} e^{-ip\omega_0 t} dt + A\int_{-T/4}^{T/4} e^{-ip\omega_0 t} dt - A\int_{T/4}^{T/2} e^{-ip\omega_0 t} dt\}$$

$$= \frac{2}{T}A\{-\frac{2}{p\omega_0}[\sin p\pi - 2\sin\frac{p\pi}{2}]\} = \frac{4A}{p\pi}\sin\frac{p\pi}{2}$$

Let $p = 2r - 1$. Then, $f(t) = \text{Re}[\frac{4A}{\pi}\sum_{r=1}^{\infty}\frac{(-1)^{r+1}}{2r-1}e^{i(2r-1)\omega_0 t}]$

The response is

$$x(t) = \text{Re}\{\frac{4A}{\pi}\sum_{r=1}^{\infty}|G_r|\frac{(-1)^{r+1}}{2r-1}e^{i[(2r-1)\omega_0 t - \phi_r]}\}$$

$$= \frac{4A}{\pi}\sum_{r=1}^{\infty}|G_r|\frac{(-1)^{r+1}}{2r-1}\cos[(2r-1)\omega_0 t - \phi_r]$$

where $|G_r| = \{(1 - [(2r-1)\omega_0/\omega_n]^2)^2 + [2\zeta(2r-1)\omega_0/\omega_n]^2\}^{-1/2}$,

$$\phi_r = \tan^{-1}\frac{2\zeta(2r-1)\omega_0/\omega_n}{1 - [(2r-1)\omega_0/\omega_n]^2}$$

2.23

$\zeta = \dfrac{1}{2\pi} \ln \dfrac{5}{4} =$, $k = \dfrac{F}{x_{st}} = \dfrac{20}{0.1} = 200$ lb/in

$m\ddot{x} + c\dot{x} + kx = c\dot{y} + ky$

$y(t) = A[u(t + T) - u(t - T)]$

$\dot{y}(t) = A[\delta(t + T) - \delta(t - T)]$

Equation (e) in Example 2.3 and Eq. (d) in Example 2.4 give the impulse response $g(t)$ and the step response $\delta(t)$, respectively

$$g(t) = \dfrac{1}{m\omega_d} e^{-\zeta\omega_n t} \sin \omega_d t \; u(t)$$

$$\delta(t) = \dfrac{1}{k}\left[1 - e^{-\zeta\omega_n t}\left(\cos \omega_d t + \dfrac{\zeta\omega_n}{\omega_d} \sin \omega_d t\right)\right] u(t)$$

Hence, the response of the system is

$$x(t) = cA[g(t + T) - g(t - T)] + kA[\delta(t + T) - \delta(t - T)]$$

$$= A\left[\{1 - e^{-\zeta\omega_n(t+T)}\left[\cos \omega_d(t + T) - \dfrac{\zeta\omega_n}{\omega_d} \sin \omega_d(t + T)\right]\}u(t + T)\right.$$

$$\left. - \{1 - e^{-\zeta\omega_n(t-T)}\left[\cos \omega_d(t - T) - \dfrac{\zeta\omega_n}{\omega_d} \sin \omega_d(t - T)\right]u(t - T)\right]$$

$A = 0.4$ in, $T = 10$ s, $0 < t < 20$, $\omega_n = \sqrt{\dfrac{k}{m}} = \sqrt{\dfrac{200}{20}} = \sqrt{10}$ rad/s

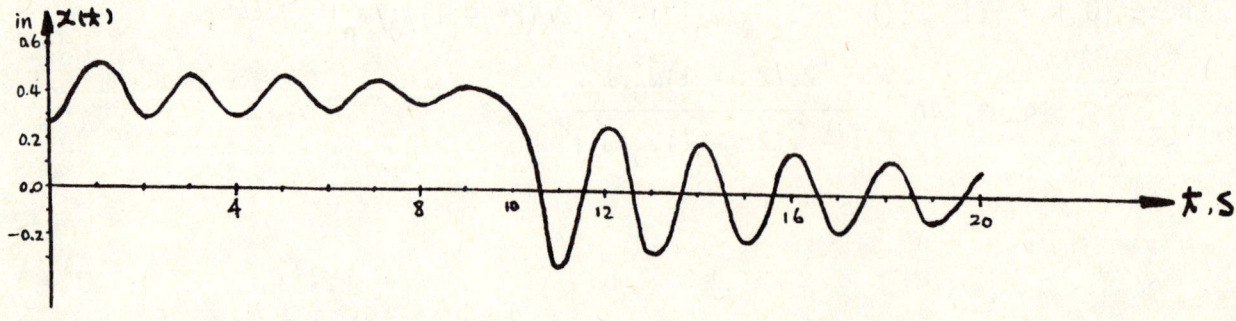

2.24

$$m\ddot{x} + c\dot{x} + kx = kf(T)$$

$$F(t) = ku(t)\frac{A}{T} = \begin{cases} 0 & t < 0 \\ k\frac{A}{T}t & t > 0 \end{cases}$$

The response is

$$x(t) = \frac{1}{m\omega_d} \int_0^t \frac{kA}{T} \tau e^{-\zeta\omega_n(t-\tau)} \sin \omega_d(t-\tau) d\tau$$

$$= \frac{kA}{m\omega_d T} \text{Im} \int_0^t \tau e^{-\zeta\omega_n(t-\tau)} e^{i\omega_d(t-\tau)} d\tau$$

$$= \frac{kA}{m\omega_d T} \text{Im} \, e^{(-\zeta\omega_n + i\omega_d)t} \int_0^t \tau e^{-(-\zeta\omega_n + i\omega_d)\tau} d\tau$$

$$= \frac{kA}{m\omega_d T} \text{Im} \, e^{(-\zeta\omega_n + i\omega_d)t} \frac{1}{(-\omega_n + i\omega_d)^2}$$

$$\times [1 - e^{-(-\zeta\omega_n + i\omega_d)t} - (-\zeta\omega_n + i\omega_d)t e^{-(-\zeta\omega_n + i\omega_d)t}]$$

$$= \frac{kA}{m\omega_d T}[-\frac{2\zeta\omega_d}{\omega_n^3}(1 - \zeta\omega_n t - e^{-\zeta\omega_n t} \cos \omega_d t)$$

$$+ \frac{1 - 2\zeta^2}{\omega_n^2}(\omega_d t - e^{-\zeta\omega_n t} \sin \omega_d t)], \quad t > 0$$

$$\therefore x(t) = \frac{A}{T}[t - \frac{2\zeta}{\omega_n} + e^{-\zeta\omega_n t}(\frac{2\zeta}{\omega_n} \cos \omega_d t + \frac{2\zeta^2 - 1}{\omega_d} \sin \omega_d t)]u(t)$$

2.25

$$m\ddot{x} + c\dot{x} + kx = kf(t)$$

$$F(t) = kf(t) = k\frac{A}{T}t\, u(t) - k\frac{A}{T}(t-T)u(t-T)$$

Using results from Problem 2.24

$$x(t) = \frac{A}{T}\{[t - \frac{2\zeta}{\omega_n} + e^{-\zeta\omega_n t}(\frac{2\zeta}{\omega_n} \cos \omega_d t + \frac{2\zeta^2 - 1}{\omega_d} \sin \omega_d t)]u(t)$$

$$- [(t - T) - \frac{2\zeta}{\omega_n} + e^{-\zeta\omega_n t}(\frac{2\zeta}{\omega_n} \cos \omega_d(t - T)$$

$$+ \frac{2\zeta^2 - 1}{\omega_d} \sin \omega_d(t - T))]u(t - T)\}$$

2.26

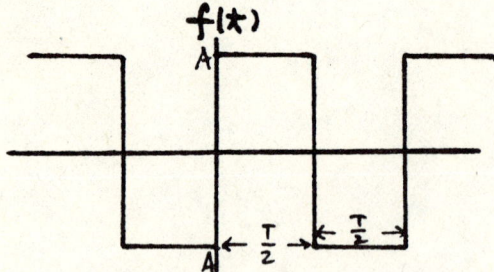

$$f(t) = A[u(t) - 2u(t - \frac{T}{2}) + 2u(t - 2\frac{T}{2}) - 2u(t - 3\frac{T}{2}) + \ldots$$

$$- u(t + \frac{T}{2}) + u(t) + u(t + 2\frac{T}{2}) - u(t + \frac{T}{2}) - u(t + 3\frac{T}{2}) + u(t + 2\frac{T}{2}) \ldots]$$

$$= A[u(t) - 2u(t - \frac{T}{2}) + 2u(t - 2\frac{T}{2}) - 2u(t - 3\frac{T}{2}) + \ldots$$

$$+ u(t) - 2u(t + \frac{T}{2}) + 2u(t + 2\frac{T}{2}) - 2u(t + 3\frac{T}{2}) + \ldots]$$

$$= 2A \sum_{n=-\infty}^{\infty} (-1)^n u(t - n\frac{T}{2})$$

The response to $u(t)$ is $s(t) = \frac{1}{k}[\ldots]u(t)$

$$\therefore x(t) = 2Ak \sum_{n=-\infty}^{\infty} (-1)^n s(t - n\frac{T}{2})$$

2.27 $m\ddot{x}(t) + c\dot{x}(t) + kx(t) = kf(t)$

$$= k\frac{2f_0}{T}[tu(t) - 2(t - \frac{T}{2})u(t - \frac{T}{2}) + (t - T)u(t - T)]$$

From Problem 2.24, the response of a "unit ramp function" is

$$r(t) = [t - \frac{2\zeta}{\omega_n} + e^{-\zeta\omega_n t}(\frac{2\zeta}{\omega_n}\cos\omega_d t + \frac{2\zeta^2-1}{\omega_d}\sin\omega_d t)]u(t)$$

Hence, the response can be written in the form

$$x(t) = \frac{2kf_0}{T}[r(t) - 2r(t - \frac{T}{2}) + r(t - T)]$$

2.28 The function of Fig. 2.45 can be expressed in the form

$$f(t) = \frac{4f_0}{T}[tu(t) - (t - \frac{T}{4})u(t - \frac{T}{4}) - (t - \frac{3T}{4})u(t - \frac{3T}{4}) + (t - T)u(t - T)]$$

Hence, using the same approach as in Problem 2.27, the response is

$$x(t) = \frac{4kf_0}{T}[r(t) - r(t - \frac{T}{4}) - r(t - \frac{3T}{4}) + r(t - T)]$$

where $r(t)$ was obtained in Problem 2.27.

2.29 Letting $\zeta = 0$ in Problem 2.27, the differential equation is

$$m\ddot{x}(t) + kx(t) = kf(t) = \frac{2kf_0}{T}[tu(t) - 2(t - \frac{T}{2})u(t - \frac{T}{2}) + (t - T)u(t - T)]$$

and the response is

$$x(t) = \frac{2kf_0}{T\omega_n}\{(\omega_n t - \sin\omega_n t)u(t) - 2[\omega_n(t - \frac{T}{2}) - \sin\omega_n(t - \frac{T}{2})]u(t - \frac{T}{2})$$

$$+ [\omega_n(t - T) - \sin\omega_n(t - T)]u(t - T)\}$$

(i) $0 \le t \le T/2$, $x(t) = \frac{2kf_0}{T\omega_n}(\omega_n t - \sin\omega_n t)$

$$\dot{x}(t) = \frac{2kf_0}{T}(1 - \cos\omega_n t)$$

$$\dot{x}(t_m) = 0 \rightarrow t_m = \frac{2i\pi}{\omega_n}$$

$$\frac{2i\pi}{\omega_n} < \frac{T}{2} + i \leq \frac{T\omega_n}{4\pi} = \frac{T}{2T_n}, \quad T_n = \frac{2\pi}{\omega_n}$$

$$x_{max} = x(t_m) = \frac{4kf_0 i\pi}{T\omega_n} = \frac{2ikf_0}{T/T_n}$$

(ii) $T/2 \leq t \leq T$, $\quad x(t) = \frac{2kf_0}{T}\{\omega_n t - \sin \omega_n t - 2[\omega_n(t - \frac{T}{2}) - \sin \omega_n(t - \frac{T}{2})]\}$

$$\dot{x}(t) = \frac{2kf_0}{T}\{1 - \cos \omega_n t - 2[1 - \cos \omega_n(t - \frac{T}{2})]\}$$

$\dot{x}(t_m) = 0$, t_m is the solution of

$$-1 - \cos \omega_n t_m + \cos \omega_n(t_m - \frac{T}{2}) = 0$$

Then,

$$x_{max} = \frac{2kf_0}{T}\{\omega_n t_m - \sin \omega_n t_m - 2[\omega_n(t_m - \frac{T}{2})$$

$$- \sin \omega_n(t_m - \frac{T}{2})]\}$$

(iii) $t \geq T$, $\quad x(t) = \frac{2kf_0}{T\omega_n}\{\omega_n t - \sin \omega_n t - 2[\omega_n(t - \frac{T}{2}) - \sin \omega_n(t - \frac{T}{2})]$

$$+ \omega_n(t - T) - \sin \omega_n(t - T)\}$$

$$\dot{x}(t) = \frac{2f_0 k}{T}[-\cos \omega_n t + 2\cos \omega_n(t - \frac{T}{2}) - \cos \omega_n(t - T)]$$

$$= \frac{4f_0 k}{T} \cos \omega_n(t - \frac{T}{2})[1 - \cos \omega_n(t + \frac{T}{2})]$$

where it was recalled that $\cos \alpha + \cos \beta = 2\cos\frac{\alpha + \beta}{2}\cos\frac{\alpha - \beta}{2}$.

$$\dot{x}(t_m) = 0 \rightarrow t_m = \frac{(2i-1)\pi}{2\omega_n} + \frac{T}{2} = \frac{(2i-1)T_n}{4} + \frac{T}{2}, \quad i = 1, 2, \ldots$$

$$t_m \geq 0 \rightarrow i \geq \frac{T}{T_n} + \frac{1}{2}$$

$$x_{max} = x(t_m) = \frac{2kf_0}{\pi T/T_n} (1 - \cos\frac{\pi T}{T_n})$$

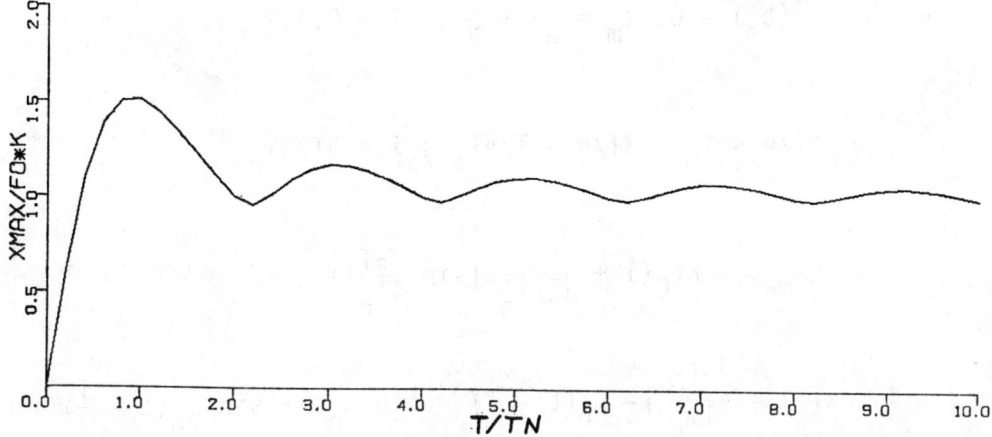

2.30 From Problem 2.28, the response is

$$x(t) = \frac{4kf_0}{T\omega_n} \{(\omega_n t - \sin\omega_n t)(t) - [\omega_n(t - \frac{T}{4}) - \sin\omega_n(t - \frac{T}{4})](t - \frac{T}{4})$$

$$- [\omega_n(t - \frac{3T}{4}) - \sin\omega_n(t - \frac{3T}{4})](t - \frac{3T}{4}) + [\omega_n(t - T)$$

$$- \sin\omega_n(t - T)](t - T)\}$$

(i) $0 \leq t \leq T/4$, $\quad x(t) = \frac{4kf_0}{T\omega_n} (\omega_n t - \sin\omega_n t)$

Using results from Problem 2.29,

$$x_{max} = \frac{4ikf_0}{T/T_n}, \quad i = 0, 1, 2, \ldots; \; i < T/4T_n$$

(ii) $T/4 \leq t \leq 3T/4$, $\quad x(t) = \frac{4kf_0}{T\omega_n} [\omega_n \frac{T}{4} - \sin\omega_n t + \sin\omega_n(t - \frac{T}{4})]$

$$\dot{x}(t) = \frac{4kf_0}{T}[\cos \omega_n t - \cos \omega_n(t - \tfrac{T}{4})]$$

As in Problem 2.29,

$$\dot{x}(t_m) = 0, \quad t_m = \frac{i\pi}{\omega_n} + \frac{T}{8}, \quad i = 0,1,2,\ldots$$

$$T/4 \le t_m \le 3T/4 \rightarrow T/4T_n \le i \le 5T/4T_n$$

$$x_{max} = kf_0(1 + \frac{4}{\pi T/T_n} |\sin \frac{\pi T}{4T_n}|)$$

(iii) $3T/4 \le t \le T$, $x(t) = \frac{4kf_0}{T\omega_n}[-\omega_n(t - T) - \sin \omega_n t + \sin \omega_n(t - \tfrac{T}{4})$

$$+ \sin \omega_n(t - \tfrac{3T}{4})]$$

$$\dot{x}(t) = \frac{4kf_0}{T}[-1 - \cos \omega_n t + \cos \omega_n(t - \tfrac{T}{4})$$

$$+ \cos \omega_n(t - \tfrac{3T}{4})]$$

$\dot{x}(t_m) = 0$, t_m is the solution of

$$-1 - \cos \omega_n t_m + \cos \omega_n(t_m - \tfrac{T}{4}) + \cos \omega_n(t_m - \tfrac{3T}{4}) = 0$$

Then,

$$x_{max} = \frac{4kf_0}{T\omega_n}[-\omega_n(t_m - T) - \sin \omega_n t_m + \sin \omega_n(t_m - \tfrac{T}{4})$$

$$+ \sin \omega_n(t_m - \tfrac{3T}{4})]$$

(iv) $t \geq T$, $x(t) = \dfrac{4kf_0}{T\omega_n} [- \sin \omega_n t + \sin \omega_n(t - \dfrac{T}{4}) + \sin \omega_n(t - \dfrac{3T}{4})$

$\qquad - \sin \omega_n(t - T)]$

$\dot{x}(t) = \dfrac{4kf_0}{T} [- \cos \omega_n t + \cos \omega_n(t - \dfrac{T}{4}) + \cos \omega_n(t - \dfrac{3T}{4})$

$\qquad - \cos \omega_n(t - T)] = \dfrac{8kf_0}{T} \cos \omega_n(t - \dfrac{T}{2})(\cos \omega_n \dfrac{T}{4} - \cos \omega_n \dfrac{T}{2})$

$\dot{x}(t_m) = 0 \rightarrow t_m = \dfrac{(2i - 1)\pi}{2\omega_n} + \dfrac{T}{2} = \dfrac{(2i - 1)T_n}{4} + \dfrac{T}{2}$, $i = 1, 2, \ldots$

$t_m \geq T \rightarrow i \geq \dfrac{T}{T_n} + \dfrac{1}{2}$

$x_{max} = \dfrac{4kf_0}{\pi T/T_n} |\cos \dfrac{\pi T}{2T_n} - \cos \dfrac{\pi T}{T_n}|$

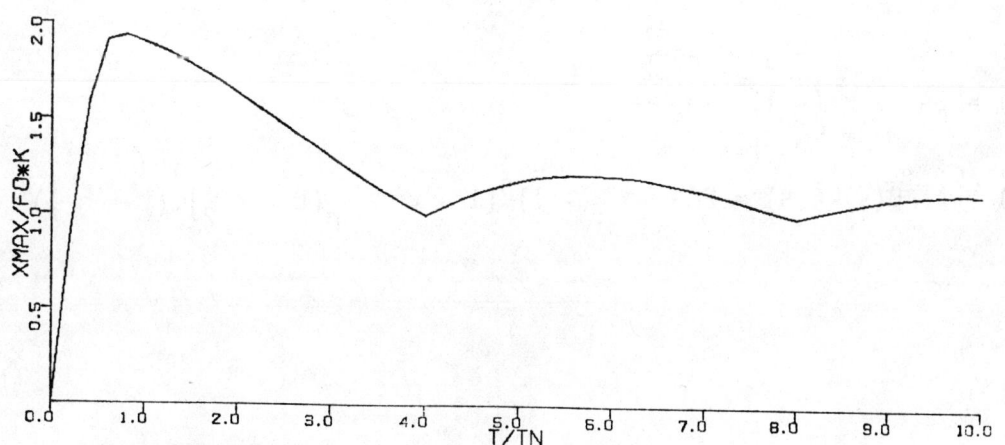

2.31 $m\ddot{x} + kx = k \dfrac{A}{T} t(t)$

$\bar{F}(s) = LF(t) = \displaystyle\int_0^\infty k \dfrac{A}{T} tu(t)e^{-st} dt = k \dfrac{A}{T} \int_0^\infty t e^{-st} dt = k \dfrac{A}{T} \dfrac{1}{s^2}$

$x(t) = L^{-1}\bar{G}(s)\bar{F}(s) = \dfrac{kA}{T} L^{-1}[\dfrac{1}{ms^2 + k} \cdot \dfrac{1}{s^2}] = \dfrac{\omega_n^2 A}{T} L^{-1}[\dfrac{1}{s^2 + \omega_n^2} \cdot \dfrac{1}{s^2}]$

$\qquad = \dfrac{A}{T} L^{-1}(\dfrac{1}{s^2} - \dfrac{1}{s^2 + \omega_n^2}) = \dfrac{A}{T\omega_n}(\omega_n t - \sin \omega_n t)$, $t > 0$

$$\therefore x(t) = \frac{A}{T\omega_n}(\omega_n t - \sin \omega_n t)u(t)$$

2.32 $$m\ddot{x} + kx = 2Ak \sum_{n=-\infty}^{\infty} (-1)^n u(t - n\frac{T}{2})\}$$

Let $f_1(t) = u(t - a) \rightarrow \bar{F}_1(s) = \int_0^\infty u(t-a)e^{-st}dt = \int_a^\infty e^{-st}dt = \frac{e^{-sa}}{s}$

$$x_1(t) = L^{-1}\bar{G}(s)\bar{F}_1(s) = L^{-1}\bar{G}(s)k\bar{f}_1(s) = L^{-1}\frac{k}{ms^2 + k}\frac{e^{-sa}}{s}$$

$$= L^{-1}(\frac{1}{s} - \frac{s}{s^2 + \omega_n^2})e^{-sa} = L^{-1}[\frac{1}{s} - \frac{1}{2(s - i\omega_n)} - \frac{1}{2(s + i\omega_n)}]e^{-sa}$$

$$= [1 - \frac{1}{2}e^{i\omega_n(t-a)} - \frac{1}{2}e^{-i\omega_n(t-a)}]u(t - a)$$

$$= [1 - \cos \omega_n(t - a)]u(t - a)$$

Now

$$f(t) = 2A \sum_{n=-\infty}^{\infty} (-1)^n u(t - n\frac{T}{2})$$

$$\bar{f}(s) = 2A \sum_{n=-\infty}^{\infty} (-1)^n \frac{e^{-sn\frac{T}{2}}}{s}$$

$$\therefore x(t) = L^{-1}\bar{G}(s)k\bar{f}(s) = 2A \sum_{n=-\infty}^{\infty} (-1)^n[1 - \cos \omega_n(t - n\frac{T}{2})]u(t - n\frac{T}{2})$$

Chapter 3

3.1

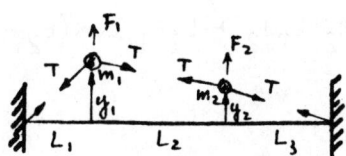

$$\Sigma F_{y_1} = -T\frac{y_1}{L_1} - T\frac{y_1 - y_2}{L_2} + F_1 = m_1\ddot{y}_1$$

$$\Sigma F_{y_2} = -T\frac{y_2}{L_3} - T\frac{y_2 - y_1}{L_2} + F_2 = m_2\ddot{y}_2$$

$$m_1\ddot{y}_1 + T(\frac{1}{L_1} + \frac{1}{L_2})y_1 - \frac{T}{L_2} y_2 = F_1$$

$$m_2\ddot{y}_2 - \frac{T}{L_2} y_1 + T(\frac{1}{L_2} + \frac{1}{L_3})y_2 = F_2$$

3.2

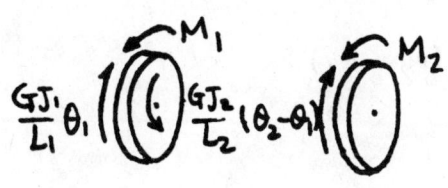

$$\Sigma M_1 = -\frac{GJ_1}{L_1}\theta_1 + \frac{GJ_2}{L_2}(\theta_2 - \theta_1) + M_1 = I_1\ddot{\theta}_1$$

$$\Sigma M_2 = -\frac{GJ_2}{L_2}(\theta_2 - \theta_1) + M_2 = I_2\ddot{\theta}_2$$

$$I_1\ddot{\theta}_1 + G(\frac{J_1}{L_1} + \frac{J_2}{L_2})\theta_1 - G\frac{J_2}{L_2}\theta_2 = M_1$$

$$I_2\ddot{\theta}_2 - G\frac{J_2}{L_2}\theta_1 + \frac{GJ_2}{L_2}\theta_2 = M_2$$

3.3

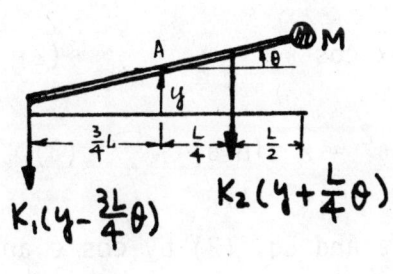

Measure displacement from equilibrium and write

$$\Sigma M_A = k_1(y - \frac{3L}{4}\theta)\frac{3L}{4} - k_2(y + \frac{L}{4}\theta)\frac{L}{4}$$

$$= I_A\ddot{\theta} + M(\ddot{y} + \frac{3}{4}L\ddot{\theta})\frac{3}{4}L$$

$$\Sigma F_y = -k_1(y - \frac{3L}{4}\theta) - k_2(y + \frac{L}{4}\theta)$$

$$= m\frac{3L}{2}\ddot{y} + M(\ddot{y} + \frac{3}{4}L\ddot{\theta})$$

where $I_A = \frac{1}{12}(m\frac{3L}{2})(\frac{3L}{2})^2 = \frac{1}{12}m(\frac{3L}{2})^3$. Hence,

$$\frac{9}{32}L^2(mL + 2M)\ddot{\theta} + \frac{3}{4}ML\ddot{y} + \frac{1}{16}L^2(9k_1 + k_2)\theta - \frac{1}{4}L(3k_1 - k_2)y = 0$$

$$\frac{3}{4}ML\ddot{\theta} + (\frac{3}{2}mL + M)\ddot{y} - \frac{1}{4}L(3k_1 - k_2)\theta + (k_1 + k_2)y = 0$$

3.4

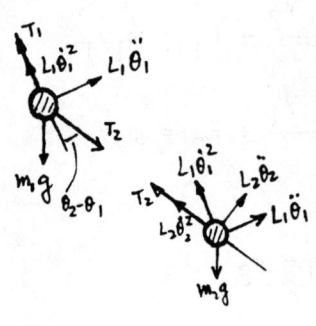

$$\Sigma F_{\theta 1} = T_2 \sin(\theta_2 - \theta_1) - m_1 g \sin \theta_1 = m_1 L_1 \ddot{\theta}_1$$

$$\Sigma F_{r1} = T_1 - T_2 \cos(\theta_2 - \theta_1) - mg \cos \theta_1 = m_1 L_1 \dot{\theta}_1^2$$

$$\Sigma F_{\theta 2} = - m_2 g \sin \theta_2 = m_2[L_2 \ddot{\theta}_2 + L_1 \ddot{\theta}_1 \cos(\theta_2 - \theta_1)$$

$$+ L_1 \dot{\theta}_1^2 \sin(\theta_2 - \theta_1)]$$

$$\Sigma F_{r2} = T_2 - m_2 g \cos \theta_2 = m_2[L_2 \dot{\theta}_2^2$$

$$- L_1 \ddot{\theta}_1 \sin(\theta_2 - \theta_1) + L_1 \dot{\theta}_1^2 \cos(\theta_2 - \theta_1)]$$

Eliminating T_1 and T_2 and rearranging

$$(m_1 + m_2)L_1 \ddot{\theta}_1 + m_2 L_2 \ddot{\theta}_2 \cos(\theta_2 - \theta_1) - m_2 L_2 \dot{\theta}_2^2 \sin(\theta_2 - \theta_1)$$

$$+ (m_1 + m_2)g \sin \theta_1 = 0$$

$$m_2 L_1 \ddot{\theta}_1 \cos(\theta_2 - \theta_1) + m_2 L_2 \ddot{\theta}_2 + m_2 L_1 \dot{\theta}_1^2 \sin(\theta_2 - \theta_1) + m_2 g \sin \theta_2 = 0$$

3.5

$$\Sigma F_x = -(k_1 + k_2)x - (c_1 + c_2)\dot{x} + T \sin \theta = M\ddot{x} \quad (1)$$

$$\Sigma F_\theta = - mg \sin \theta = m(L\ddot{\theta} + \ddot{x} \cos \theta) \quad (2)$$

$$\Sigma F_r = - mg \cos \theta + T = m(L\dot{\theta}^2 - \ddot{x} \sin \theta) \quad (3)$$

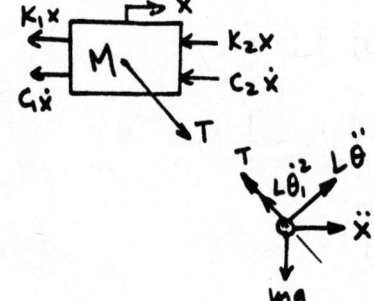

Multiply Eq. (3) by $\sin \theta$ and Eq. (2) by $\cos \theta$ and subtract to obtain

$$T \sin \theta = m(L\dot{\theta}^2 \sin \theta - L\ddot{\theta} \cos \theta - \ddot{x})$$

Substituting into Eq. (1), we have

$$(m + M)\ddot{x} + mL\ddot{\theta} \cos \theta - mL\dot{\theta}^2 \sin \theta + (k_1 + k_2)x + (c_1 + c_2)\dot{x} = 0$$

$$m\ddot{x} \cos \theta + mL\ddot{\theta} + mg \sin \theta = 0$$

3.6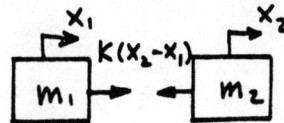
$$m_1\ddot{x}_1 = k(x_2 - x_1)$$
$$m_2\ddot{x}_2 = -k(x_2 - x_1)$$
$$\rightarrow m_1\ddot{x}_1 + m_2\ddot{x}_2 = 0$$

For zero initial momentum $m_1\dot{x}_1 + m_2\dot{x}_2 = 0 \rightarrow x_2 = -\frac{m_1}{m_2}x_1$

$$m_1\ddot{x}_1 = k(-\frac{m_1}{m_2}x_1) - kx_1 = -k\frac{m_1 + m_2}{m_2}x_1 \rightarrow \frac{m_1 m_2}{m_1 + m_2}\ddot{x}_1 + kx_1 = 0$$

$$m_{eq} = \frac{m_1 m_2}{m_1 + m_2}$$

3.7

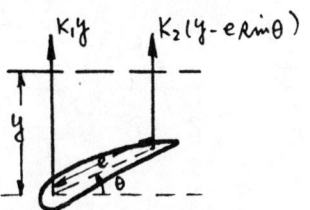

Measure y from the static equilibrium of C, so that

$$\Sigma M_C = -k_2(y - e\sin\theta)e\cos\theta = I_C\ddot{\theta}$$

$$\Sigma F_y = -k_1 y - k_2(y - e\sin\theta) = m\ddot{y}$$

For small motion, $\sin\theta \approx \theta$, $\cos\theta \approx 1$,

$$I_C\ddot{\theta} + k_2 ey - k_2 e^2\theta = 0$$

$$m\ddot{y} + (k_1 + k_2)y - k_2 e\theta = 0$$

3.8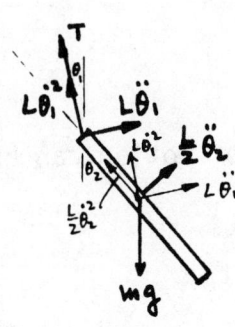

$$\Sigma F_{\theta 2} = T\sin(\theta_2 - \theta_1) - mg\sin\theta_2$$
$$= m[\frac{L}{2}\ddot{\theta}_2 + L\ddot{\theta}_1 \cos(\theta_2 - \theta_1) + L\dot{\theta}_1^2 \sin(\theta_2 - \theta_1)]$$

$$\Sigma F_{r2} = T\cos(\theta_2 - \theta_1) - mg\cos\theta_2$$
$$= m[\frac{L}{2}\dot{\theta}_2^2 + L\dot{\theta}_1^2\cos(\theta_2 - \theta_1) - L\ddot{\theta}_1\sin(\theta_2 - \theta_1)]$$

$$\Sigma M_C = -T\frac{L}{2}\sin(\theta_2 - \theta_1) = I_C\ddot{\theta}_2 = \frac{1}{12}mL^2\ddot{\theta}_2$$

Eliminating T from the three equations,

$$\frac{1}{2}mL[2\ddot{\theta}_1 + \ddot{\theta}_2\cos(\theta_2 - \theta_1) - \dot{\theta}_2^2\sin(\theta_2 - \theta_1)] + mg\sin\theta_1 = 0$$

$$\tfrac{1}{2} mL^2 [\ddot{\theta}_1 \cos(\theta_2 - \theta_1) + \tfrac{2}{3} \ddot{\theta}_2 + \dot{\theta}_1^2 \sin(\theta_2 - \theta_1)] + \tfrac{1}{2} mgL \sin \theta_2 = 0$$

3.9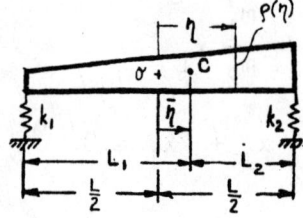

Mass per unit length:
$$\rho(\eta) = \rho_0 \left(1 + \tfrac{\eta}{L}\right)$$

Total mass:
$$m = \int_{-\tfrac{L}{2}}^{\tfrac{L}{2}} \rho \, d\eta = \rho_0 \left(\eta + \tfrac{\eta^2}{2L}\right)\bigg|_{-\tfrac{L}{2}}^{\tfrac{L}{2}} = \rho_0 L$$

Position of mass center:
$$\bar{\eta} = \tfrac{1}{m} \int_{-\tfrac{L}{2}}^{\tfrac{L}{2}} \eta \rho \, d\eta = \tfrac{\rho_0}{\rho_0 L} \left(\tfrac{\eta^2}{2} + \tfrac{\eta^3}{3L}\right)\bigg|_{-\tfrac{L}{2}}^{\tfrac{L}{2}} = \tfrac{L}{12}$$

$$\therefore \quad L_1 = \tfrac{7}{12} L, \quad L_2 = \tfrac{5}{12} L$$

Moment of inertia about O:
$$I_0 = \int_{-\tfrac{L}{2}}^{\tfrac{L}{2}} \eta^2 \rho \, d\eta = \rho_0 \left(\tfrac{\eta^3}{3} + \tfrac{\eta^4}{4L}\right)\bigg|_{-\tfrac{L}{2}}^{\tfrac{L}{2}} = \rho_0 \tfrac{L^3}{12} = \tfrac{mL^2}{12}$$

$$I_C = I_0 - m\bar{\eta}^2 = m\left(\tfrac{L^2}{12} - \tfrac{L^2}{144}\right) = \tfrac{11}{144} mL^2$$

$$\Sigma F_x = -k_1 y_1 - k_2 y_2 = m\ddot{x}$$

$$\Sigma M_C = k_1 y_1 L_1 - k_2 y_2 L_2 = I_C \ddot{\theta}$$

But, $y_1 = x - L_1 \theta$, $y_2 = x + L_2 \theta$, so that the equations of motion can be written in the compact matrix form

$$\begin{bmatrix} m & 0 \\ 0 & I \end{bmatrix} \begin{Bmatrix} \ddot{x} \\ \ddot{\theta} \end{Bmatrix} + \begin{bmatrix} k_1 + k_2 & k_2 L_2 - k_1 L_1 \\ k_2 L_2 - k_1 L_1 & k_2 L_2^2 + k_1 L_1^2 \end{bmatrix} \begin{Bmatrix} x \\ \theta \end{Bmatrix} = \begin{Bmatrix} 0 \\ 0 \end{Bmatrix}$$

3.10

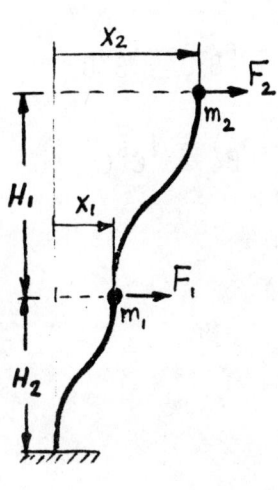

From Problem 1.15,

$$k_1 = \frac{12EI_1}{H_1^3} \quad , \quad k_2 = \frac{12EI_2}{H_2^3}$$

The equations of motion are

$$\Sigma F_{x1} = -k_1 x_1 + k_2(x_2 - x_1) + F_1 = m_1 \ddot{x}_1$$

$$\Sigma F_{x2} = -k_2(x_2 - x_1) + F_2 = m_2 \ddot{x}_2$$

In compact matrix form,

$$\begin{bmatrix} m_1 & 0 \\ 0 & m_2 \end{bmatrix} \begin{Bmatrix} \ddot{x}_1 \\ \ddot{x}_2 \end{Bmatrix} + \begin{bmatrix} k_1 + k_2 & -k_2 \\ -k_2 & k_2 \end{bmatrix} \begin{Bmatrix} x_1 \\ x_2 \end{Bmatrix} = \begin{Bmatrix} F_1 \\ F_2 \end{Bmatrix}$$

3.11

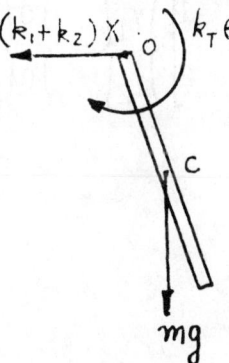

The equation of motion are

$$\Sigma F_x = -(k_1 + k_2)x = m \frac{d^2}{dt^2}\left(x + \frac{L}{2}\sin\theta\right)$$

$$\Sigma M_C = (k_1 + k_2) x \frac{L}{2}\cos\theta - k_T\theta - mg\frac{L}{2}\sin\theta = I_C \ddot{\theta}$$

$$\frac{d^2}{dt^2}\left(x + \frac{L}{2}\sin\theta\right) = \ddot{x} - \frac{L}{2}\sin\theta\,\dot{\theta}^2 + \frac{L}{2}\cos\theta\,\ddot{\theta}$$

$$m\ddot{x} + \frac{m}{2}\cos\theta\,\ddot{\theta} + (k_1 + k_2)x - m\frac{L}{2}\sin\theta\,\dot{\theta}^2 = 0$$

$$I_C\ddot{\theta} - (k_1 + k_2)x\frac{L}{2}\cos\theta + k_T\theta + mg\frac{L}{2}\sin\theta = 0$$

3.12

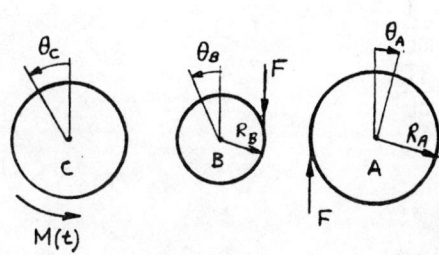

From mechanics of materials,

$$k_1 = \frac{GJ_1}{L_1} \quad , \quad k_2 = \frac{GJ_2}{L_2}$$

Kinematic relation between θ_A and θ_B: $R_A \theta_A = R_B \theta_B$

or $\theta_B = n\theta_A$

Equation of motion for gear A: $\quad \Sigma M_A = FR_A - k_1\theta_A = I_A\ddot{\theta}_A$

Equation of motion for gear B: $\quad \Sigma M_B = -FR_B + k_2(\theta_C - \theta_B) = I_B\ddot{\theta}_B$

Equation of motion for gear C: $\quad \Sigma M_C = M(t) - k_2(\theta_C - \theta_B) = I_C\ddot{\theta}_C$

Eliminating F from the first two equations, we obtain

$$(I_A + n^2 I_B)\ddot{\theta}_A + (\frac{GJ_1}{L_1} + n^2 \frac{GJ_2}{L_2})\theta_A - h\frac{GJ_2}{L_2}\theta_C = 0$$

$$I_C\ddot{\theta}_C - n\frac{GJ_2}{L_2}\theta_A + \frac{GJ_2}{L_2}\theta_C = M(t)$$

3.13 $m_1 = m_2 = m$, $L_1 = L_2 = L_3 = L$.

$$\left.\begin{array}{l} m\ddot{y}_1 + 2\frac{T}{L}y_1 - \frac{T}{L}y_2 = 0 \\ m\ddot{y}_2 + 2\frac{T}{L}y_2 - \frac{T}{L}y_1 = 0 \end{array}\right\} \rightarrow m\begin{bmatrix} 1 & 0 \\ 0 & 1 \end{bmatrix}\begin{Bmatrix}\ddot{y}_1 \\ \ddot{y}_2\end{Bmatrix} + \frac{T}{L}\begin{bmatrix} 2 & -1 \\ -1 & 2 \end{bmatrix}\begin{Bmatrix}y_1 \\ y_2\end{Bmatrix} = \begin{Bmatrix}0 \\ 0\end{Bmatrix}$$

Let $y_1(t) = u_1 e^{i\omega t}$, $y_2(t) = u_2 e^{i\omega t}$. Then,

$$\begin{bmatrix} 2\frac{T}{L} - m\omega^2 & -\frac{T}{L} \\ -\frac{T}{L} & 2\frac{T}{L} - m\omega^2 \end{bmatrix}\begin{Bmatrix}u_1 \\ u_2\end{Bmatrix} = \begin{Bmatrix}0 \\ 0\end{Bmatrix}$$

For nontrivial solutions u_1 and u_2, we must have

$$\Delta(\omega^2) = \det\begin{bmatrix} 2\frac{T}{L} - m\omega^2 & -\frac{T}{L} \\ -\frac{T}{L} & 2\frac{T}{L} - m\omega^2 \end{bmatrix} = (2\frac{T}{L} - m\omega^2)^2 - (\frac{T}{L})^2 = 0$$

$$\therefore 2\frac{T}{L} - m\omega^2 = \pm\frac{T}{L} \rightarrow \begin{array}{c}\omega_1^2 \\ \omega_2^2\end{array} = \frac{T}{mL}(2 \mp 1) = \left\{\begin{array}{c}\frac{T}{mL} \\ \frac{3T}{mL}\end{array}\right.$$

$\omega_1 = \sqrt{\frac{T}{mL}}$, $\omega_2 = 1.73205\sqrt{\frac{T}{mL}}$

$$\frac{u_{21}}{u_{11}} = -\frac{k_{11} - \omega_1^2 m_1}{k_{12}} = -\frac{2\frac{T}{L} - m\frac{T}{mL}}{-\frac{T}{L}} = 1, \quad \frac{u_{22}}{u_{12}} = -\frac{k_{11} - \omega_2^2 m_1}{k_{12}} = -\frac{2\frac{T}{L} - \frac{3T}{mL}m}{-\frac{T}{L}} = -1$$

$$\{u\}_1 = \begin{Bmatrix} u_{11} \\ u_{21} \end{Bmatrix} = u_{11} \begin{Bmatrix} 1 \\ u_{21}/u_{11} \end{Bmatrix} = u_{11} \begin{Bmatrix} 1 \\ 1 \end{Bmatrix} \qquad \omega_1 = \sqrt{\frac{T}{mL}}$$

$$\{u\}_2 = \begin{Bmatrix} u_{12} \\ u_{22} \end{Bmatrix} = u_{12} \begin{Bmatrix} 1 \\ u_{22}/u_{12} \end{Bmatrix} = u_{12} \begin{Bmatrix} 1 \\ -1 \end{Bmatrix} \qquad \omega_2 = 1.73205\sqrt{\frac{T}{mL}}$$

3.14 $\quad \dfrac{u_{21}}{u_{11}} = -\dfrac{k_{11} - \omega_1^2 m_1}{k_{12}} = -\dfrac{k_{12}}{k_{22} - \omega_1^2 m_2}$

$$\frac{k_{11} - \omega_1^2 m_1}{k_{12}} = \frac{1}{k_{12}}\left[k_{11} - \frac{1}{2}(k_{11} + \frac{m_1}{m_2} k_{22}) \right.$$
$$\left. + \frac{1}{2}\sqrt{(\frac{m_1}{m_2} k_{22} + k_{11})^2 - 4\frac{m_1}{m_2}(k_{11}k_{22} - k_{12}^2)} \right]$$

$$\therefore \frac{k_{11} - \omega_1^2 m_1}{k_{12}} = \frac{1}{k_{12}}\left[\frac{1}{2}(k_{11} - \frac{m_1}{m_2} k_{22}) \right.$$
$$\left. + \frac{1}{2}\sqrt{(\frac{m_1}{m_2} k_{22} + k_{11})^2 - 4\frac{m_1}{m_2}(k_{11}k_{22} - k_{12}^2)} \right]$$

$$\frac{k_{12}}{k_{22} - \omega_1^2 m_2} = \frac{k_{12}}{k_{22} - \frac{1}{2}(k_{22} + \frac{m_2}{m_1} k_{11}) + \frac{1}{2}\sqrt{(k_{22} + \frac{m_2}{m_1} k_{11})^2 - 4\frac{m_2}{m_1}(k_{11}k_{22} - k_{12}^2)}}$$

$$= \frac{k_{12}\left[(k_{22} - \frac{m_2}{m_1} k_{11}) - \sqrt{(k_{22} + \frac{m_2}{m_1} k_{11})^2 - 4\frac{m_2}{m_1}(k_{11}k_{22} - k_{12}^2)}\right]}{\frac{1}{2}\{(k_{22} - \frac{m_2}{m_1} k_{11})^2 - (k_{22} + \frac{m_2}{m_1} k_{11})^2 + 4\frac{m_2}{m_1}(k_{11}k_{22} - k_{12}^2)\}}$$

$$= \frac{k_{12} \frac{m_2}{m_1}}{-2 \frac{m_2}{m_1} k_{12}^2} \left[(\frac{m_1}{m_2} k_{22} - k_{11}) - \sqrt{(\frac{m_1}{m_2} k_{22} + k_{11})^2 - 4 \frac{m_1}{m_2}(k_{11}k_{22} - k_{12}^2)} \right]$$

$$= \frac{1}{k_{12}} \left[\frac{1}{2}(k_{11} - \frac{m_1}{m_2} k_{22}) + \frac{1}{2}\sqrt{(\frac{m_1}{m_2} k_{22} + k_{11})^2 - 4 \frac{m_1}{m_2}(k_{11}k_{22} - k_{12}^2)} \right]$$

$$\therefore \frac{k_{11} - \omega_1^2 m_1}{k_{12}} = \frac{k_{12}}{k_{22} - \omega_1^2 m_2}$$

Similarly, $\dfrac{k_{11} - \omega_2^2 m_1}{k_{12}} = \dfrac{k_{12}}{k_{22} - \omega_2^2 m_2}$

3.15 $GJ_1 = GJ_2 = GJ$, $I_1 = I_2 = I$, $L_1 = L_2 = L$

$$\left. \begin{array}{l} I_1 \ddot{\theta}_1 + \dfrac{GJ_1}{L_1} \theta_1 + \dfrac{GJ_2}{L_2}(\theta_1 - \theta_2) = 0 \\[2mm] I_2 \ddot{\theta}_2 + \dfrac{GJ_2}{L_2}(\theta_2 - \theta_1) = 0 \end{array} \right\} \rightarrow I \begin{bmatrix} 1 & 0 \\ 0 & 1 \end{bmatrix} \begin{Bmatrix} \ddot{\theta}_1 \\ \ddot{\theta}_2 \end{Bmatrix} + \frac{GJ}{L} \begin{bmatrix} 2 & -1 \\ -1 & 1 \end{bmatrix} \begin{Bmatrix} \theta_1 \\ \theta_2 \end{Bmatrix} = \begin{Bmatrix} 0 \\ 0 \end{Bmatrix}$$

Let $\theta_1 = \Theta_1 e^{i\omega t}$, $\theta_2 = \Theta_2 e^{i\omega t}$

The eigenvalue problem is

$$\begin{bmatrix} 2\frac{GJ}{L} - \omega^2 I & -\frac{GJ}{L} \\ -\frac{GJ}{L} & \frac{GJ}{L} - \omega^2 I \end{bmatrix} \begin{Bmatrix} \Theta_1 \\ \Theta_2 \end{Bmatrix} = \begin{Bmatrix} 0 \\ 0 \end{Bmatrix}$$

yielding the characteristic equation

$$\Delta(\omega^2) = \det \begin{bmatrix} 2\frac{GJ}{L} - \omega^2 I & -\frac{GJ}{L} \\ -\frac{GJ}{L} & \frac{GJ}{L} - \omega^2 I \end{bmatrix} = I^2 \omega^4 - 3 \frac{GJ}{L} I \omega^2 + \frac{G^2 J^2}{L^2} = 0$$

$$\left. \begin{array}{c} \omega_1^2 \\ \omega_2^2 \end{array} \right\} = \frac{3GJ}{2IL} \mp \frac{1}{2} \sqrt{(\frac{3GJ}{IL})^2 - 4 \frac{G^2 J^2}{I^2 L^2}} = \frac{3}{2} \frac{GJ}{IL} \mp \frac{\sqrt{5}}{2} \frac{GJ}{IL} = \begin{cases} 0.3820 \frac{GJ}{IL} \\ 2.6180 \frac{GJ}{IL} \end{cases}$$

$$\frac{\Theta_{21}}{\Theta_{11}} = -\frac{2\frac{GJ}{L} - \left(\frac{3}{2} - \frac{\sqrt{5}}{2}\right)\frac{GJ}{L}}{-\frac{GJ}{L}} = \frac{1}{2}(1 + \sqrt{5})$$

$$\frac{\Theta_{22}}{\Theta_{12}} = -\frac{2\frac{GJ}{L} - \left(\frac{3}{2} + \frac{\sqrt{5}}{2}\right)\frac{GJ}{L}}{-\frac{GJ}{L}} = \frac{1}{2}(1 - \sqrt{5})$$

$$\{\Theta\}_1 = \begin{Bmatrix}\Theta_{11}\\ \Theta_{21}\end{Bmatrix} = \Theta_{11}\begin{Bmatrix}1\\ \Theta_{21}/\Theta_{11}\end{Bmatrix} = \Theta_{11}\begin{Bmatrix}1\\ 1.6180\end{Bmatrix}$$

$$\{\Theta\}_2 = \begin{Bmatrix}\Theta_{12}\\ \Theta_{22}\end{Bmatrix} = \Theta_{12}\begin{Bmatrix}1\\ \Theta_{22}/\Theta_{12}\end{Bmatrix} = \Theta_{12}\begin{Bmatrix}1\\ -0.6180\end{Bmatrix}$$

$\omega_1 = 0.61803\sqrt{\frac{GJ}{IL}}$

$\omega_2 = 1.61803\sqrt{\frac{GJ}{IL}}$

3.16 $k_1 = k$, $k_2 = 2k$, $M = mL$

$$\frac{27}{32}mL^3\ddot{\theta} + \frac{3}{4}mL^2\ddot{y} + \frac{11}{16}kL^2\theta - \frac{1}{4}kLy = 0$$

$$\frac{3}{4}mL^2\ddot{\theta} + \frac{5}{2}mL\ddot{y} - \frac{1}{4}kL\theta + 3ky = 0$$

$$\rightarrow \frac{mL}{32}\begin{bmatrix}27L^2 & 24L\\ 24L & 80\end{bmatrix}\begin{Bmatrix}\ddot{\theta}\\ \ddot{y}\end{Bmatrix} + \frac{k}{16}\begin{bmatrix}11L^2 & -4L\\ -4L & 48\end{bmatrix}\begin{Bmatrix}\theta\\ y\end{Bmatrix} = \begin{Bmatrix}0\\ 0\end{Bmatrix}$$

The eigenvalue problem is

$$\frac{1}{32}k\begin{bmatrix}L^2\left(22 - 27\frac{mL}{k}\omega^2\right) & -8L\left(1 + 3\frac{mL}{k}\omega^2\right)\\ -8L\left(1 + 3\frac{mL}{k}\omega^2\right) & 16\left(6 - 5\frac{mL}{k}\omega^2\right)\end{bmatrix}\begin{Bmatrix}\theta\\ Y\end{Bmatrix} = \begin{Bmatrix}0\\ 0\end{Bmatrix}$$

yielding the characteristic equation

$$\Delta(\omega^2) = \frac{1}{2}kL^2\left[\left(22 - 27\frac{mL}{k}\omega^2\right)\left(6 - 5\frac{mL}{k}\omega^2\right) - 4\left(1 + 3\frac{mL}{k}\omega^2\right)^2\right] = 0$$

$$\therefore \quad \omega^4 - \frac{296}{99}\frac{k}{mL}\omega^2 + \frac{128}{99}\left(\frac{k}{mL}\right)^2 = 0$$

$$\begin{matrix}\omega_1^2\\ \omega_2^2\end{matrix} = \frac{1}{2}\frac{296}{99} \mp \left[\sqrt{\left(\frac{296}{99}\right)^2 - 4 \times \frac{128}{99}}\right]\frac{k}{mL} = \frac{1}{198}(296 \mp 192.1665)\frac{k}{mL} = \begin{cases}0.5244\frac{k}{mL}\\ 2.4655\frac{k}{mL}\end{cases}$$

45

$$\therefore \quad \omega_1 = 0.7242 \sqrt{\frac{k}{mL}} \qquad \omega_2 = 1.5702 \sqrt{\frac{k}{mL}}$$

$$\frac{Y_1}{\Theta_1} = -\frac{(22 - 27\frac{mL}{k}\omega_1^2)L^2}{-8(1 + 3\frac{mL}{k}\omega_1^2)L} = \frac{(22 - 27 \times 0.5244)L}{8(1 + 3 \times 0.5244)} = 0.3809L$$

$$\frac{Y_2}{\Theta_2} = -\frac{(22 - 27\frac{mL}{k}\omega_1^2)L^2}{-8(1 + 3\frac{mL}{k}\omega_1^2)L} = \frac{(22 - 27 \times 2.4655)L}{8(1 + 3 \times 2.4655)} = -0.6635L$$

3.17 For small θ_1 and θ_2, $\cos(\theta_2 - \theta_1) \approx 1$, $\sin(\theta_2 - \theta_1) \approx \theta_2 - \theta_1$

Letting $m_1 = m_2 = m$, $L_1 = L_2 = L$, the equations of motion reduce to

$$\left.\begin{array}{l} 2\ddot{\theta}_1 + \ddot{\theta}_2 + 2\frac{g}{L}\theta_1 = 0 \\ \ddot{\theta}_1 + \ddot{\theta}_2 + \frac{g}{L}\theta_2 = 0 \end{array}\right\} \rightarrow \begin{bmatrix} 2 & 1 \\ 1 & 1 \end{bmatrix}\begin{Bmatrix} \ddot{\theta}_1 \\ \ddot{\theta}_2 \end{Bmatrix} + \frac{g}{L}\begin{bmatrix} 2 & 0 \\ 0 & 1 \end{bmatrix}\begin{Bmatrix} \theta_1 \\ \theta_2 \end{Bmatrix} = \begin{Bmatrix} 0 \\ 0 \end{Bmatrix}$$

The eigenvalue problem is

$$\begin{bmatrix} 2\frac{g}{L} - 2\omega^2 & -\omega^2 \\ -\omega^2 & \frac{g}{L} - \omega^2 \end{bmatrix}\begin{Bmatrix} \theta_1 \\ \theta_2 \end{Bmatrix} = \begin{Bmatrix} 0 \\ 0 \end{Bmatrix}$$

yielding the characteristic equation

$$\Delta(\omega^2) = \det\begin{bmatrix} 2\frac{g}{L} - 2\omega^2 & -\omega^2 \\ -\omega^2 & \frac{g}{L} - \omega^2 \end{bmatrix} = \omega^4 - 4\frac{g}{L}\omega^2 + 2\frac{g^2}{L^2} = 0$$

$$\begin{array}{l} \omega_1^2 \\ \omega_2^2 \end{array} = (2 \mp \sqrt{4-2})\frac{g}{L} = \begin{cases} (2 - \sqrt{2})g/L \\ (2 + \sqrt{2})g/L \end{cases}$$

$$\frac{\theta_{21}}{\theta_{11}} = \frac{2(\frac{g}{L} - \omega_1^2)}{\omega_1^2} = \frac{2(-1+\sqrt{2})}{(2-\sqrt{2})} = \sqrt{2}$$

$$\frac{\theta_{22}}{\theta_{12}} = \frac{2(\frac{g}{L} - \omega_2^2)}{\omega_2^2} = \frac{2(-1-\sqrt{2})}{2+\sqrt{2}} = -\sqrt{2}$$

$$\{\theta\}_1 = \begin{Bmatrix} \theta_{11} \\ \theta_{21} \end{Bmatrix} = \theta_{11} \begin{Bmatrix} 1 \\ \theta_{21}/\theta_{11} \end{Bmatrix} = \theta_{11} \begin{Bmatrix} 1 \\ \sqrt{2} \end{Bmatrix}$$

$$\{\theta\}_2 = \begin{Bmatrix} \theta_{12} \\ \theta_{22} \end{Bmatrix} = \theta_{12} \begin{Bmatrix} 1 \\ \theta_{22}/\theta_{12} \end{Bmatrix} = \theta_{12} \begin{Bmatrix} 1 \\ -\sqrt{2} \end{Bmatrix}$$

$$\omega_1 = 0.76537\sqrt{\frac{g}{L}} \qquad \omega_2 = 1.84776\sqrt{\frac{g}{L}}$$

3.18 For small θ_1 and θ_2, the equations of motion reduce to

$$\left.\begin{array}{l} \frac{1}{2}\ddot{\theta}_1 + \frac{1}{3}\ddot{\theta}_2 + \frac{g}{L}\theta_2 = 0 \\ \ddot{\theta}_1 + \frac{1}{2}\ddot{\theta}_2 + \frac{g}{L}\theta_1 = 0 \end{array}\right\} \rightarrow \begin{bmatrix} 1 & \frac{1}{2} \\ \frac{1}{2} & \frac{1}{3} \end{bmatrix} \begin{Bmatrix} \ddot{\theta}_1 \\ \ddot{\theta}_2 \end{Bmatrix} + \frac{g}{L} \begin{bmatrix} 1 & 0 \\ 0 & 1 \end{bmatrix} \begin{Bmatrix} \theta_1 \\ \theta_2 \end{Bmatrix} = \begin{Bmatrix} 0 \\ 0 \end{Bmatrix}$$

The eigenvalue problem is

$$\begin{bmatrix} \frac{g}{L} - \omega^2 & -\frac{1}{2}\omega^2 \\ -\frac{1}{2}\omega^2 & \frac{g}{L} - \frac{1}{3}\omega^2 \end{bmatrix} \begin{Bmatrix} \theta_1 \\ \theta_2 \end{Bmatrix} = \begin{Bmatrix} 0 \\ 0 \end{Bmatrix}$$

yielding the characteristic equation

$$\Delta(\omega^2) = \frac{1}{12}\left[\omega^4 - 16\frac{g}{L}\omega^2 + 12\left(\frac{g}{L}\right)^2\right] = 0$$

$$\begin{matrix}\omega_1^2 \\ \omega_2^2\end{matrix} = 8\frac{g}{L} \mp \sqrt{\left(8\frac{g}{L}\right)^2 - 12\left(\frac{g}{L}\right)^2} = (8 \mp \sqrt{52})\frac{g}{L} = \begin{cases} 0.7889\,\frac{g}{L} \\ 15.2111\,\frac{g}{L} \end{cases}$$

$$\frac{\theta_{21}}{\theta_{12}} = -\frac{\frac{g}{L} - \omega_1^2}{-\frac{1}{2}\omega_1^2} = 2\left[\frac{\frac{g}{L}}{\omega_1^2} - 1\right] = 0.2518$$

$$\frac{\theta_{22}}{\theta_{12}} = -\frac{\frac{g}{L} - \omega_2^2}{-\frac{1}{2}\omega_2^2} = 2\left[\frac{\frac{g}{L}}{\omega_2^2} - 1\right] = -1.8685$$

$$\{\theta\}_1 = \theta_{11}\begin{Bmatrix} 1 \\ \theta_{21}/\theta_{11} \end{Bmatrix} = \theta_{11}\begin{Bmatrix} 1 \\ 0.2518 \end{Bmatrix}$$

$$\{\theta\}_2 = \theta_{12}\begin{Bmatrix} 1 \\ \theta_{22}/\theta_{12} \end{Bmatrix} = \theta_{12}\begin{Bmatrix} 1 \\ -1.8685 \end{Bmatrix}$$

[Figure: $\{\theta\}_1$ with $\omega_1 = 0.88820\sqrt{\frac{g}{L}}$, and $\{\theta\}_2$ with $\omega_2 = 3.90014\sqrt{\frac{g}{L}}$]

3.19 $m_1 = m_2 = m$, $H_1 = H_2 = H$, $I_1 = I_2 = I \rightarrow k_1 = k_2 = k$

From Eqs. (3.29) and (3.30),

$$\omega_1 = 0.618\sqrt{\frac{k}{m}}, \quad \frac{u_{21}}{u_{11}} = 1.618, \quad \{u\}_1 = \begin{Bmatrix} 1 \\ 1.618 \end{Bmatrix}$$

$$\omega_2 = 1.618\sqrt{\frac{k}{m}}, \quad \frac{u_{22}}{u_{12}} = -0.618, \quad \{u\}_2 = \begin{Bmatrix} 1 \\ -0.618 \end{Bmatrix}$$

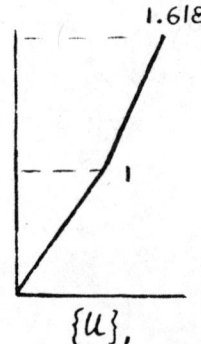
$\{u\}_1$

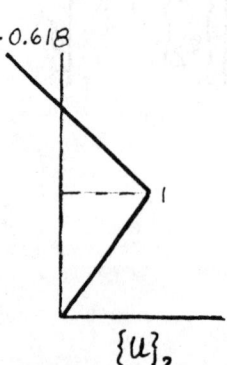
$\{u\}_2$

3.20 The equations of motion obtained in Problem 3.12 have the matrix form

$$\begin{bmatrix} I_A + n^2 I_B & 0 \\ 0 & I_C \end{bmatrix}\begin{Bmatrix} \ddot{\theta}_A \\ \ddot{\theta}_C \end{Bmatrix} + \begin{bmatrix} k_1 + n^2 k_2 & -nk_2 \\ -nk_2 & k_2 \end{bmatrix}\begin{Bmatrix} \theta_A \\ \theta_C \end{Bmatrix} = \begin{Bmatrix} 0 \\ M(t) \end{Bmatrix}$$

Substituting $n = 2$, $I_A = 5I$, $I_B = 2I$, $I_C = I$ and $k_1 = k_2 = k$,

$$I\begin{bmatrix} 9 & 0 \\ 0 & 1 \end{bmatrix}\begin{Bmatrix} \ddot{\theta}_A \\ \ddot{\theta}_C \end{Bmatrix} + k\begin{bmatrix} 5 & -2 \\ -2 & 1 \end{bmatrix}\begin{Bmatrix} \theta_A \\ \theta_C \end{Bmatrix} = \begin{Bmatrix} 0 \\ M(t) \end{Bmatrix}$$

From Eqs. (3.29) and (3.30),

$$\omega_1 = 0.2740 \sqrt{\frac{k}{I}}, \quad \frac{u_{21}}{u_{11}} = 2.1621, \quad \{u\}_1 = \begin{Bmatrix} 1 \\ 2.1621 \end{Bmatrix}$$

$$\omega_2 = 1.2168 \sqrt{\frac{k}{I}}, \quad \frac{u_{22}}{u_{12}} = -4.1623, \quad \{u\}_2 = \begin{Bmatrix} 1 \\ -4.1623 \end{Bmatrix}$$

3.21

$$\Sigma F_y = -k_1(y - a\theta) - k_2[y + (L - a)\theta] + F$$

$$= \frac{3mL}{2}[\ddot{y} + (\frac{3L}{4} - a)\ddot{\theta}] + M[\ddot{y} + (\frac{3L}{2} - a)\ddot{\theta}]$$

$$\Sigma M_0 = k_1(y - a\theta)a - k_2[y + (L - a)\theta](L - a) + F(\frac{3L}{4} - a)$$

$$= \int_{-a}^{\frac{3L}{2} - a} m(\ddot{y} + x\ddot{\theta})x \, dx + M[\ddot{y} + (\frac{3L}{2} - a)\ddot{\theta}](\frac{3L}{2} - a)$$

$$(\frac{3mL}{2} + M)\ddot{y} + [\frac{3mL}{2}(\frac{3L}{4} - a) + M(\frac{3L}{2} - a)]\ddot{\theta} + (k_1 + k_2)y - [k_1 a - k_2(L - a)]\theta = F$$

$$[\frac{3mL}{2}(\frac{3L}{4} - a) + M(\frac{3L}{2} - a)]\ddot{y} + \{\frac{3mL}{2}[\frac{1}{3}(\frac{3L}{2})^2 - (\frac{3L}{2} - a)a] + M(\frac{3L}{2} - a)^2\}\ddot{\theta}$$

$$- [k_1 a - k_2(L - a)]y + [k_1 a^2 + k_2(L - a)^2]\theta = F(\frac{3L}{4} - a)$$

The equations are statically uncoupled when $k_1 a - k_2(L - a) = 0 \rightarrow a = \dfrac{k_2 L}{k_1 + k_2}$

Let $k_1 = k$, $k_2 = 2k$, $mL = M \rightarrow a = \frac{2}{3}L$

$$\frac{5}{2}mL\ddot{y} + \frac{23}{24}mL^2\ddot{\theta} + 3ky = F$$

$$\frac{23}{24}mL^2\ddot{y} + \frac{71}{72}mL^3\ddot{\theta} + \frac{2}{3}kL^2\theta = \frac{1}{12}FL$$

$$\rightarrow \begin{bmatrix} \frac{71}{72}mL^3 & \frac{23}{24}mL^2 \\ \frac{23}{24}mL^2 & \frac{5}{2}mL \end{bmatrix} \begin{Bmatrix} \ddot{\theta} \\ \ddot{y} \end{Bmatrix} + \begin{bmatrix} \frac{2}{3}kL^2 & 0 \\ 0 & 3k \end{bmatrix} \begin{Bmatrix} \theta \\ y \end{Bmatrix} = \begin{Bmatrix} \frac{FL}{12} \\ F \end{Bmatrix}$$

The eigenvalue problem is

$$\begin{bmatrix} \frac{2}{3}kL^2 - \frac{71}{72}mL^3\omega^2 & -\frac{23}{24}mL^2\omega^2 \\ -\frac{23}{24}mL^2\omega^2 & 3k - \frac{5}{2}mL\omega^2 \end{bmatrix} \begin{Bmatrix} \Theta \\ Y \end{Bmatrix} = \begin{Bmatrix} 0 \\ 0 \end{Bmatrix}$$

yielding the characteristic equation

$$\omega^4 - \frac{296}{99}\frac{k}{mL}\omega^2 + \frac{128}{99}\left(\frac{k}{mL}\right)^2 = 0$$

$$\begin{matrix} \omega_1^2 \\ \omega_2^2 \end{matrix} = \frac{1}{2}\left(\frac{296}{99} \approx \sqrt{\left(\frac{296}{99}\right)^2 - 4 \times \frac{128}{99}}\right)\frac{k}{mL} = \begin{cases} 0.5244 \frac{k}{mL} \\ 2.4655 \frac{k}{mL} \end{cases}$$

$$\frac{Y_1}{\Theta_2} = -\frac{\frac{2}{3}kL^2 - \frac{71}{72}mL^3\omega_1^2}{-\frac{23}{24}mL^2\omega_1^2} = 0.2976L$$

$$\frac{Y_2}{\Theta_2} = -\frac{\frac{2}{3}kL^2 - \frac{71}{72}mL^3\omega_2^2}{-\frac{23}{24}mL^2\omega_2^2} = -0.7468L$$

$$\begin{Bmatrix} \Theta_1 \\ Y_1 \end{Bmatrix} = \Theta_1 \begin{Bmatrix} 1 \\ 0.2976L \end{Bmatrix}$$

$$\begin{Bmatrix} \Theta_2 \\ Y_2 \end{Bmatrix} = \Theta_2 \begin{Bmatrix} 1 \\ -0.7468L \end{Bmatrix}$$

Conclusion: Natural frequencies are the same. The natural modes seem to be different, but they are not. Note that y is defined differently in the two problems. Hence, it makes no difference how we choose the coordinates.

3.22 $-1600\omega^2\Theta + 4560X + 131,136\Theta = 0$

$$\omega_1^2 = 47.255266, \quad \frac{\Theta_1}{X_1} = \frac{-4560}{131,136 - 47.255266 \times 1600} = -0.0821L^{-1}$$

$$\omega_2^2 = 85.704734, \quad \frac{\Theta_2}{X_2} = \frac{-4560}{131,136 - 85.704734 \times 1600} = 0.7611L^{-1}$$

Letting $X_1 = X_2 = 1$,

$$\begin{Bmatrix} X_1 \\ \Theta_1 \end{Bmatrix} = \begin{Bmatrix} 1 \\ -0.0821L^{-1} \end{Bmatrix}, \begin{Bmatrix} X_2 \\ \Theta_2 \end{Bmatrix} = \begin{Bmatrix} 1 \\ 0.7611L^{-1} \end{Bmatrix}$$

3.23 The natural modes must satisfy the orthogonality conditions

$$\underline{u}_2^T M \underline{u}_1 = 0, \quad \underline{u}_2^T K \underline{u}_1 = 0$$

From Example 3.2,

$$M = \begin{bmatrix} 100 & 0 \\ 0 & 1,000 \end{bmatrix}, \quad K = \begin{bmatrix} 5,100 & 4,560 \\ 4,560 & 131,136 \end{bmatrix}, \quad \{u\}_1 = \begin{Bmatrix} 1 \\ -0.0820 \end{Bmatrix}, \quad \{u\}_2 = \begin{Bmatrix} 1 \\ 0.7610 \end{Bmatrix}$$

Substituting into the orthogonality conditions,

$$\underline{u}_2^T M \underline{u}_1 = \begin{Bmatrix} 1 \\ 0.7610 \end{Bmatrix}^T \begin{bmatrix} 100 & 0 \\ 0 & 1,600 \end{bmatrix} \begin{Bmatrix} 1 \\ -0.0820 \end{Bmatrix} = \begin{Bmatrix} 1 \\ 0.7610 \end{Bmatrix}^T \begin{Bmatrix} 100 \\ -131.2 \end{Bmatrix} = 0.1568 \approx 0$$

$$\underline{u}_2^T K \underline{u}_1 = \begin{Bmatrix} 1 \\ 0.7610 \end{Bmatrix}^T \begin{bmatrix} 5,100 & 4,560 \\ 4.560 & 131,136 \end{bmatrix} \begin{Bmatrix} 1 \\ -0.0820 \end{Bmatrix} = \begin{Bmatrix} 1 \\ 0.7610 \end{Bmatrix}^T \begin{Bmatrix} 4726.08 \\ -6193.15 \end{Bmatrix} = 13 \approx 0$$

The errors are due to inaccuracies in the solution of the eigenvalue problem and are small when compared with the entries of the mass and stiffness matrices, respectively.

3.24 $\theta_{10} = \theta_1(0) = 0$, $\theta_{20} = \theta_2(0) = 1.5$, $\dot{\theta}_{10} = \dot{\theta}_1(0) = 1.8\sqrt{\frac{GJ}{IL}}$, $\dot{\theta}_{20} = \dot{\theta}_2(0) = 0$

From Eqs. (3.55),

$$\theta_1(t) = C_1 \Theta_{11} \cos(\omega_1 t - \phi_1) + C_2 \Theta_{12} \cos(\omega_2 t - \phi_2)$$

$$\theta_2(t) = C_1 \Theta_{21} \cos(\omega_1 t - \phi_1) + C_2 \Theta_{22} \cos(\omega_2 t - \phi_2)$$

where $\omega_1 = 0.6180\sqrt{\frac{GJ}{IL}}$, $\omega_2 = 1.6180\sqrt{\frac{GJ}{IL}}$. Letting $\Theta_{11} = \Theta_{12} = 1$,

$\Theta_{21} = 1.6180$, $\Theta_{22} = -0.6180$. From Eqs. (3.58),

$$C_1 = \frac{1}{\Theta_{22} - \Theta_{21}} \sqrt{(\Theta_{22}\theta_{10} - \Theta_{12}\theta_{20})^2 + (\Theta_{22}\dot\theta_{10} + \Theta_{12}\dot\theta_{20})/\omega_1^2}$$

$$= \frac{1}{-\sqrt{5}} \sqrt{1.5^2 + \frac{(\frac{1-\sqrt{5}}{2} \times 1.8)^2}{3 - \sqrt{5}/2}} = -1.0479$$

$$C_2 = \frac{1}{\Theta_{22} - \Theta_{21}} \sqrt{(\Theta_{11}\theta_{20} - \Theta_{21}\theta_{10})^2 + (\Theta_{11}\dot\theta_{20} - \Theta_{21}\dot\theta_{10})^2/\omega_2^2}$$

$$= \frac{1}{-\sqrt{5}} \sqrt{1.5^2 + \frac{(1.8 \times \frac{1+\sqrt{5}}{2})^2}{(3+\sqrt{5})/2}} = -1.0479$$

$$\phi_1 = \tan \frac{\Theta_{22}\dot\theta_{10} - \Theta_{12}\dot\theta_{20}}{\omega_1(\Theta_{22}\theta_{10} - \Theta_{12}\theta_{20})} = \tan^{-1} \frac{\frac{1-\sqrt{5}}{2} \times 1.8}{-[(3+\sqrt{5})/2] \times 1.5}$$

$$= \tan^{-1} 1.20 = 230°10'$$

$$\phi_2 = \tan^{-1} \frac{\Theta_{11}\dot\theta_{20} - \Theta_{12}\dot\theta_{10}}{\omega_2(\Theta_{11}\theta_{20} - \Theta_{21}\theta_{10})} = \tan^{-1} \frac{\frac{1+\sqrt{5}}{2} \times 1.8}{-[(3+\sqrt{5})/2] \times 1.5}$$

$$= \tan^{-1}(-1.20) = 309°50'$$

Note that the phase angles ϕ_1 and ϕ_2 are determined so as to be consistent with Eqs. (3.57). Hence,

$$\begin{Bmatrix} \theta_1(t) \\ \theta_2(t) \end{Bmatrix} = -1.0479 \begin{Bmatrix} 1.0000 \\ 1.6180 \end{Bmatrix} \cos\left(0.6180 \sqrt{\frac{GJ}{IL}} t - 230°10'\right)$$

$$- 1.0479 \begin{Bmatrix} 1.0000 \\ -0.6180 \end{Bmatrix} \cos\left(1.6180 \sqrt{\frac{GJ}{IL}} t - 309°50'\right)$$

3.25 $y_{10} = y_1(0) = 1.0$, $y_{20} = y_2(0) = -1.0$, $\dot y_{10} = \dot y_1(0) = 0$, $\dot y_{20} = \dot y_2(0) = 0$.

Letting $u_{11} = u_{12} = u_{21} = 1$, $u_{22} = -1$,

$$C_1 = \frac{u_{22}y_{10} - u_{12}y_{20}}{u_{22} - u_{21}} = \frac{-1 \times 1.0 - (-1.0)}{-1 - 1} = 0, \quad \phi_1 = 0$$

$$C_2 = \frac{u_{11}y_{20} - u_{21}y_{10}}{u_{22} - u_{21}} = \frac{1 \times (-1.0) - 1 \times 1.0}{-1 - 1} = 1, \; \phi_2 = 0 \; ; \; \omega_2 = 1.7321 \sqrt{\frac{T}{mL}}$$

where ϕ_2 was made consistent with the second of Eqs. (3.57).

$$\begin{Bmatrix} y_1(t) \\ y_2(t) \end{Bmatrix} = \begin{Bmatrix} 1 \\ -1 \end{Bmatrix} \cos(\omega_2 t - \phi_2) = \begin{Bmatrix} 1 \\ -1 \end{Bmatrix} \cos 1.73205 \sqrt{\frac{T}{mL}} \; t$$

Because the initial conditions resemble the second mode, the first mode is not excited, so that the subsequent motion consists entirely of the second mode.

3.26

$$-k_1 x_1 + k_2(x_2 - x_1) + F_1 = m_1 \ddot{x}_1$$

$$-k_2(x_2 - x_1) - k_3 x_2 + F_2 = m_2 \ddot{x}_2$$

$$\therefore \begin{bmatrix} m_1 & 0 \\ 0 & m_2 \end{bmatrix} \begin{Bmatrix} \ddot{x}_1 \\ \ddot{x}_2 \end{Bmatrix} + \begin{bmatrix} k_1 + k_2 & -k_2 \\ -k_2 & k_2 + k_3 \end{bmatrix} \begin{Bmatrix} x_1 \\ x_2 \end{Bmatrix} = \begin{Bmatrix} F_1 \\ F_2 \end{Bmatrix} = \begin{Bmatrix} F_1 \cos \omega t \\ 0 \end{Bmatrix}$$

Assume the solution $x_1 = X_1 \cos \omega t$, $x_2 = X_2 \cos \omega t$. Then,

$$\therefore \; [-m_1 \omega^2 + (k_1 + k_2)]X_1 + [-k_2]X_2 = F_1$$

$$(-k_2)X_1 + [-m_2 \omega^2 + (k_2 + k_3)]X_2 = 0$$

Solving these two equations for X_1, X_2,

$$X_1 = \frac{[(k_2 + k_3) - \omega^2 m_2]F_1}{[(k_1 + k_2) - \omega^2 m_1][(k_2 + k_3) - \omega^2 m_2] - (k_2)^2}$$

$$X_2 = \frac{-(-k_2)F_1}{[(k_1 + k_2) - \omega^2 m_1][(k_2 + k_3) - \omega^2 m_2] - (k_2)^2}$$

3.27 $M_1(t) = 0 \quad M_2(t) = M_2 e^{i\omega t}$

$$\begin{cases} I_1\ddot{\theta}_1 + \dfrac{GJ_1}{L_1}\theta_1 + \dfrac{GJ_2}{L_2}(\theta_1 - \theta_2) = 0 \\ I_2\ddot{\theta}_2 + \dfrac{GJ_2}{L_2}(\theta_2 - \theta_1) = M_2 e^{i\omega t} \end{cases}$$

$GJ_1 = GJ_2 = GJ$, $I_1 = I_2 = I$, $L_1 = L_2 = L$

$$\therefore \begin{bmatrix} I & 0 \\ 0 & I \end{bmatrix}\begin{Bmatrix} \ddot{\theta}_1 \\ \ddot{\theta}_2 \end{Bmatrix} + \begin{bmatrix} 2\dfrac{GJ}{L} & -\dfrac{GJ}{L} \\ -\dfrac{GJ}{L} & \dfrac{GJ}{L} \end{bmatrix}\begin{Bmatrix} \theta_1 \\ \theta_2 \end{Bmatrix} = \begin{Bmatrix} M_1 \\ M_2 \end{Bmatrix} = \begin{Bmatrix} 0 \\ M_2 e^{i\omega t} \end{Bmatrix}$$

Leting $\theta_1 = \Theta_1 e^{i\omega t}$, $\theta_2 = \Theta_2 e^{i\omega t}$,

$$\therefore \begin{cases} (-I\omega^2 + 2\dfrac{GJ}{L})\Theta_1 + (-\dfrac{GJ}{L})\Theta_2 = 0 \\ (-\dfrac{GJ}{L})\Theta_1 + (-I\omega^2 + \dfrac{GJ}{L})\Theta_2 = M_2 \end{cases}$$

Solving for Θ_1, Θ_2,

$$\Theta_1 = \frac{M_2 \dfrac{GJ}{L}}{(2\dfrac{GJ}{L} - \omega^2 I)(\dfrac{GJ}{L} - \omega^2 I) - (\dfrac{GJ}{L})^2} = \frac{M_2}{I}\frac{\dfrac{GJ}{IL}}{(\omega^2 - \omega_1^2)(\omega^2 - \omega_2^2)}$$

$$\Theta_2 = \frac{M_2(2\dfrac{GJ}{L} - \omega^2 I)}{(2\dfrac{GJ}{L} - \omega^2 I)(\dfrac{GJ}{L} - \omega_I^2) - (\dfrac{GJ}{L})^2} = \frac{M_2}{I}\frac{2\dfrac{GJ}{IL} - \omega^2}{(\omega^2 - \omega_1^2)(\omega^2 - \omega_2^2)}$$

where $\omega_1^2 = \frac{1}{2} (3 - \sqrt{5}) \frac{GJ}{IL}$, $\omega_2^2 = \frac{1}{2} (3 + \sqrt{5}) \frac{GJ}{IL}$.

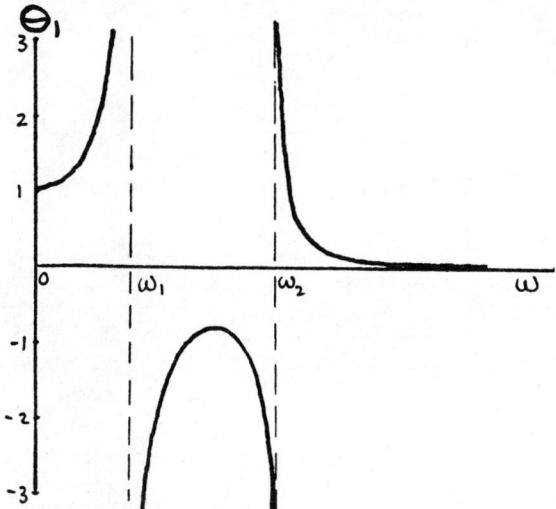
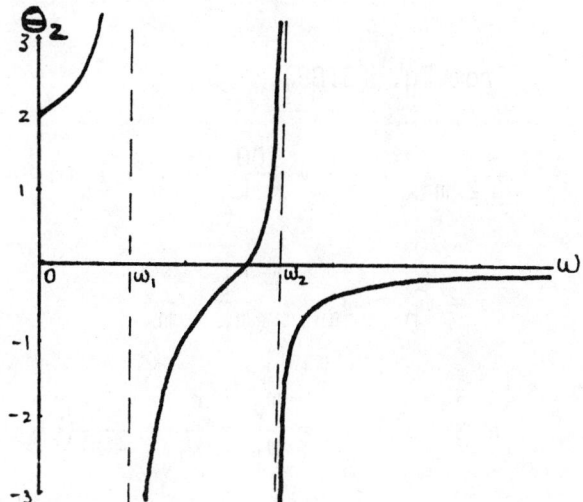

3.28   The equations of motion are

$$\Sigma F_{x1} = - k_1(x_1 - y) + k_2(x_2 - x_1) = m_1 \ddot{x}_1$$

$$\Sigma F_{x2} = - k_2(x_2 - x_1) = m_2 \ddot{x}_2$$

or, in matrix form,

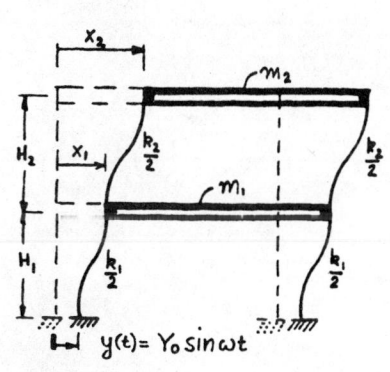

$$\begin{bmatrix} m_1 & 0 \\ 0 & m_2 \end{bmatrix} \begin{Bmatrix} \ddot{x}_1 \\ \ddot{x}_2 \end{Bmatrix} + \begin{bmatrix} k_1 + k_2 & - k_2 \\ - k & k_2 \end{bmatrix} \begin{Bmatrix} x_1 \\ x_2 \end{Bmatrix} = \begin{Bmatrix} k_1 y \\ 0 \end{Bmatrix}$$

where $y(t) = Y_0 \sin \omega t$, $k_1 = \frac{12EI_1}{H_1^3}$, $k_2 = \frac{12EI_2}{H_2^3}$

The steady-state response can be written as

$$x_1(t) = X_1 \sin \omega t, \quad x_2(t) = X_2 \sin \omega t$$

Using Eq. (3.82), X_1 and X_2 become

$$X_1 = \frac{(k_2 - \omega^2 m_2) 1_1 Y_0}{(k_1 + k_2 - \omega^2 m_1)(k_2 - \omega^2 m_2) - k_2^2}, \quad X_2 = \frac{k_1 k_2 Y_0}{(k_1 + k_2 - \omega^2 m_1)(k_2 - \omega^2 m_2) - k_2^2}$$

3.29 $x_{st} = \dfrac{\omega_1}{k_1} = \dfrac{4800 \text{ lb}}{k_1} = 1.2$ in $\rightarrow$ $k_1 = 4000$ lb/in . $F_1 = 100$ lb.

From Eq. (3.89),

$$x_{2\,max} = \dfrac{F_1}{k_2} = \dfrac{100 \text{ lb}}{k_2} = 0.1 \text{ in} \rightarrow k_2 = 1000 \text{ lb/in.}$$

$$\omega = \omega_n = \omega_a \rightarrow \dfrac{k_1}{m_1} = \dfrac{k_2}{m_2}$$

Mass ratio $\mu = \dfrac{m_2}{m_1} = \dfrac{k_2}{k_1} = \dfrac{1000}{4000} = 0.25$

Chapter 4

4.1

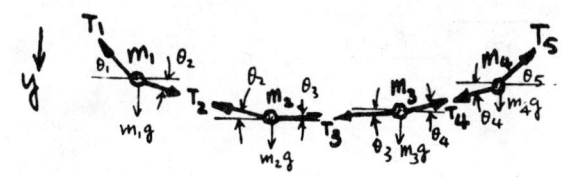

$$m_1\ddot{y}_1 = -T_1 \sin\theta_1 + T_2 \sin\theta_2 + m_1 g \rightarrow m_1\ddot{y}_1 + T_1 \sin\theta_1 - T_2 \sin\theta_2 = m_1 g$$

$$m_2\ddot{y}_2 = -T_2 \sin\theta_2 - T_3 \sin\theta_3 + m_2 g \rightarrow m_2\ddot{y}_2 + T_2 \sin\theta_2 + T_3 \sin\theta_3 = m_2 g$$

$$m_3\ddot{y}_3 = -T_4 \sin\theta_4 + T_3 \sin\theta_3 + m_3 g \rightarrow m_3\ddot{y}_3 - T_3 \sin\theta_3 + T_4 \sin\theta_4 = m_3 g$$

$$m_4\ddot{y}_4 = -T_5 \sin\theta_5 + T_4 \sin\theta_4 + m_4 g \rightarrow m_4\ddot{y}_4 - T_4 \sin\theta_4 + T_5 \sin\theta_5 = m_4 g$$

For small displacements, $\sin\theta_1 \cong \tan\theta_1 \cong \dfrac{y_1}{L_1}$, $\sin\theta_2 \cong \tan\theta_2 \cong \dfrac{y_2 - y_1}{L_2}$, etc. Also $T_1 = T_2 \ldots = T_5 = T$. Hence,

$$m_1\ddot{y}_1 + T\frac{y_1}{L_1} - T\frac{y_2 - y_1}{L_2} = m_1 g \rightarrow m_1\ddot{y}_1 + \left(\frac{T}{L_1} + \frac{T}{L_2}\right)y_1 - \frac{T}{L_2}y_2 = m_1 g$$

$$m_2\ddot{y}_2 + T\frac{y_2 - y_1}{L_2} + T\frac{y_2 - y_3}{L_3} = m_2 g \rightarrow m_2\ddot{y}_2 - \frac{T}{L_2}y_1 + \left(\frac{T}{L_2} + \frac{T}{L_3}\right)y_2 - \frac{T}{L_3}y_3 = m_2 g$$

$$m_3\ddot{y}_3 - T\frac{y_2 - y_3}{L_3} + T\frac{y_3 - y_4}{L_4} = m_3 g \rightarrow m_3\ddot{y}_3 - \frac{T}{L_3}y_2 + \left(\frac{T}{L_3} + \frac{T}{L_4}\right)y_3 - \frac{T}{L_4}y_4 = m_3 g$$

$$m_4\ddot{y}_4 - T\frac{y_3 - y_4}{L_4} + T\frac{y_4}{L_5} = m_4 g \rightarrow m_4\ddot{y}_4 - \frac{T}{L_4}y_3 + \left(\frac{T}{L_4} + \frac{T}{L_5}\right)y_4 = m_4 g$$

4.2

$$m_1\ddot{x}_1 = -k_1 x_1 + k_2(x_2 - x_1)$$

$$m_2\ddot{x}_2 = -k_2(x_2 - x_1) + k_3(x_3 - x_2) - (k_5 + k_6)x_2$$

$$m_3\ddot{x}_3 = -k_3(x_3 - x_2) - k_4 x_3$$

$$\begin{bmatrix} m_1 & 0 & 0 \\ 0 & m_2 & 0 \\ 0 & 0 & m_3 \end{bmatrix} \begin{Bmatrix} \ddot{x}_1 \\ \ddot{x}_2 \\ \ddot{x}_3 \end{Bmatrix} + \begin{bmatrix} k_1 + k_2 & -k_2 & 0 \\ -k_2 & k_2 + k_3 + k_5 + k_6 & -k_3 \\ 0 & -k_3 & k_3 + k_4 \end{bmatrix} \begin{Bmatrix} x_1 \\ x_2 \\ x_3 \end{Bmatrix} = \begin{Bmatrix} 0 \\ 0 \\ 0 \end{Bmatrix}$$

4.3

$m_1 \ddot{x}_1 = k_2(x_2 - x_1) - k_1 x_1 \quad \rightarrow \quad m_1 \ddot{x}_1 + (k_1 + k_2)x_1 - k_2 x_2 = 0$

$m_2 \ddot{x}_2 = k_3(x_3 - x_2) - k_2(x_2 - x_1) \rightarrow m_2 \ddot{x}_2 - k_2 x_1 + (k_2 + k_3)x_2 - k_3 x_3 = 0$

$m_3 \ddot{x}_3 = k_4 x_3 - k_3(x_3 - x_2) \quad \rightarrow \quad m_3 \ddot{x}_3 - k_3 x_2 + (k_3 + k_4)x_3 = 0$

$$\begin{bmatrix} m_1 & 0 & 0 \\ 0 & m_2 & 0 \\ 0 & 0 & m_3 \end{bmatrix} \begin{Bmatrix} \ddot{x}_1 \\ \ddot{x}_2 \\ \ddot{x}_3 \end{Bmatrix} + \begin{bmatrix} k_1 + k_2 & -k_2 & 0 \\ -k_2 & k_2 + k_3 & -k_3 \\ 0 & -k_3 & k_3 + k_4 \end{bmatrix} \begin{Bmatrix} x_1 \\ x_2 \\ x_3 \end{Bmatrix} = \begin{Bmatrix} 0 \\ 0 \\ 0 \end{Bmatrix}$$

4.4

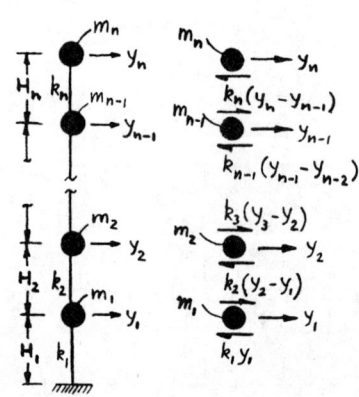

$m_n \ddot{y}_n = -k_n(y_n - y_{n-1})$

$m_{n-1} \ddot{y}_{n-1} = k_n(y_n - y_{n-1}) - k_{n-1}(y_{n-1} - y_{n-2})$

- -

$m_2 \ddot{y}_2 = k_3(y_3 - y_2) - k_2(y_2 - y_1)$

$m_1 \ddot{y}_1 = k_2(y_2 - y_1) - k_1 y_1$

where, from Problem 1.15, the equivalent spring are $k_i = 24EI_i/H_i^3$ ($i = 1, 2, \ldots, n$).

Hence, the equations of motion are

$m_1 \ddot{y}_1 + (k_1 + k_2)y_1 - k_2 y_2 = 0$

$m_2 \ddot{y}_2 - k_2 y_1 + (k_2 + k_3)y_2 - k_3 y_3 = 0$

- -

$m_{n-1} \ddot{y}_{n-1} - k_{n-1} y_{n-2} + (k_{n-1} + k_n)y_{n-1} - k_n y_n = 0$

$m_n \ddot{y}_n - k_n y_{n-1} + k_n y_n = 0$

4.5

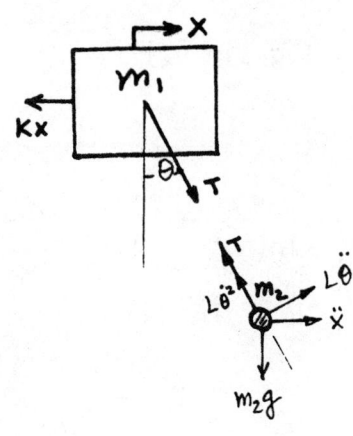

$$\Sigma F_{m1x} = -kx + T\sin\theta = m_1\ddot{x}$$

$$\Sigma F_{m2x} = -T\sin\theta = m_2(\ddot{x} + L\ddot{\theta}\cos\theta - L\dot{\theta}^2\sin\theta)$$

$$\Sigma F_{m2y} = T\cos\theta - m_2 g = m_2(L\ddot{\theta}\sin\theta + L\dot{\theta}^2\cos\theta)$$

Eliminating T from the above equations,

$$(m_1 + m_2)\ddot{x} + m_2 L(\ddot{\theta}\cos\theta - \dot{\theta}^2\sin\theta) + kx = 0$$

$$m_2\cos\theta\,\ddot{x} + m_2 L\ddot{\theta} + m_2 g\sin\theta = 0$$

4.6

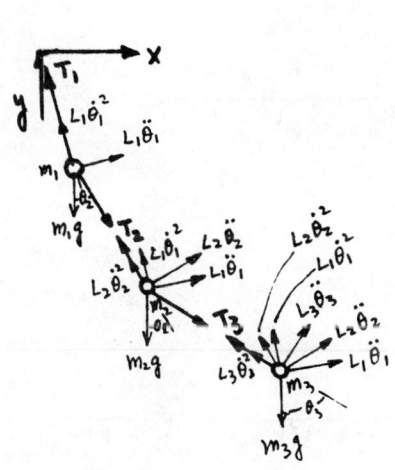

$$\Sigma F_{t1} = T_2\sin(\theta_2 - \theta_1) - m_1 g\sin\theta_1 = m_1 L_1\ddot{\theta}_1$$

$$\Sigma F_{n1} = T_1 - T_2\cos(\theta_2 - \theta_1) - m_1 g\cos\theta_1 = m_1 L_1\dot{\theta}_1^2$$

$$\Sigma F_{t2} = T_3\sin(\theta_3 - \theta_2) - m_2 g\sin\theta_2$$
$$= m_2[L_2\ddot{\theta}_2 + L_1\ddot{\theta}_1\cos(\theta_2 - \theta_1) + L_1\dot{\theta}_1^2\sin(\theta_2 - \theta_1)]$$

$$\Sigma F_{n2} = T_2 - T_3\cos(\theta_3 - \theta_2) - m_2 g\cos\theta_2$$
$$= m_2[L_2\dot{\theta}_2^2 - L_1\ddot{\theta}_1\sin(\theta_2 - \theta_1) + L_1\dot{\theta}_1^2\cos(\theta_2 - \theta_1)]$$

$$\Sigma F_{t3} = -m_3 g\sin\theta_3 = m_3[L_3\ddot{\theta}_3 + L_1\ddot{\theta}_1\cos(\theta_3 - \theta_1) + L_1\dot{\theta}_1^2\sin(\theta_3 - \theta_1)$$
$$+ L_2\ddot{\theta}_2\cos(\theta_3 - \theta_2) + L_2\dot{\theta}_2^2\sin(\theta_3 - \theta_2)]$$

$$\Sigma F_{n3} = T_3 - m_3 g\cos\theta_3 = m_3[L_3\dot{\theta}_3^2 - L_1\ddot{\theta}_1\sin(\theta_3 - \theta_1)$$
$$+ L_1\dot{\theta}_1^2\cos(\theta_3 - \theta_1) - L_2\ddot{\theta}_2\sin(\theta_3 - \theta_2) + L_2\dot{\theta}_2^2\cos(\theta_3 - \theta_2)]$$

Eliminating T_1, T_2 and T_3 and rearranging, we obtain

$$(m_1 + m_2 + m_3)(L_1\ddot{\theta}_1 + g\sin\theta_1) + (m_2 + m_3)L_2[\ddot{\theta}_2\cos(\theta_2 - \theta_1)$$

$$- \dot{\theta}_2^2 \sin(\theta_2 - \theta_1)] + m_3 L_3 [\ddot{\theta}_3 \cos(\theta_3 - \theta_1) - \dot{\theta}_3^2 \sin(\theta_3 - \theta_1)] = 0$$

$$(m_2 + m_3)[L_2\ddot{\theta}_2 + L_1\ddot{\theta}_1 \cos(\theta_2 - \theta_1) + L_1\dot{\theta}_1^2 \sin(\theta_2 - \theta_1) + g \sin\theta_2]$$

$$+ m_3 L_3 [\ddot{\theta}_3 \cos(\theta_3 - \theta_2) - \dot{\theta}_3^2 \sin(\theta_3 - \theta_2)] = 0$$

$$m_3 [L_3\ddot{\theta}_3 + L_1\ddot{\theta}_1 \cos(\theta_3 - \theta_1) + L_2\ddot{\theta}_2 \cos(\theta_3 - \theta_2) + L_1\dot{\theta}_1^2 \sin(\theta_3 - \theta_1)$$

$$+ L_2\dot{\theta}_2^2 \sin(\theta_3 - \theta_2) + g \sin\theta_3] = 0$$

4.7

$$k_{eq} = \cfrac{1}{\cfrac{1}{k_2} + \cfrac{1}{k_5 + k_6 + \cfrac{1}{\cfrac{1}{k_3} + \cfrac{1}{k_4}}}}$$

$$= \frac{k_2[(k_3 + k_4)(k_5 + k_6) + k_3 k_4]}{(k_3 + k_4)(k_5 + k_6) + k_3 k_4 + k_2(k_3 + k_4)}$$

$$a_{11} = \frac{1}{k_1 + k_{eq}} = \cfrac{1}{k_1 + \cfrac{k_2[(k_3 + k_4)(k_5 + k_6) + k_3 k_4]}{(k_3 + k_4)(k_5 + k_6) + k_3 k_4 + k_2(k_3 + k_4)}}$$

$$= \frac{(k_3 + k_4)(k_5 + k_6) + k_3 k_4 + k_2(k_3 + k_4)}{k_1[(k_3 + k_4)(k_5 + k_6) + k_3 k_4 + k_2(k_3 + k_4)] + k_2[(k_3 + k_4)(k_5 + k_6) + k_3 k_4]}$$

$$= \frac{1}{\Delta} [(k_3 + k_4)(k_2 + k_3 + k_5 + k_6) - k_3^2]$$

where $\Delta = (k_1 + k_2)(k_3 + k_4)(k_5 + k_6) + k_3 k_4 (k_1 + k_2) + k_1 k_2 (k_3 + k_4)$

$$a_{21} = \frac{k_{eq} a_{11}}{k_5 + k_6 + \cfrac{k_3 k_4}{k_3 + k_4}} = \frac{(k_3 + k_4) k_{eq} a_{11}}{(k_3 + k_4)(k_5 + k_6) + k_3 k_4}$$

$$= \frac{k_2 (k_3 + k_4) a_{11}}{(k_3 + k_4)(k_5 + k_6) + k_3 k_4 + k_2 (k_3 + k_4)}$$

$$= \frac{1}{\Delta} k_2 (k_3 + k_4)$$

$$a_{31} = \frac{1}{k_4} \frac{k_3 k_4}{k_3 + k_4} a_{21} = \frac{k_3}{k_3 + k_4} a_{21} = \frac{1}{\Delta} k_2 k_3$$

$$a_{22} = \frac{1}{k_5 + k_6 + \frac{k_1 k_2}{k_1 + k_2} + \frac{k_3 k_4}{k_3 + k_4}} = \frac{1}{\Delta}(k_1 + k_2)(k_3 + k_4)$$

$$a_{32} = \frac{1}{k_4} \cdot \frac{k_3 k_4}{k_3 + k_4} a_{22} = \frac{1}{\Delta} k_3(k_1 + k_2)$$

$$k'_{eq} = \frac{1}{\frac{1}{k_3} + \frac{1}{k_5 + k_6 + \frac{1}{\frac{1}{k_1} + \frac{1}{k_2}}}} = \frac{k_3[(k_1 + k_2)(k_5 + k_6) + k_1 k_2]}{(k_1 + k_2)(k_5 + k_6) + k_1 k_2 + k_3(k_1 + k_2)}$$

$$a_{33} = \frac{1}{k_4 + k'_{eq}} = \frac{1}{k_4 + \frac{k_3[(k_1 + k_2)(k_5 + k_6) + k_1 k_2]}{(k_1 + k_2)(k_5 + k_6) + k_1 k_2 + k_3(k_1 + k_2)}}$$

$$= \frac{1}{\Delta}[(k_1 + k_2)(k_2 + k_3 + k_5 + k_6) - k_2^2]$$

$F_2 = -R_2 = -k_2$ $\therefore$ $k_{11} = F_1 = k_1 + k_2$

$R_0 = k_1$ $k_{21} = F_2 = -k_2$

$F_1 = R_0 + R_2$ $k_{31} = 0$

$F_1 = -R_1 = -k_2 \rightarrow k_{12} = -k_2$

$F_3 = -R_3 = -k_3 \rightarrow k_{32} = -k_3$

$R_0 = k_5,\ R_5 = k_6$

$k_{22} = F_2 = (R_0 + R_1 + R_3 + R_5) = k_2 + k_3 + k_5 + k_6$

$R_2 = k_3$, $R_4 = k_4$, $k_{13} = F_1 = 0$

$k_{23} = F_2 = -R_2 = -k_3$, $k_{33} = F_3 = R_2 + R_4 = k_3 + k_4$

$$\therefore [k] = \begin{bmatrix} k_1 + k_2 & -k_2 & 0 \\ -k_2 & k_2 + k_3 + k_5 + k_6 & -k_3 \\ 0 & -k_3 & k_3 + k_4 \end{bmatrix}$$

Check for

$k_1 = k_2 = k_3 = k$
$k_4 = k_5 = k_6 = 2k$
$$[k] = k \begin{bmatrix} 2 & -1 & 0 \\ -1 & 6 & -1 \\ 0 & -1 & 3 \end{bmatrix}$$

$a_{11} = \frac{1}{\Delta}(3k \cdot 6k - k^2) = \frac{17k^2}{\Delta}$, $a_{12} = a_{21} = \frac{3k^2}{\Delta}$, $a_{13} = \frac{k^2}{\Delta}$

$a_{22} = \frac{1}{\Delta} 2k \cdot 3k = \frac{6k}{\Delta}$, $a_{23} = a_{32} = \frac{2k^2}{\Delta}$, $a_{33} = \frac{1}{\Delta}(2k \cdot 6k - k^2) = \frac{11k^2}{\Delta}$

$\Delta = 2k \cdot 3k \cdot 4k + 2k^2 \cdot 2k + k^2 \cdot 3k = 31k^3$

$$[a] = \frac{1}{31k} \begin{bmatrix} 17 & 3 & 1 \\ 3 & 6 & 2 \\ 1 & 2 & 11 \end{bmatrix}$$

$|k| = k^3 \, 2 \times \left(\begin{vmatrix} 6 & -1 \\ -1 & 3 \end{vmatrix} + \begin{vmatrix} -1 & -1 \\ 0 & 3 \end{vmatrix} \right) = k^3[2(18-1) + (-3)] = 31k^3$

$$[k]^{-1} = \frac{1}{|k|} \begin{bmatrix} 6 \times 3 - (-1)^2 & -(-1) \times 3 & (-1)^2 \\ -(-1) \times 3 & 2 \times 3 & -2(-1) \\ (-1)^2 & -2(-1) & 2 \times 6 - (-1)^2 \end{bmatrix} = \frac{1}{31k} \begin{bmatrix} 17 & 3 & 1 \\ 3 & 6 & 2 \\ 1 & 2 & 11 \end{bmatrix}$$

4.8

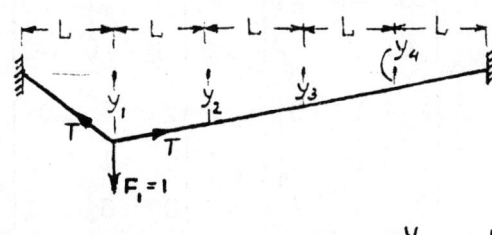

$F_1 = T \dfrac{y_1}{L} + T \dfrac{y_1}{4L} = \dfrac{5T}{4L} y_1 = 1 \rightarrow a_{11} = y_1 = \dfrac{4L}{5T}$

$a_{21} = y_2 = \dfrac{3}{4} y_1 = \dfrac{3L}{5T}$, $a_{31} = \dfrac{1}{2} y_1 = \dfrac{2L}{5T}$,

$a_{41} = \dfrac{1}{4} y_1 = \dfrac{L}{5T}$

$F_2 = T \dfrac{y_2}{2L} + T \dfrac{y_2}{3L} = \dfrac{5T}{6L} y_2 = 1 \rightarrow a_{22} = y_2 = \dfrac{6L}{5T}$

$a_{32} = y_3 = \dfrac{2}{3} y_2 = \dfrac{4L}{5T}$, $a_{42} = y_4 = \dfrac{1}{3} y_2 = \dfrac{2L}{5T}$

Because of structural symmetry, $a_{33} = a_{22}$, $a_{44} = a_{11}$, $a_{43} = a_{12}$

$$[a] = \dfrac{L}{5T} \begin{bmatrix} 4 & 3 & 2 & 1 \\ 3 & 6 & 4 & 2 \\ 2 & 4 & 6 & 3 \\ 1 & 2 & 3 & 4 \end{bmatrix}$$

$$[k] = \dfrac{T}{L} \begin{bmatrix} 2 & -1 & 0 & 0 \\ -1 & 2 & -1 & 0 \\ 0 & -1 & 2 & -1 \\ 0 & 0 & -1 & 2 \end{bmatrix}$$

$$|k| = \left(\dfrac{T}{L}\right)^4 \left(2 \begin{vmatrix} 2 & -1 & 0 \\ -1 & 2 & -1 \\ 0 & -1 & 2 \end{vmatrix} + \begin{vmatrix} -1 & -1 & 0 \\ 0 & 2 & -1 \\ 0 & -1 & 2 \end{vmatrix} \right)$$

$$= \left(\dfrac{T}{L}\right)^4 \{2[2(2^2 - 1) + (-1 \times 2)] - (2^2 - 1)\} = 5\left(\dfrac{T}{L}\right)^4$$

$$[k]^{-1} = \frac{1}{|k|}\left(\frac{T}{L}\right)^3 \begin{bmatrix} \begin{vmatrix} 2 & -1 & 0 \\ -1 & 2 & -1 \\ 0 & -1 & 2 \end{vmatrix} & -\begin{vmatrix} -1 & -1 & 0 \\ 0 & 2 & -1 \\ 0 & -1 & 2 \end{vmatrix} & \begin{vmatrix} -1 & 2 & 0 \\ 0 & -1 & -1 \\ 0 & 0 & 2 \end{vmatrix} & -\begin{vmatrix} -1 & 2 & -1 \\ 0 & -1 & 2 \\ 0 & 0 & -1 \end{vmatrix} \\ & \begin{vmatrix} 2 & 0 & 0 \\ 0 & 2 & -1 \\ 0 & -1 & 2 \end{vmatrix} & -\begin{vmatrix} 2 & -1 & 0 \\ 0 & -1 & -1 \\ 0 & 0 & 2 \end{vmatrix} & \begin{vmatrix} 2 & -1 & 0 \\ 0 & -1 & 2 \\ 0 & 0 & -1 \end{vmatrix} \\ \text{symm} & & \begin{vmatrix} 2 & 0 & 0 \\ 0 & 2 & -1 \\ 0 & -1 & 2 \end{vmatrix} & -\begin{vmatrix} 2 & -1 & 0 \\ -1 & 2 & -1 \\ 0 & 0 & -1 \end{vmatrix} \\ & & & \begin{vmatrix} 2 & -1 & 0 \\ -1 & 2 & -1 \\ 0 & -1 & 2 \end{vmatrix} \end{bmatrix}$$

$$= \frac{L}{5T}\begin{bmatrix} 4 & 3 & 2 & 1 \\ 3 & 6 & 4 & 2 \\ 2 & 4 & 6 & 3 \\ 1 & 2 & 3 & 4 \end{bmatrix}$$

4.9   Deflection of a point on a cantilever beam fixed at $x = 0$ and free at $x = L$ due to a given load is equal to the moment of the area of the bending moment diagram divided by EI about the same point on a cantilever beam free at $x = 0$ and fixed at $x = L$

$$a_{11} = M_1 = \frac{1}{2}\left(\frac{L_1}{EI_1}L_1\right)\cdot\frac{2}{3}L_1 = \frac{L_1^3}{3EI_1}$$

$$a_{21} = M_2 = \frac{1}{2}\left(\frac{L_1}{EI_1}L_1\right)\cdot\left(\frac{2}{3}L_1 + L_2\right) = \frac{L_1^2}{6EI_1}(2L_1 + 3L_2)$$

$$a_{31} = M_3 = \frac{1}{2}\left(\frac{L_1^2}{EI_1}\right)\left(\frac{2}{3}L_1 + L_2 + L_3\right)$$

$$= \frac{L_1^2}{6EI_1}(2L_1 + 3L_2 + 3L_3)$$

$$a_{22} = \frac{1}{2}\left(\frac{L_1 + L_2}{EI_1}L_1\right)\left(\frac{2}{3}L_1 + L_2\right)$$

$$+ \frac{1}{2}\left(\frac{L_2}{EI_1}L_1\right)\left(\frac{1}{3}L_1 + L_2\right) + \frac{1}{2}\frac{L_2^2}{EI_2} \cdot \frac{2L_2}{3}$$

$$= \frac{L_1^3}{3EI_1} + \frac{L_1 L_2}{EI_1}(L_1 + L_2) + \frac{L_2^3}{3EI_2}$$

$$a_{32} = \frac{1}{2}\left(\frac{L_1 + L_2}{EI_1} L_1\right)\left(\frac{2}{3}L_1 + L_2 + L_3\right) + \frac{1}{2}\left(\frac{L_2}{EI_1} \cdot L_1\right)\left(\frac{1}{3}L_1 + L_2 + L_3\right)$$

$$+ \frac{1}{2}\left(\frac{L_2}{EI_2} \cdot L_2\right)\left(\frac{2}{3}L_2 + L_3\right)$$

$$= \frac{L_1^2}{2EI_1}\left(\frac{2}{3}L_1 + 2L_2 + L_3\right) + \frac{L_1 L_2}{2EI_1}(2L_2 + 2L_3) + \frac{L_2^2}{2EI_2}\left(\frac{2}{3}L_2 + L_3\right)$$

$$a_{33} = \frac{1}{2}\left(\frac{L_1 + L_2 + L_3}{EI_1} \cdot L_1\right)\left(\frac{2}{3}L_1 + L_2 + L_3\right) + \frac{1}{2}\left(\frac{L_2 + L_3}{EI_1} L_1\right)\left(\frac{1}{3}L_1 + L_2 + L_3\right)$$

$$+ \frac{1}{2}\left(\frac{L_2 + L_3}{EI_2} \cdot L_2\right)\left(\frac{2}{3}L_2 + L_3\right) + \frac{1}{2}\left(\frac{L_3}{EI_2} \cdot L_2\right)\left(\frac{L_2}{3} + L_3\right) + \frac{1}{2}\left(\frac{L_3}{EI_3} \cdot L_3\right)\left(\frac{2}{3}L_3\right)$$

$$= \frac{L_1}{2EI_1}\left[(L_1 + L_2 + L_3)^2 + (L_2 + L_3)^2\right] - \frac{L_1^3}{6EI_1} + \frac{L_2}{2EI_2}\left[(L_2 + L_3)^2 + L_3^2\right]$$

$$- \frac{L_2^3}{6EI_2} + \frac{L_3^3}{3EI_3}$$

4.10 The kinetic energy is

$$T = \frac{1}{2} m_1 \dot{x}_1^2 + \frac{1}{2} m_2 \dot{x}_2^2 + \frac{1}{2} m_3 \dot{x}_3^2 = \frac{1}{2} \{\dot{x}\}^T [m] \{\dot{x}\}$$

where

$$\{\dot{x}\} = [\dot{x}_1 \;\; \dot{x}_2 \;\; \dot{x}_3]^T, \quad [m] = \begin{bmatrix} m_1 & 0 & 0 \\ 0 & m_2 & 0 \\ 0 & 0 & m_3 \end{bmatrix} = \text{uncoupled inertially}$$

The potential energy is

$$V = \frac{1}{2} k_1 x_1^2 + \frac{1}{2} k_2 (x_2 - x_1)^2 + \frac{1}{2} k_3 (x_3 - x_2)^2 + \frac{1}{2} k_4 x_3^2$$

$$= \tfrac{1}{2}[k_1 x_1^2 + k_2(x_2^2 - 2x_2 x_1 + x_1^2) + k_3(x_3^2 - 2x_3 x_2 + x_2^2) + k_4 x_3^2] = \tfrac{1}{2}\{x\}^T[k]\{x\}$$

where

$$\{x\} = [x_1\ x_2\ x_3]^T,\quad [k] = \begin{bmatrix} k_1 + k_2 & -k_2 & 0 \\ -k_2 & k_2 + k_3 & -k_3 \\ 0 & -k_3 & k_3 + k_4 \end{bmatrix} = \text{coupled elastically}$$

Using the coordinates y_1, y_2, y_3, the kinetic energy becomes

$$T = \tfrac{1}{2} m_1 \dot{y}_1^2 + \tfrac{1}{2} m_2 (\dot{y}_1 + \dot{y}_2)^2 + \tfrac{1}{2} m_3 (\dot{y}_1 + \dot{y}_2 + \dot{y}_3)^2$$

$$= \tfrac{1}{2} [m_1 \dot{y}_1^2 + m_2(\dot{y}_1^2 + 2\dot{y}_1 \dot{y}_2 + \dot{y}_2^2)$$

$$+ m_3(\dot{y}_1^2 + \dot{y}_2^2 + \dot{y}_3^2 + 2\dot{y}_1 \dot{y}_3 + 2\dot{y}_2 \dot{y}_3 + 2\dot{y}_3 \dot{y}_1)] = \tfrac{1}{2}\{\dot{y}\}^T[m']\{\dot{y}\}$$

where

$$\{\dot{y}\} = [\dot{y}_1\ \dot{y}_2\ \dot{y}_3]^T,\quad [m'] = \begin{bmatrix} m_1 + m_2 + m_3 & m_2 + m_3 & m_3 \\ m_2 + m_3 & m_2 + m_3 & m_3 \\ m_3 & m_3 & m_3 \end{bmatrix} = \text{coupled inertially}$$

The potential energy is

$$V = \tfrac{1}{2} k_1 y_1^2 + \tfrac{1}{2} k_2 y_2^2 + \tfrac{1}{2} k_3 y_3^2 + \tfrac{1}{2} k_4 (y_1 + y_2 + y_3)^2$$

$$= \tfrac{1}{2}[k_1 y_1^2 + k_2 y_2^2 + k_3 y_3^2 + k_4(y_1^2 + y_2^2 + y_3^2 + 2y_1 y_2 + 2y_2 y_3 + 2y_3 y_1)]$$

$$= \tfrac{1}{2}\{y\}^T[k']\{y\}$$

where

$$\{y\} = [y_1\ y_2\ y_3]^T,\quad [k'] = \begin{bmatrix} k_1 + k_4 & k_4 & k_4 \\ k_4 & k_2 + k_4 & k_4 \\ k_4 & k_4 & k_3 + k_4 \end{bmatrix} = \text{coupled elastically}$$

{x} is a vector of absolute coordinates, so that the mass matrix is uncoupled. The stiffness matrix is coupled, because we used relative displacements for the potential energy. {y} is a vector of relative coordinates, so that the mass matrix is coupled. The stiffness matrix is still coupled, because the deformation of spring k_4 depends on y_1, y_2 and y_3.

Note: The coordinate transformation $\{x\} \to \{y\}$ can be written as

$$\{y\} = [c]\{x\} \quad \text{where} \quad [c] = \begin{bmatrix} 1 & 0 & 0 \\ -1 & 1 & 0 \\ 0 & -1 & 1 \end{bmatrix}$$

yields

$$\{x\} = [c]^{-1}\{y\} \quad \text{where} \quad [c]^{-1} = \begin{bmatrix} 1 & 0 & 0 \\ 1 & 1 & 0 \\ 1 & 1 & 1 \end{bmatrix}$$

$$[m'] = [c]^{-T}[m][c]^{-1}, \quad [k'] = [c]^{-T}[k][c]^{-1}$$

Conclusion: The equations of motion in terms of {x} are coupled statically and those in terms of {y} are coupled dynamically and statically. Hence, coupling is not an inherent property of the system but of the coordinates used.

4.11 Using the {x} coordinates, the equations of motion are

$$m_1\ddot{x}_1 = k_1(x_2 - x_1)$$

$$m_2\ddot{x}_2 = -k_1(x_2 - x_1) + k_2(x_3 - x_2)$$

$$m_3\ddot{x}_3 = -k_2(x_3 - x_2) + k_3(x_4 - x_3)$$

$$m_4\ddot{x}_4 = -k_3(x_4 - x_3)$$

or in a compact matrix form

$$\begin{bmatrix} m_1 & 0 & 0 & 0 \\ & m_2 & 0 & 0 \\ & & m_3 & 0 \\ \text{symm} & & & m_4 \end{bmatrix} \begin{Bmatrix} \ddot{x}_1 \\ \ddot{x}_2 \\ \ddot{x}_3 \\ \ddot{x}_4 \end{Bmatrix} + \begin{bmatrix} k_1 & -k_1 & 0 & 0 \\ -k_1 & k_1+k_2 & -k_2 & 0 \\ 0 & -k_2 & k_2+k_3 & -k_3 \\ 0 & 0 & -k_3 & k_3 \end{bmatrix} \begin{Bmatrix} x_1 \\ x_2 \\ x_3 \\ x_4 \end{Bmatrix} = \begin{Bmatrix} 0 \\ 0 \\ 0 \\ 0 \end{Bmatrix}$$

Considering the stiffness matrix [k], we conclude by inspection that the system can undergo rigid body motions. Using results obtained in Eq. (4.131), we can write

$$m_1 x_1 + m_2 x_2 + m_3 x_3 + m_4 x_4 = 0$$

and in view of Eq. (4.134), the relation between the constrained vector $\{x\}_C$ and the arbitrary vector $\{x\}$ can be written as

$$\begin{Bmatrix} x_1 \\ x_2 \\ x_3 \\ x_4 \end{Bmatrix}_C = \begin{bmatrix} 1 & 0 & 0 \\ 0 & 1 & 0 \\ 0 & 0 & 1 \\ -\dfrac{m_1}{m_4} & -\dfrac{m_2}{m_4} & -\dfrac{m_3}{m_4} \end{bmatrix} \begin{Bmatrix} x_1 \\ x_2 \\ x_3 \end{Bmatrix}, \text{ or } \{x\}_C = [c]\{x\}$$

The linear transformation $\{x\}_C = [c]\{x\}$ can be used to reduce the kinetic and potential energy to expressions in x_1, x_2 and x_3 alone, as follows:

$$T = \frac{1}{2}\{\dot{x}\}_C^T [m]\{\dot{x}\}_C = \frac{1}{2}\{\dot{x}\}^T [c]^T [m][c]\{\dot{x}\} = \frac{1}{2}\{\dot{x}\}^T [m']\{\dot{x}\}, \quad [m'] = [c]^T [m][c]$$

$$V = \frac{1}{2}\{x\}_C^T [k]\{x\}_C = \frac{1}{2}\{x\}^T [c]^T [k][c]\{x\} = \frac{1}{2}\{x\}^T [k']\{x\}, \quad [k'] = [c]^T [k][c]$$

where $[m']$ amd $[k']$ are the 3×3 mass and stiffness matrices respectively.

4.12

$$V = \frac{1}{2}\{w\}^T [k]\{w\}$$

$$T = \frac{1}{2}\{\dot{W}\}^T [m]\{\dot{W}\}$$

Conservation of angular momentum:

$$\sum_{i=1}^{3} x_i m_i \dot{W}_i = 0 \text{ or } \{x\}^T [m]\{\dot{W}\} = 0$$

But $\{W\} = \theta\{x\} + \{w\} \therefore \{x\}^T [m](\theta\{x\} + \{w\}) = \theta\{x\}^T [m]\{x\} + \{x\}^T [m]\{w\}$

Let $\{x\}^T [m]\{x\} = I_0$ (moment of inertia of bar about 0)

Then, $\theta = -\dfrac{1}{I_0}\{x\}^T [m]\{w\}$

$\therefore \{W\} = \theta\{x\} + \{w\} = -\dfrac{1}{I_0}\{x\}\{x\}^T [m]\{w\} + \{w\} = [c]\{w\}$

where $[c] = [I] - \dfrac{1}{I_0}\{x\}\{x\}^T [m]$

$$\therefore T = \frac{1}{2}\{\dot{w}\}^T[c]^T[m][c]\{\dot{w}\} = \frac{1}{2}\{\dot{w}\}^T[m']\{w\}, \text{ where } [m'] = [c]^T[m][c]$$

Therefore the eigenvalue problem is

$$-\omega^2[m']\{w\} + [k]\{w\} = \{0\} \text{ or } [a][m']\{w\} = \frac{1}{\omega^2}\{w\}$$

where $[a] = [k]^{-1}$ is obtained from Problem 4.9

4.13 The mass and stiffness matrices are

$$[m] = m\begin{bmatrix} 1 & 0 & 0 \\ 0 & 1 & 0 \\ 0 & 0 & 1 \end{bmatrix}, \quad [k] = k\begin{bmatrix} 2 & -1 & 0 \\ -1 & 2 & -1 \\ 0 & -1 & 2 \end{bmatrix}$$

To estimate the first natural frequency, we will use as a trial vector the vector of static displacements, subject to forces proportional to the weight of the masses, or

$$\{F\} = [1 \quad 1 \quad 1]^T$$

The vector of static displacement is obtained from

$$\{u\} = [k]^{-1}\{F\} = \frac{1}{k}\begin{bmatrix} 0.75 & 0.50 & 0.25 \\ 0.50 & 1.00 & 0.50 \\ 0.25 & 0.50 & 0.75 \end{bmatrix}\begin{Bmatrix} 1 \\ 1 \\ 1 \end{Bmatrix} = \frac{1}{k}\begin{Bmatrix} 1.5 \\ 2.0 \\ 1.5 \end{Bmatrix} \text{ or } \{u\}_1 = \begin{Bmatrix} 3 \\ 4 \\ 3 \end{Bmatrix}$$

$$\{u\}_1^T[k]\{u\}_1 = k\begin{Bmatrix} 3 \\ 4 \\ 3 \end{Bmatrix}^T\begin{bmatrix} 2 & -1 & 0 \\ -1 & 2 & -1 \\ 0 & -1 & 2 \end{bmatrix}\begin{Bmatrix} 3 \\ 4 \\ 3 \end{Bmatrix} = 20k$$

$$\{u\}_1^T[m]\{u\}_1 = m\begin{Bmatrix} 3 \\ 4 \\ 3 \end{Bmatrix}^T\begin{bmatrix} 1 & 0 & 0 \\ 0 & 1 & 0 \\ 0 & 0 & 1 \end{bmatrix}\begin{Bmatrix} 3 \\ 4 \\ 3 \end{Bmatrix} = 34m$$

$$\omega_1^2 = R(\{u\}_1) = \frac{\{u\}_1^T[k]\{u\}_1}{\{u\}_1^T[m]\{u\}_1} = \frac{20k}{34m} = 0.5882\frac{k}{m}, \quad \omega_1 = 0.7670\sqrt{\frac{k}{M}}$$

To estimate the second natural frequency, we use the trial vector

$\{u\}_2^T = [1 \ 0 \ -1]^T$ since the second mode possesses one node at the center.

$$\{u\}_2^T[k]\{u\}_2 = k \begin{Bmatrix} 1 \\ 0 \\ -1 \end{Bmatrix}^T \begin{bmatrix} 2 & -1 & 0 \\ -1 & 2 & -1 \\ 0 & -1 & 2 \end{bmatrix} \begin{Bmatrix} 1 \\ 0 \\ -1 \end{Bmatrix} = 4k$$

$$\{u\}_2^T[m]\{u\}_2 = m \begin{Bmatrix} 1 \\ 0 \\ -1 \end{Bmatrix}^T \begin{bmatrix} 1 & 0 & 0 \\ 0 & 1 & 0 \\ 0 & 0 & 1 \end{bmatrix} \begin{Bmatrix} 1 \\ 0 \\ -1 \end{Bmatrix} = 2m$$

$$\omega_2^2 = R(\{u\}_2) = \frac{\{u\}_2^T[k]\{u\}_2}{\{u\}_2^T[m]\{u\}_2} = \frac{4k}{2m} = 2\frac{k}{m}, \quad \omega_2 = 1.4142\sqrt{\frac{k}{m}}$$

To estimate the third natural frequency, we use the trial vector $\{u\}_3^T = [1 \ -2 \ 1]^T$ since the third mode possesses two symmetrical nodes.

$$\{u\}_3^T[k]\{u\}_2 = k \begin{Bmatrix} 1 \\ -2 \\ 1 \end{Bmatrix}^T \begin{bmatrix} 2 & -1 & 0 \\ -1 & 2 & -1 \\ 0 & -1 & 2 \end{bmatrix} \begin{Bmatrix} 1 \\ -2 \\ 1 \end{Bmatrix} = 20k$$

$$\{u\}_3^T[m]\{u\}_3 = m \begin{Bmatrix} 1 \\ -2 \\ 1 \end{Bmatrix}^T \begin{bmatrix} 1 & 0 & 0 \\ 0 & 1 & 0 \\ 0 & 0 & 1 \end{bmatrix} \begin{Bmatrix} 1 \\ -2 \\ 1 \end{Bmatrix} = 6m$$

$$\omega_3^2 = R(\{u\}_3) = \frac{\{u\}_3^T[k]\{u\}_3}{\{u\}_3^T[m]\{u\}_3} = \frac{20k}{6m} = 3.3333\frac{k}{m}, \quad \omega_3 = 1.8257\sqrt{\frac{k}{m}}$$

4.14 $[m] = m \begin{bmatrix} 1 & 0 & 0 & 0 \\ & 1 & 0 & 0 \\ & & 1 & 0 \\ \text{symm} & & & 1 \end{bmatrix}$, and from solution 4.8 $[k] = \frac{T}{L} \begin{bmatrix} 2 & -1 & 0 & 0 \\ -1 & 2 & -1 & 0 \\ 0 & -1 & 2 & -1 \\ 0 & 0 & -1 & 2 \end{bmatrix}$

To estimate the first natural frequency, we use as a trial vector the vector of static displacements (see Problem 4.13)

$$\{u\} = [k]^{-1}\{F\} = \frac{L}{5T}\begin{bmatrix} 4 & 3 & 2 & 1 \\ 3 & 6 & 4 & 2 \\ 2 & 4 & 6 & 3 \\ 1 & 2 & 3 & 4 \end{bmatrix}\begin{Bmatrix} 1 \\ 1 \\ 1 \\ 1 \end{Bmatrix} = \frac{L}{5T}\begin{Bmatrix} 10 \\ 15 \\ 15 \\ 10 \end{Bmatrix} \text{ or } \{u\}_1 = \begin{Bmatrix} 2 \\ 3 \\ 3 \\ 2 \end{Bmatrix}$$

$$\{u\}_1^T[k]\{u\}_1 = \frac{T}{L}\begin{Bmatrix} 2 \\ 3 \\ 3 \\ 2 \end{Bmatrix}^T\begin{bmatrix} 2 & -1 & 0 & 0 \\ -1 & 2 & -1 & 0 \\ 0 & -1 & 2 & -1 \\ 0 & 0 & -1 & 2 \end{bmatrix}\begin{Bmatrix} 2 \\ 3 \\ 3 \\ 2 \end{Bmatrix} = 10\frac{T}{L}$$

$$\{u\}_1^T[m]\{u\}_1 = m\begin{Bmatrix} 2 \\ 3 \\ 3 \\ 2 \end{Bmatrix}^T\begin{bmatrix} 1 & 0 & 0 & 0 \\ 0 & 1 & 0 & 0 \\ 0 & 0 & 1 & 0 \\ 0 & 0 & 0 & 1 \end{bmatrix}\begin{Bmatrix} 2 \\ 3 \\ 3 \\ 2 \end{Bmatrix} = 26m$$

$$\omega_1^2 = R(\{u\}_1) = \frac{\{u\}_1^T[k]\{u\}_1}{\{u\}_1^T[m]\{u\}_1} = \frac{10T}{L} \cdot \frac{1}{26m} = 0.3846 \frac{T}{mL}, \quad \omega_1 = 0.6202\sqrt{\frac{T}{mL}}$$

To estimate the second natural frequency, we use the trial vector $\{u\}_2^T = [3 \ 2 \ -2 \ -3]^T$, approximating the second mode with one node at the center, so that

$$\{u\}_2^T[k]\{u\}_2 = \frac{T}{L}\begin{Bmatrix} 3 \\ 2 \\ -2 \\ -3 \end{Bmatrix}^T\begin{bmatrix} 2 & -1 & 0 & 0 \\ -1 & 2 & -1 & 0 \\ 0 & -1 & 2 & -1 \\ 0 & 0 & -1 & 2 \end{bmatrix}\begin{Bmatrix} 3 \\ 2 \\ -2 \\ -3 \end{Bmatrix} = 36\frac{T}{L}$$

$$\{u_2\}^T[m]\{u\}_2 = m\begin{Bmatrix} 3 \\ 2 \\ -2 \\ -3 \end{Bmatrix}^T\begin{bmatrix} 1 & 0 & 0 & 0 \\ 0 & 1 & 0 & 0 \\ 0 & 0 & 1 & 0 \\ 0 & 0 & 0 & 1 \end{bmatrix}\begin{Bmatrix} 3 \\ 2 \\ -2 \\ -3 \end{Bmatrix} = 26m$$

$$\omega_2^2 = R(\{u\}_2) = \frac{\{u\}_2^T[k]\{u\}_2}{\{u\}_2^T[m]\{u\}_2} = \frac{36T}{L} \cdot \frac{1}{26m} = 1.3846 \frac{T}{mL}, \quad \omega_1 = 1.1767\sqrt{\frac{T}{mL}}$$

4.15 $[m] = m\begin{bmatrix} 1 & 0 & 0 \\ 0 & 1 & 0 \\ 0 & 0 & 1 \end{bmatrix}$, and from Problem 4.9 $[a] = \frac{L^3}{6EI}\begin{bmatrix} 2 & 5 & 8 \\ 5 & 16 & 28 \\ 8 & 28 & 54 \end{bmatrix}$

where [a] is the flexibility matrix; the stiffness matrix is $[k] = [a]^{-1}$.
The Rayleigh quotient has the form

$$R\{u\} = \frac{\{u\}^T [k] \{u\}}{\{u\}^T [m] \{u\}}$$

To estimate the lowest natural frequency of the system, we use as a trial vector the vector of static displacements (see Problem 4.13)

$$\{u\} = [a]\{F\} = \frac{L^3}{6EI} \begin{bmatrix} 2 & 5 & 8 \\ 5 & 16 & 28 \\ 8 & 28 & 54 \end{bmatrix} \begin{Bmatrix} 1 \\ 1 \\ 1 \end{Bmatrix} = \frac{L^3}{6EI} \begin{Bmatrix} 15 \\ 49 \\ 90 \end{Bmatrix}$$

$$\{u\}^T [k] \{u\} = \{F\}^T [a][k] \{u\} = \{F\}^T \{u\} = \frac{L^3}{6EI} \begin{Bmatrix} 1 \\ 1 \\ 1 \end{Bmatrix}^T \begin{Bmatrix} 15 \\ 49 \\ 90 \end{Bmatrix} = 154 \frac{L^3}{6EI}$$

$$\{u\}^T [m] \{u\} = m \left(\frac{L^3}{6EI}\right)^2 \begin{Bmatrix} 15 \\ 49 \\ 90 \end{Bmatrix}^T \begin{Bmatrix} 15 \\ 49 \\ 90 \end{Bmatrix} = 10{,}726 \, m \left(\frac{L^3}{6EI}\right)^2$$

$$\omega_1^2 = R(\{u\}) = \frac{154 \frac{L^3}{6EI}}{10{,}726 \, m \left(\frac{L^3}{6EI}\right)^2} = 0.0861 \frac{EI}{mL^3} \rightarrow \omega_1 = 0.2934 \sqrt{\frac{EI}{mL^3}}$$

4.16 From Prob. 4.2,

$$\begin{bmatrix} m_1 & 0 & 0 \\ 0 & m_2 & 0 \\ 0 & 0 & m_3 \end{bmatrix} \begin{Bmatrix} \ddot{x}_1 \\ \ddot{x}_2 \\ \ddot{x}_3 \end{Bmatrix} + \begin{bmatrix} k_1 + k_2 & -k_2 & 0 \\ -k_2 & k_2 + k_3 + k_5 + k_6 & -k_3 \\ 0 & -k_3 & k_3 + k_4 \end{bmatrix} \begin{Bmatrix} x_1 \\ x_2 \\ x_3 \end{Bmatrix} = \begin{Bmatrix} 0 \\ 0 \\ 0 \end{Bmatrix}$$

$m_1 = m_2 = m$, $m_3 = 2m$, $k_1 = k_2 = k_3 = k$, $k_4 = k_5 = k_6 = 2k$

$$\therefore m \begin{bmatrix} 1 & 0 & 0 \\ 0 & 1 & 0 \\ 0 & 0 & 2 \end{bmatrix} \begin{Bmatrix} \ddot{x}_1 \\ \ddot{x}_2 \\ \ddot{x}_3 \end{Bmatrix} + k \begin{bmatrix} 2 & -1 & 0 \\ -1 & 6 & -1 \\ 0 & -1 & 3 \end{bmatrix} \begin{Bmatrix} x_1 \\ x_2 \\ x_3 \end{Bmatrix} = \begin{Bmatrix} 0 \\ 0 \\ 0 \end{Bmatrix}$$

$$\rightarrow [a] = [k]^{-1} = \frac{1}{31k} \begin{bmatrix} 17 & 3 & 1 \\ 3 & 6 & 2 \\ 1 & 2 & 11 \end{bmatrix}$$

$$[D] = [a][m] = \frac{m}{k}\begin{bmatrix} \frac{17}{31} & \frac{3}{31} & \frac{1}{31} \\ \frac{3}{31} & \frac{6}{31} & \frac{2}{31} \\ \frac{1}{31} & \frac{2}{31} & \frac{11}{31} \end{bmatrix}\begin{bmatrix} 1 & 0 & 0 \\ 0 & 1 & 0 \\ 0 & 0 & 2 \end{bmatrix} = \frac{k}{m}\begin{bmatrix} \frac{17}{31} & \frac{3}{31} & \frac{2}{31} \\ \frac{3}{31} & \frac{6}{31} & \frac{4}{31} \\ \frac{1}{31} & \frac{2}{31} & \frac{22}{31} \end{bmatrix}$$

The eigenvalue problem is

$$\frac{m}{31k}\begin{bmatrix} 17 & 3 & 2 \\ 3 & 6 & 4 \\ 1 & 2 & 22 \end{bmatrix}\begin{Bmatrix} u_1 \\ u_2 \\ u_3 \end{Bmatrix} = \frac{1}{\omega^2}\begin{Bmatrix} u_1 \\ u_2 \\ u_3 \end{Bmatrix} \quad \text{or} \quad \begin{bmatrix} 17 & 3 & 2 \\ 3 & 6 & 4 \\ 1 & 2 & 22 \end{bmatrix}\begin{Bmatrix} u_1 \\ u_2 \\ u_3 \end{Bmatrix} = \lambda \begin{Bmatrix} u_1 \\ u_2 \\ u_3 \end{Bmatrix} \; ; \; \lambda = \frac{31k}{m\omega^2}$$

$$\Delta(\lambda) = \begin{vmatrix} 17-\lambda & 3 & 2 \\ 3 & 6-\lambda & 4 \\ 1 & 2 & 22-\lambda \end{vmatrix} = -(\lambda^3 - 45\lambda^2 + 589\lambda - 1922) = 0$$

$$\lambda_1 = 23.119 = \frac{31k}{m\omega_1^2} \quad , \quad \lambda_2 = 16.986 = \frac{31k}{m\omega_2^2} \quad , \quad \lambda_3 = 4.8941 = \frac{31k}{m\omega_3^2}$$

$$\omega_1 = 1.1580\sqrt{\frac{k}{m}} \quad , \quad \omega_2 = 1.3509\sqrt{\frac{k}{m}} \quad , \quad \omega_3 = 2.5168\sqrt{\frac{k}{m}}$$

Natural modes (normalized so that $u_{1r} = 1$, $r = 1,2,3$):

$$\lambda_1 = 23.119 \rightarrow \begin{bmatrix} 17-23.119 & 3 & 2 \\ 3 & 6-23.119 & 4 \\ 1 & 2 & 22-23.119 \end{bmatrix}\begin{Bmatrix} u_1 \\ u_2 \\ u_3 \end{Bmatrix}_1 = \begin{Bmatrix} 0 \\ 0 \\ 0 \end{Bmatrix}$$

$$\therefore \begin{Bmatrix} u_1 \\ u_2 \\ u_3 \end{Bmatrix}_1 = \begin{Bmatrix} 1.000 \\ 0.659 \\ 2.071 \end{Bmatrix}$$

$$\lambda_2 = 16.986 \rightarrow \begin{bmatrix} 17-16.986 & 3 & 2 \\ 3 & 6-16.986 & 4 \\ 1 & 2 & 22-16.986 \end{bmatrix}\begin{Bmatrix} u_1 \\ u_2 \\ u_3 \end{Bmatrix}_2 = \begin{Bmatrix} 0 \\ 0 \\ 0 \end{Bmatrix}$$

$$\therefore \begin{Bmatrix} u_1 \\ u_2 \\ u_3 \end{Bmatrix}_2 = \begin{Bmatrix} 1.000 \\ 0.175 \\ -0.269 \end{Bmatrix}$$

$$\lambda_3 = 4.8941 \rightarrow \begin{bmatrix} 17 - 4.8941 & 3 & 2 \\ 3 & 6 - 4.8941 & 4 \\ 1 & 2 & 22 - 4.8941 \end{bmatrix} \begin{Bmatrix} u_1 \\ u_2 \\ u_3 \end{Bmatrix}_3 = \begin{Bmatrix} 0 \\ 0 \\ 0 \end{Bmatrix}$$

$$\therefore \begin{Bmatrix} u_1 \\ u_2 \\ u_3 \end{Bmatrix}_3 = \begin{Bmatrix} 1.000 \\ -4.334 \\ 0.448 \end{Bmatrix}$$

The three modes are summarized as follows:

$$\omega_1 = 1.1580 \sqrt{\frac{k}{m}}, \quad \omega_2 = 1.3509 \sqrt{\frac{k}{m}}, \quad \omega_3 = 2.5168 \sqrt{\frac{k}{m}}$$

$$\{u\}_1 = \begin{Bmatrix} 1.000 \\ 0.659 \\ 2.071 \end{Bmatrix}, \quad \{u\}_2 = \begin{Bmatrix} 1.000 \\ 0.175 \\ -0.269 \end{Bmatrix}, \quad \{u\}_3 = \begin{Bmatrix} 1.000 \\ -4.334 \\ 0.448 \end{Bmatrix}$$

4.17 For small $\theta_i (i = 1,2,3)$ $\cos \theta_i \approx 1$, $\sin \theta_i \approx \theta_i$, so that neglecting the nonlinear terms and letting $L_1 = L_2 = L_3 = L$, $m_1 = m_2 = m_3 = m$, the equations of motion become

$$\begin{bmatrix} 3 & 2 & 1 \\ 2 & 2 & 1 \\ 1 & 1 & 1 \end{bmatrix} \begin{Bmatrix} \ddot{\theta}_1 \\ \ddot{\theta}_2 \\ \ddot{\theta}_3 \end{Bmatrix} + \frac{g}{L} \begin{bmatrix} 3 & 0 & 0 \\ 0 & 2 & 0 \\ 0 & 0 & 1 \end{bmatrix} \begin{Bmatrix} \theta_1 \\ \theta_2 \\ \theta_3 \end{Bmatrix} = \begin{Bmatrix} 0 \\ 0 \\ 0 \end{Bmatrix}$$

Let $\frac{g}{L} = \omega_n^2$, Then $[a] = [K]^{-1} = \frac{1}{6\omega_n^2} \begin{bmatrix} 2 & 0 & 0 \\ 0 & 3 & 0 \\ 0 & 0 & 6 \end{bmatrix}$

$$[D] = [a][m] = \frac{1}{6\omega_n^2} \begin{bmatrix} 2 & 0 & 0 \\ 0 & 3 & 0 \\ 0 & 0 & 6 \end{bmatrix} \begin{bmatrix} 3 & 2 & 1 \\ 2 & 2 & 1 \\ 1 & 1 & 1 \end{bmatrix} = \frac{1}{6\omega_n^2} \begin{bmatrix} 6 & 4 & 2 \\ 6 & 6 & 3 \\ 6 & 6 & 6 \end{bmatrix}$$

The eigenvalue problem is

$$\frac{1}{6\omega_n^2}\begin{bmatrix} 6 & 4 & 2 \\ 6 & 6 & 3 \\ 6 & 6 & 6 \end{bmatrix}\begin{Bmatrix} \theta_1 \\ \theta_2 \\ \theta_3 \end{Bmatrix} = \frac{1}{\omega^2}\begin{Bmatrix} \theta_1 \\ \theta_2 \\ \theta_3 \end{Bmatrix} \text{ or } \begin{bmatrix} 1 & \frac{2}{3} & \frac{1}{3} \\ 1 & 1 & \frac{1}{2} \\ 1 & 1 & 1 \end{bmatrix}\begin{Bmatrix} \theta_1 \\ \theta_2 \\ \theta_3 \end{Bmatrix} = \lambda\begin{Bmatrix} \theta_1 \\ \theta_2 \\ \theta_3 \end{Bmatrix} \quad ; \quad \lambda = \frac{\omega_n^2}{\omega^2}$$

$$\Delta(\lambda) = \begin{vmatrix} 1-\lambda & \frac{2}{3} & \frac{1}{3} \\ 1 & 1-\lambda & \frac{1}{2} \\ 1 & 1 & 1-\lambda \end{vmatrix} = -(\lambda^3 - 3\lambda^2 + \frac{3}{2}\lambda - \frac{1}{6}) = 0$$

or $(\frac{\omega}{\omega_n})^6 - 9(\frac{\omega}{\omega_n})^4 + 18(\frac{\omega}{\omega_n})^2 - 6 = 0 \rightarrow \begin{matrix} \omega_1^2 \\ \omega_2^2 \\ \omega_3^2 \end{matrix} = \begin{Bmatrix} 0.4158\omega_n^2 \\ 2.2943\omega_n^2 \\ 6.2899\omega_n^2 \end{Bmatrix}$

$$\omega_1 = 0.6448\sqrt{\frac{g}{L}} \quad , \quad \omega_2 = 1.5147\sqrt{\frac{g}{L}} \quad , \quad \omega_3 = 2.5080\sqrt{\frac{g}{L}}$$

For $\omega_1^2 = 0.41578\frac{g}{L}$,

$$\begin{bmatrix} 3(1-0.41578) & -2\times 0.41578 & -0.41578 \\ -2\times 0.41578 & 2(1-0.41578) & -0.41578 \\ -0.411578 & -0.41578 & 1-0.41578 \end{bmatrix}\begin{Bmatrix} \theta_1 \\ \theta_2 \\ \theta_3 \end{Bmatrix}_1 = \begin{Bmatrix} 0 \\ 0 \\ 0 \end{Bmatrix}$$

Let $\theta_{11} = 1.0000$, then $\theta_{21} = 1.2921$, $\theta_{31} = 1.6311$

For $\omega_2^2 = 2.2943\frac{g}{L}$,

$$\begin{bmatrix} 3(1-2.2943) & -2\times 2.2943 & -2.2943 \\ -2\times 2.2943 & 2(1-2.2943) & -2.2943 \\ -2.2943 & -2.2943 & 1-2.2943 \end{bmatrix}\begin{Bmatrix} \theta_1 \\ \theta_2 \\ \theta_3 \end{Bmatrix}_2 = \begin{Bmatrix} 0 \\ 0 \\ 0 \end{Bmatrix}$$

Let $\theta_{12} = 1.0000$, then $\theta_{22} = 0.3529$, $\theta_{32} = -2.3981$

For $\omega_3^2 = 6.2899\frac{g}{L}$

$$\begin{bmatrix} 3(1 - 6.2899) & -2 \times 6.2899 & -6.2899 \\ -2 \times 6.2899 & 2(1 - 6.2899) & -6.2899 \\ -6.2899 & -6.2899 & 1 - 6.2899 \end{bmatrix} \begin{Bmatrix} \theta_1 \\ \theta_2 \\ \theta_3 \end{Bmatrix}_3 = \begin{Bmatrix} 0 \\ 0 \\ 0 \end{Bmatrix}$$

Let $\theta_{13} = 1.0000$, then $\theta_{23} = -1.6447$, $\theta_{33} = 0.7665$

Hence the complete solution of the eigenvalue problem is

$$\omega_1 = 0.6448 \sqrt{\frac{g}{L}}, \quad \omega_2 = 1.5147 \sqrt{\frac{g}{L}}, \quad \omega_3 = 2.5080 \sqrt{\frac{g}{L}}$$

$$\{\theta\}_1 = \begin{Bmatrix} 1.0000 \\ 1.2921 \\ 1.6311 \end{Bmatrix}, \quad \{\theta\}_2 = \begin{Bmatrix} 1.0000 \\ 0.3529 \\ -2.3981 \end{Bmatrix}, \quad \{\theta\}_3 = \begin{Bmatrix} 1.000 \\ -1.6447 \\ 0.7665 \end{Bmatrix}$$

4.18 $\{u\}_1^T [m] \{u\}_2 = m \begin{Bmatrix} 1.000 \\ 0.659 \\ 2.071 \end{Bmatrix}^T \begin{bmatrix} 1 & 0 & 0 \\ 0 & 1 & 0 \\ 0 & 0 & 2 \end{bmatrix} \begin{Bmatrix} 1.000 \\ 0.175 \\ -0.269 \end{Bmatrix} = m(1 + 0.115 - 1.114) \approx 0$

$\{u\}_1^T [m] \{u\}_3 = m \begin{Bmatrix} 1.000 \\ 0.659 \\ 2.071 \end{Bmatrix}^T \begin{bmatrix} 1 & 0 & 0 \\ 0 & 1 & 0 \\ 0 & 0 & 2 \end{bmatrix} \begin{Bmatrix} 1.000 \\ -4.334 \\ 0.448 \end{Bmatrix} = m(1 - 2.856 + 1.856) = 0$

$\{u\}_2^T [m] \{u\}_3 = m \begin{Bmatrix} 1.000 \\ 0.175 \\ -0.269 \end{Bmatrix}^T \begin{bmatrix} 1 & 0 & 0 \\ 0 & 1 & 0 \\ 0 & 0 & 2 \end{bmatrix} \begin{Bmatrix} 1.000 \\ -4.334 \\ 0.448 \end{Bmatrix} = m(1 - 0.758 - 0.241) \approx 0$

$\{u\}_1^T [k] \{u\}_2 = k \begin{Bmatrix} 1.000 \\ 0.659 \\ 2.071 \end{Bmatrix}^T \begin{bmatrix} 2 & -1 & 0 \\ -1 & 6 & -1 \\ 0 & -1 & 3 \end{bmatrix} \begin{Bmatrix} 1.000 \\ 0.175 \\ -0.269 \end{Bmatrix} = k(1.825 + 0.210 - 2.034) \approx 0$

$\{u\}_1^T [k] \{u\}_3 = k \begin{Bmatrix} 1.000 \\ 0.659 \\ 2.071 \end{Bmatrix}^T \begin{bmatrix} 2 & -1 & 0 \\ -1 & 6 & -1 \\ 0 & -1 & 3 \end{bmatrix} \begin{Bmatrix} 1.000 \\ -4.334 \\ 0.448 \end{Bmatrix} = k(6.334 - 18.091 + 11.759) \approx 0$

$$\{u\}_2^T[k]\{u\}_3 = k \begin{Bmatrix} 1.000 \\ 0.175 \\ -0.269 \end{Bmatrix}^T \begin{bmatrix} 2 & -1 & 0 \\ -1 & 6 & -1 \\ 0 & -1 & 3 \end{bmatrix} \begin{Bmatrix} 1.000 \\ -4.334 \\ 0.448 \end{Bmatrix} = k(6.334 - 4.804 - 1.527) \approx 0$$

$$\{\theta\}_1[m]\{\theta\}_2 = m \begin{Bmatrix} 1.0000 \\ 1.2921 \\ 1.6311 \end{Bmatrix}^T \begin{bmatrix} 3 & 2 & 1 \\ 2 & 2 & 1 \\ 1 & 1 & 1 \end{bmatrix} \begin{Bmatrix} 1.0000 \\ 0.3529 \\ -2.3981 \end{Bmatrix} = m(1.3077 + 0.3976 - 1.7048) \approx 0$$

$$\{\theta\}_1[m]\{\theta\}_3 = m \begin{Bmatrix} 1.000 \\ 1.2921 \\ 1.6311 \end{Bmatrix}^T \begin{bmatrix} 3 & 2 & 1 \\ 2 & 2 & 1 \\ 1 & 1 & 1 \end{bmatrix} \begin{Bmatrix} 1.0000 \\ -1.6447 \\ 0.7665 \end{Bmatrix} = m(0.4771 - 0.6756 - 0.1987) \approx 0$$

$$\{\theta\}_2[m]\{\theta\}_3 = m \begin{Bmatrix} 1.0000 \\ 0.3529 \\ -2.3981 \end{Bmatrix}^T \begin{bmatrix} 3 & 2 & 1 \\ 2 & 2 & 1 \\ 1 & 1 & 1 \end{bmatrix} \begin{Bmatrix} 1.0000 \\ -1.6447 \\ 0.7665 \end{Bmatrix} = m(0.4771 - 0.1845 - 0.2921) \approx 0$$

$$\{\theta\}_1[k]\{\theta\}_2 = \frac{g}{L} \begin{Bmatrix} 1.0000 \\ 1.2921 \\ 1.6311 \end{Bmatrix}^T \begin{bmatrix} 3 & 0 & 0 \\ 0 & 2 & 0 \\ 0 & 0 & 1 \end{bmatrix} \begin{Bmatrix} 1.0000 \\ 0.3529 \\ -2.3981 \end{Bmatrix} = \frac{g}{L}(3.0000 + 0.9120 - 3.9115) \approx 0$$

$$\{\theta\}_1[k]\{\theta\}_3 = \frac{g}{L} \begin{Bmatrix} 1.0000 \\ 1.2921 \\ 1.6311 \end{Bmatrix}^T \begin{bmatrix} 3 & 0 & 0 \\ 0 & 2 & 0 \\ 0 & 0 & 1 \end{bmatrix} \begin{Bmatrix} 1.0000 \\ -1.6447 \\ 0.7665 \end{Bmatrix} = \frac{g}{L}(3.0000 - 4.2502 + 1.2502) = 0$$

$$\{\theta\}_2[k]\{\theta\}_3 = \frac{g}{L} \begin{Bmatrix} 1.0000 \\ 0.3529 \\ -2.3981 \end{Bmatrix}^T \begin{bmatrix} 3 & 0 & 0 \\ 0 & 2 & 0 \\ 0 & 0 & 1 \end{bmatrix} \begin{Bmatrix} 1.0000 \\ -1.6447 \\ 0.7665 \end{Bmatrix} = \frac{g}{L}(3.0000 - 1.1608 - 1.8381) \approx 0$$

4.19 From Problemn 4.3,

$$[m] = m \begin{bmatrix} 1 & 0 & 0 \\ 0 & 2 & 0 \\ 0 & 0 & 2 \end{bmatrix}, \quad [k] = k \begin{bmatrix} 2 & -1 & 0 \\ -1 & 3 & -2 \\ 0 & -2 & 4 \end{bmatrix}$$

The eigenvalue problem in terms of [m] and [k] is

$$[k]\{u\} = \lambda[m]\{u\} \tag{1}$$

In order to transform the eigenvalue problem to the standard form $A\{x\} = \lambda\{x\}$

we use the linear transformation

$$\{x\} = [m]^{1/2}\{u\} \to \{u\} = [m]^{-1/2}\{x\}$$

Premultiplying Eq. (1) by $[m]^{-1/2}$ and substituting $\{u\}$ in terms of $\{x\}$

$$[m]^{-1/2}[k][m]^{-1/2}\{x\} = \lambda\{x\} \text{ or } [A]\{x\} = \lambda\{x\}$$

where $[A] = [m]^{-1/2}[k][m]^{-1/2}$

$$[A] = \frac{1}{\sqrt{m}}\begin{bmatrix} 1 & 0 & 0 \\ 0 & \frac{1}{\sqrt{2}} & 0 \\ 0 & 0 & \frac{1}{\sqrt{2}} \end{bmatrix} k \begin{bmatrix} 2 & -1 & 0 \\ -1 & 3 & -2 \\ 0 & -2 & 4 \end{bmatrix} \frac{1}{\sqrt{m}} \begin{bmatrix} 1 & 0 & 0 \\ 0 & \frac{1}{\sqrt{2}} & 0 \\ 0 & 0 & \frac{1}{\sqrt{2}} \end{bmatrix} = \frac{k}{m}\begin{bmatrix} 2 & -\frac{1}{\sqrt{2}} & 0 \\ -\frac{1}{\sqrt{2}} & \frac{3}{2} & -1 \\ 0 & -1 & 2 \end{bmatrix}$$

Selecting a trial vector $\{v\} = [1 \ 1 \ 1]^T$, the solution is obtained by the matrix iteration method using a computer program. The results are

1st mode
After 32 iterations, the first eigenvalue and the normalized eigenvector are

$$\lambda_1 = 3.0000 \frac{k}{m}, \quad \{x\}_1 = [0.4472 \quad -0.6325 \quad 0.6325]^T$$

To obtain the second mode we use the matrix deflation method.
The deflated matrix is

$$[A]_2 = [A] - \lambda_1\{x\}_1\{x\}_1^T$$

2nd mode
After 15 iterations, the second eigenvalue and the normalized ($\{x\}^T\{x\} = 1$) eigenvector are

$$\lambda_2 = 2.0000 \frac{k}{m}, \quad \{x\}_2 = [0.8165 \quad 0 \quad -0.5774]^T$$

The deflated matrix for the third mode is

$$[A]_3 = [A]_2 - \lambda_2\{x\}_2\{x\}_2^T$$

3rd mode
After 3 iterations, the third eigenvalue and the normalized eigenvector are

$$\lambda_3 = 0.5000 \frac{k}{m}, \quad \{x\}_3 = [0.3651 \quad 0.7746 \quad 0.5164]^T$$

The actual natural frequencies and eigenvectors are obtained by using

$\omega = \sqrt{\lambda}$ and $\{u\} = [m]^{-1/2}\{x\}$, respectively

$\omega_1 = 1.7321\sqrt{\frac{k}{m}}$, $\{u\}_1 = \frac{1}{\sqrt{m}}[0.4472 \quad -0.4472 \quad 0.4472]^T$

$\omega_2 = 1.4142\sqrt{\frac{k}{m}}$, $\{u\}_2 = \frac{1}{\sqrt{m}}[0.8165 \quad 0 \quad -0.4082]^T$

$\omega_3 = 0.7071\sqrt{\frac{k}{m}}$, $\{u\}_3 = \frac{1}{\sqrt{m}}[0.3651 \quad 0.5477 \quad 0.3651]^T$

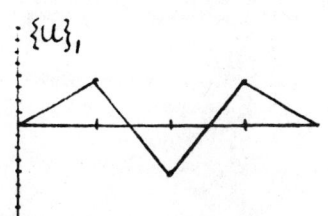
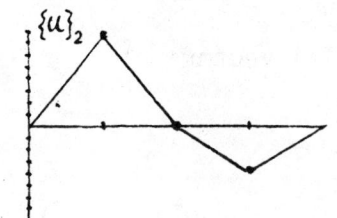
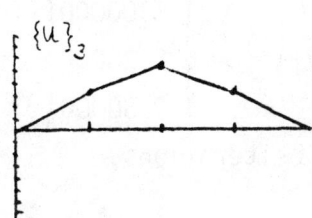

4.20 From Problemn 4.16,

$$m\begin{bmatrix} 1 & 0 & 0 \\ 0 & 1 & 0 \\ 0 & 0 & 2 \end{bmatrix}\begin{Bmatrix} \ddot{x}_1 \\ \ddot{x}_2 \\ \ddot{x}_3 \end{Bmatrix} + k\begin{bmatrix} 2 & -1 & 0 \\ -1 & 6 & -1 \\ 0 & 01 & 3 \end{bmatrix}\begin{Bmatrix} x_1 \\ x_2 \\ x_3 \end{Bmatrix} = \begin{Bmatrix} 0 \\ 0 \\ 0 \end{Bmatrix}$$

Using matrix iteration method:

$$[D] = \begin{bmatrix} 0.54839 \times 10^0 & 0.96774 \times 10^{-1} & 0.64516 \times 10^{-1} \\ 0.96774 \times 10^{-1} & 0.19355 \times 10^0 & 0.12903 \times 10^0 \\ 0.32258 \times 10^{-1} & 0.64516 \times 10^{-1} & 0.70968 \times 10^0 \end{bmatrix}, \{u\}_1^{(1)} = \begin{Bmatrix} 1.00000 \\ 0.50000 \\ 2.00000 \end{Bmatrix}$$

After 16 iterations,

$$[D]\{u\}_1^{(16)} = \begin{bmatrix} 0.54839 \times 10^0 & 0.96774 \times 10^{-1} & 0.64516 \times 10^{-1} \\ 0.96774 \times 10^{-1} & 0.19355 \times 10^0 & 0.12903 \times 10^0 \\ 0.32258 \times 10^{-1} & 0.64516 \times 10^{-1} & 0.70968 \times 10^0 \end{bmatrix}\begin{Bmatrix} 1.00000 \\ 0.65909 \\ 2.07080 \end{Bmatrix}$$

$$= 0.74577 \begin{Bmatrix} 1.00000 \\ 0.65910 \\ 2.07080 \end{Bmatrix}$$

so that the eigenvalue and normalized eigenvector are

$$\omega_1 = 1.5797\sqrt{\frac{k}{m}}, \quad \{u\}_1 = \frac{1}{\sqrt{m}}[0.3161 \quad 0.2083 \quad 0.6545]^T$$

The deflated matrix is

$$[D]_2 = [D] - \lambda_1\{u\}_1\{u\}_1^T[m]$$

$$= \begin{bmatrix} 0.47389 \times 10^0 & 0.47675 \times 10^{-1} & -0.24401 \times 10^0 \\ 0.47675 \times 10^{-1} & 0.16119 \times 10^0 & -0.74320 \times 10^{-1} \\ -0.12201 \times 10^0 & -0.37160 \times 10^{-1} & 0.70763 \times 10^{-1} \end{bmatrix}$$

Use $\{u\}_2^{(1)} = \begin{Bmatrix} 1.00000 \\ 0.20000 \\ -0.30000 \end{Bmatrix}$ as trial vector

After 7 iterations,

$$[D]_2\{u\}_2^{(7)} = [D]_2 \begin{Bmatrix} 1.00000 \\ 0.17503 \\ -0.26931 \end{Bmatrix} = 0.54795 \begin{Bmatrix} 1.00000 \\ 0.17502 \\ -0.26931 \end{Bmatrix}$$

so that the 2nd eigenvalue and normalized eigenvector are

$$\omega_2 = 1.3509\sqrt{\frac{k}{m}}, \quad \{u\}_2 = \frac{1}{\sqrt{m}}[0.9223 \quad 0.1614 \quad -0.2484]^T$$

The next deflated matrix is

$$[D]_3 = [D]_2 - \lambda_2\{u\}_2\{u\}_2^T[m]$$

$$= \begin{bmatrix} 0.78222 \times 10^{-2} & -0.33897 \times 10^{-1} & 0.70200 \times 10^{-2} \\ -0.33897 \times 10^{-1} & 0.14691 \times 10^0 & -0.30384 \times 10^{-1} \\ 0.35100 \times 10^{-2} & -0.15192 \times 10^{-1} & 0.31581 \times 10^{-2} \end{bmatrix}$$

Use $\{u\}_3^{(1)} = \begin{Bmatrix} 1.00000 \\ -4.00000 \\ 0.50000 \end{Bmatrix}$ as trial vector

After 3 iterations,

$$[D]_3\{u\}_3^{(3)} = [D]_3 \begin{Bmatrix} 1.00000 \\ -4.33390 \\ 0.44824 \end{Bmatrix} = 0.15787 \begin{Bmatrix} 1.00000 \\ -4.33390 \\ 0.44824 \end{Bmatrix}$$

so that the 3rd eigenvalue and normalized eigenvector are

$$\omega_3 = 2.5168\sqrt{\frac{k}{m}}, \quad \{u\}_3 = \frac{1}{\sqrt{m}}[0.2226 \quad -0.9647 \quad 0.0998]^T$$

4.21 From Problemn 4.17,

$$\begin{bmatrix} 3 & 2 & 1 \\ 2 & 2 & 1 \\ 1 & 1 & 1 \end{bmatrix} \begin{Bmatrix} \ddot{\theta}_1 \\ \ddot{\theta}_2 \\ \ddot{\theta}_3 \end{Bmatrix} + \frac{g}{L}\begin{bmatrix} 3 & 0 & 0 \\ 0 & 2 & 0 \\ 0 & 0 & 1 \end{bmatrix} \begin{Bmatrix} \theta_1 \\ \theta_2 \\ \theta_3 \end{Bmatrix} = \begin{Bmatrix} 0 \\ 0 \\ 0 \end{Bmatrix} \rightarrow [m] = \begin{bmatrix} 3 & 2 & 1 \\ 2 & 2 & 1 \\ 1 & 1 & 1 \end{bmatrix}, \quad [K] = \frac{g}{L}\begin{bmatrix} 3 & 0 & 0 \\ 0 & 2 & 0 \\ 0 & 0 & 1 \end{bmatrix}$$

$$[D] = [K]^{-1}[m] = \begin{bmatrix} 0.10000 \times 10^1 & 0.66667 \times 10^0 & 0.33333 \times 10^0 \\ 0.10000 \times 10^1 & 0.10000 \times 10^1 & 0.50000 \times 10^0 \\ 0.10000 \times 10^1 & 0.10000 \times 10^1 & 0.10000 \times 10^1 \end{bmatrix}, \quad \lambda = \frac{g}{L\omega^2}$$

$$\{u\}_1^{(1)} = [1.00000 \quad 1.00000 \quad 1.50000]^T \text{ (trial vector)}$$

$$[D]\{u\}_1^{(7)} = 0.24051 \times 10^1 \begin{Bmatrix} 0.10000 \times 10^1 \\ 0.12921 \times 10^1 \\ 0.16312 \times 10^1 \end{Bmatrix}, \quad \lambda_1 = 0.24051 \times 10^1$$

$$\omega_1 = 0.64481\sqrt{\frac{g}{L}}, \text{ normalized eigenvector is } \{u\}_1 = [0.2149 \quad 0.2777 \quad 0.3506]^T$$

$$[D]_2 = [D] - \lambda_1\{u\}_1\{u\}_1^T[m]$$

$$= \begin{bmatrix} 0.19828 \times 10^0 & -0.23939 \times 10^{-1} & -0.10259 \times 10^0 \\ -0.35908 \times 10^{-1} & 0.10766 \times 10^0 & -0.63266 \times 10^{-1} \\ -0.30778 \times 10^0 & -0.12653 \times 10^0 & 0.28891 \times 10^0 \end{bmatrix}$$

$$\{u\}_2^{(1)} = [1.00000 \quad 0.50000 \quad -2.00000]^T \text{ (trial vector)}$$

$$[D]_2\{u\}_2^{(9)} = 0.43587 \times 10^0 \begin{Bmatrix} 0.10000 \times 10^1 \\ 0.35286 \times 10^0 \\ -0.23981 \times 10^1 \end{Bmatrix}, \quad \lambda_2 = 0.43587$$

$$\omega_2 = 1.5147\sqrt{\frac{g}{L}}, \text{ normalized eigenvector is } \{u\}_2 = [0.5049 \quad 0.1782 \quad -1.2108]^T$$

$$[D]_3 = [D]_2 - \lambda_2 \{u\}_2 \{u\}_2^T [m]$$

$$= \begin{bmatrix} 0.52995 \times 10^{-1} & -0.58116 \times 10^{-1} & 0.13548 \times 10^{-1} \\ -0.87175 \times 10^{-1} & 0.95600 \times 10^{-1} & -0.22284 \times 10^{-1} \\ 0.40643 \times 10^{-1} & -0.44568 \times 10^{-1} & 0.10388 \times 10^{-1} \end{bmatrix}$$

$\{u\}_3^{(1)} = [1.00000 \quad -1.50000 \quad 1.00000]^T$ (trial vector)

$$[D]_3 \{u\}_3^{(3)} = 0.15898 \begin{Bmatrix} 1.00000 \\ -1.64500 \\ 0.76689 \end{Bmatrix} \qquad \lambda_3 = 0.15898$$

$\omega_3 = 2.5080 \sqrt{\frac{g}{L}}$, normalized eigenvector is $\{u\}_3 = [0.8360 \quad -1.3752 \quad 0.6411]^T$

Summary:

$\omega_1 = 0.6448 \sqrt{\frac{g}{L}} \qquad \omega_2 = 1.5147 \sqrt{\frac{g}{L}} \qquad \omega_3 = 2.5080 \sqrt{\frac{g}{L}}$

$$\{u\}_1 = \begin{Bmatrix} 0.2149 \\ 0.2777 \\ 0.3506 \end{Bmatrix} \qquad \{u\}_2 = \begin{Bmatrix} 0.5049 \\ 0.1782 \\ -1.2108 \end{Bmatrix} \qquad \{u\}_3 = \begin{Bmatrix} 0.8360 \\ -1.3752 \\ 0.6411 \end{Bmatrix}$$

4.22 From Problem 4.4,

$$[m] = m \begin{bmatrix} 1 & 0 & 0 \\ 0 & 1 & 0 \\ 0 & 0 & 1 \end{bmatrix}, \quad [k] = k \begin{bmatrix} 2 & -1 & 0 \\ -1 & 2 & -1 \\ 0 & -1 & 1 \end{bmatrix}$$

where $k = \dfrac{24EI}{H^3}$

Following the procedure used in Problem 4.19, the natural frequencies and eigenvectors are

$\omega_1 = 0.4450 \sqrt{\frac{k}{m}}$, $\{u\}_1 = \dfrac{1}{\sqrt{m}} [0.3280 \quad 0.5910 \quad 0.7370]^T$

$\omega_2 = 1.2470 \sqrt{\frac{k}{m}}$, $\{u\}_2 = \dfrac{1}{\sqrt{m}} [0.7370 \quad 0.3280 \quad -0.5910]^T$

$\omega_3 = 1.8019 \sqrt{\frac{k}{m}}$, $\{u\}_3 = \dfrac{1}{\sqrt{m}} [0.5910 \quad -0.7370 \quad 0.3280]^T$

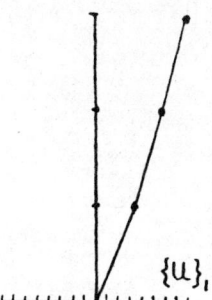 $\{u\}_1$
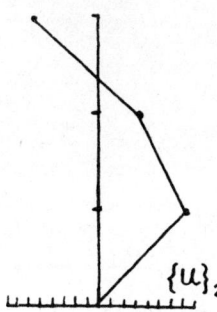 $\{u\}_2$
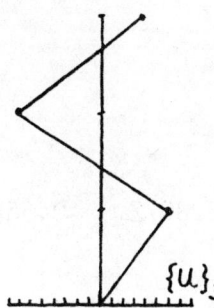 $\{u\}_3$

4.23 From Problem 4.15,

$$[m] = m \begin{bmatrix} 1 & 0 & 0 \\ 0 & 1 & 0 \\ 0 & 0 & 1 \end{bmatrix}, \quad [a] = \frac{L^3}{6EI} \begin{bmatrix} 2 & 5 & 8 \\ 5 & 16 & 28 \\ 8 & 28 & 54 \end{bmatrix}$$

where $[m]$ and $[a]$ are the mass and flexibility matrices respectively.

The eigenvalue problem

$$[k]\{u\} = \lambda [m]\{u\} \rightarrow \frac{1}{\lambda} \underset{\sim}{u} = [k]^{-1}[m]\{u\}$$

written in the standard form

$$[A]\{u\} = \frac{1}{\lambda}\{u\} \quad \text{where} \quad [A] = [a][m], \quad \lambda = \omega^2$$

Following the procedure used in Problem 4.19, the solution to the eigenvalue problem is

<u>1st mode</u>

$$\frac{1}{\lambda_1} = 11.6896 \frac{m}{k} \rightarrow \omega_1 = \sqrt{\lambda_1} = 0.2925 \sqrt{\frac{EI}{mL^3}}$$

$$\{u\}_1 = [0.1368 \quad 0.4650 \quad 0.8747]^T$$

<u>2nd mode</u>

$$\frac{1}{\lambda_2} = 0.2726 \frac{m}{k} \rightarrow \omega_2 = \sqrt{\lambda_2} = 1.9151 \sqrt{\frac{EI}{mL^3}}$$

$$\{u\}_2 = [0.5743 \quad 0.6822 \quad -0.4525]^T$$

<u>3rd mode</u>

$$\frac{1}{\lambda_3} = 0.0378 \frac{m}{k} \rightarrow \omega_3 = \sqrt{\lambda_3} = 5.1458 \sqrt{\frac{EI}{mL^3}}$$

$\{u\}_3 = [0.8072 \quad -0.5642 \quad 0.1736]^T$

<u>Note</u>: The estimate for the first natural frequency ω_1 by Rayleigh quotient (Problem 4.15) is higher than ω_1 obtained by the iterative process, as expected.

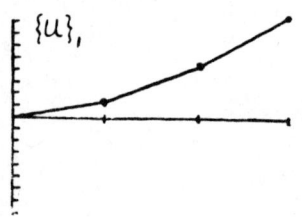
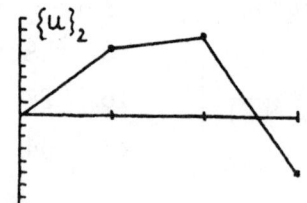
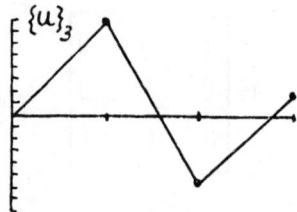

4.24

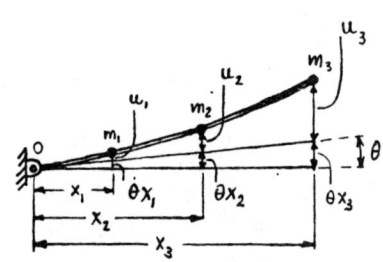

The absolute displacements w_i are related to the angle of rotation θ and the elastic displacements u_i ($i = 1,2,3$) by $w_i = \theta x_i + u_i$ ($i = 1,2,3$)

From problem 4.12, the absolute displacements w_i can be expressed in terms of the elastic displacements as follows:

$$\{w\} = [c]\{u\}, \text{ where } [c] = I - \frac{\{x\}\{x\}^T[m]}{\{x\}^T[m]\{x\}}$$

is the constraint matrix, reflecting the conservation of angular momentum about 0, and $\{x\}$ is a vector of mass locations, $\{x\} = L[1 \quad 2 \quad 3]^T$. Then, the eigenvalue problem becomes

$$[k]\{u\} = \lambda[m']\{u\}, \text{ where } [m'] = [c]^T[m][c].$$

In terms of the flexibility matrix $[a] = [k]^{-1}$, the eigenvalue problem is

$$[a][m']\{u\} = \frac{1}{\lambda}\{u\}, \quad \lambda = \omega^2$$

$$[m] = m\begin{bmatrix} 1 & 0 & 0 \\ 0 & 1 & 0 \\ 0 & 0 & 1 \end{bmatrix}, \text{ and from Problem 4.15 } [a] = \frac{L^3}{6EI}\begin{bmatrix} 2 & 5 & 8 \\ 5 & 16 & 28 \\ 8 & 28 & 54 \end{bmatrix}$$

$$\{x\}\{x\}^T[m] = mL^2 \begin{bmatrix} 1 & 2 & 3 \\ 2 & 4 & 6 \\ 3 & 6 & 9 \end{bmatrix}, \quad \{x\}^T[m]\{x\} = 14\ mL^2$$

The constraint matrix [c] is

$$[c] = I - \frac{\{x\}\{x\}^T[m]}{\{x\}^T[m]\{x\}} = \begin{bmatrix} 1 & 0 & 0 \\ 0 & 1 & 0 \\ 0 & 0 & 1 \end{bmatrix} - \frac{1}{14}\begin{bmatrix} 1 & 2 & 3 \\ 2 & 4 & 6 \\ 3 & 6 & 9 \end{bmatrix} = \frac{1}{14}\begin{bmatrix} 13 & -2 & -3 \\ -2 & 10 & -6 \\ -3 & -6 & 5 \end{bmatrix}$$

so that

$$[m'] = [c]^T[m][c] = \frac{m}{196}\begin{bmatrix} 182 & -28 & -42 \\ -28 & 140 & -84 \\ -42 & -84 & 70 \end{bmatrix} = m\begin{bmatrix} 0.928571 & -0.142857 & -0.214285 \\ -0.142857 & 0.714286 & -0.428571 \\ -0.214285 & -0.428571 & 0.357143 \end{bmatrix}$$

The eigenvalue problem can be written in the form

$$[D]\{u\} = \lambda\{u\}$$

where the dynamical matrix is

$$[D] = [a][m'] = \frac{m}{k}\begin{bmatrix} -0.095237 & -0.023809 & 0.047620 \\ -0.607139 & -0.214283 & 0.345241 \\ -1.357136 & -0.714280 & 0.928576 \end{bmatrix}, \text{ where } k = \frac{EI}{L^3} \rightarrow$$

The solution to the eigenvalue problem is

<u>1st mode</u>

$$\lambda_1 = 0.5665\ \frac{m}{k} \rightarrow \omega_1 = 1/\sqrt{\lambda_1} = 1.3288\sqrt{k/m}$$

$$\{u\}_1 = [0.0535 \quad 0.3687 \quad 0.9280]^T$$

$$\{w\}_1 = c\{u\}_1 \rightarrow \{w\}_1 = [1 \quad 0.7035 \quad -0.8023]^T$$

<u>2nd mode</u>

$$\lambda_2 = 0.0525\ \frac{m}{k} \rightarrow \omega_2 = 1/\sqrt{\lambda_2} = 4.3628\ \sqrt{k/m}$$

$$\{u\}_2 = [0.1333 \quad 0.6569 \quad 0.7421]^T$$

$$\{w\}_2 = c\{u\}_2 \rightarrow \{w\}_2 = [1 \quad -1.0235 \quad 0.3490]^T$$

In addition, there exists a rigid-body mode

$$\omega_0 = 0, \quad \{w\}_0 = [1 \quad 2 \quad 3]^T$$

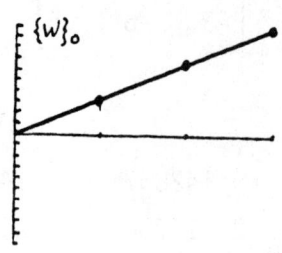
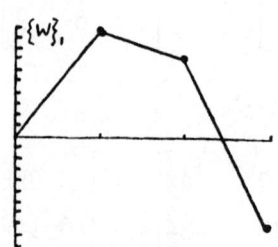
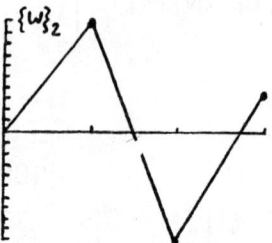

Note that the eigenvalue problem admits $\{x\}$ as an eigenvector, to which corresponds the eigenvalue $\lambda = 0$, or $\omega = \infty$. This solution can be traced to the fact that $[c]\{x\} = \{0\}$, and must be ignored.

4.25

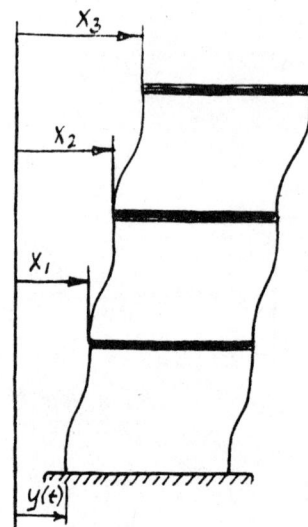

Equations of motion

$$m\ddot{x}_1 = -k(x_1 - y) + k(x_2 - x_1)$$

$$m\ddot{x}_2 = -k(x_2 - x_1) + k(x_3 - x_2)$$

$$m\ddot{x}_3 = -k(x_3 - x_2)$$

or in compact matrix form

$$[m]\{\ddot{x}\} + [k]\{x\} = \{F\}$$

where: $[m] = m \begin{bmatrix} 1 & 0 & 0 \\ 0 & 1 & 0 \\ 0 & 0 & 1 \end{bmatrix}$, $[k] = k \begin{bmatrix} 2 & -1 & 0 \\ -1 & 2 & -1 \\ 0 & -1 & 1 \end{bmatrix}$, $\{F\} = \begin{Bmatrix} ky \\ 0 \\ 0 \end{Bmatrix}$

where: $k = \dfrac{24EI}{H^3}$ and $y = A \sin \omega t$

To obtain the response by modal analysis we must first solve the eigenvalue problem $[k][u] = [m][u][\omega^2]$ where $[u]$ is the modal matrix and $[\omega^2]$ is the diagonal matrix of the natural frequencies squared. The solution to the eigenvalue problem can be found in Problem 4.22 in the form

$$\omega_1 = 0.4450\sqrt{\frac{k}{m}}$$
$$\omega_2 = 1.2470\sqrt{\frac{k}{m}}, \quad [u] = \frac{1}{\sqrt{m}}\begin{bmatrix} 0.3280 & 0.7370 & 0.5910 \\ 0.5910 & 0.3280 & -0.7370 \\ 0.7370 & -0.5910 & 0.3280 \end{bmatrix}$$
$$\omega_3 = 1.8019\sqrt{\frac{k}{m}}$$

where columns of $[u]$ are the normalized eigenvectors.
Using the linear transformation $\{x\} = [u]\{\eta\}$, the uncoupled equations of motion in the modal coordinates become

$$\{\ddot{\eta}\} + [\omega^2]\{\eta\} = \{N\} \text{ where } \{N\} = [u]^T\{F\}$$

$$\ddot{\eta}_1 + \omega_1^2\eta_1 = u_{11}ky = N_1 \sin \omega t \quad \text{where} \quad N_1 = u_{11}kA$$

$$\ddot{\eta}_2 + \omega_2^2\eta_2 = u_{12}ky = N_2 \sin \omega t \quad \text{where} \quad N_2 = u_{12}kA$$

$$\ddot{\eta}_3 + \omega_3^2\eta_3 = u_{13}ky = N_3 \sin \omega t \quad \text{where} \quad N_3 = u_{13}kA$$

u_{11} u_{12} and u_{13} are the entries of the first row of the modal matrix $[u]$.

The solution to the modal response is

$$\eta_r(t) = \frac{N_r}{\omega_r^2} \frac{\sin \omega t}{1 - (\frac{\omega}{\omega_r})^2} \quad r = 1,2,3$$

$$\eta_1(t) = \frac{0.3280 \frac{1}{\sqrt{m}} kA}{(0.4450)^2 \frac{k}{m}} \cdot \frac{\sin \omega t}{1 - (\frac{\omega}{\omega_1})^2} = 1.6560\sqrt{m}\, A \frac{\sin \omega t}{1 - (\frac{\omega}{\omega_1})^2}$$

$$\eta_2(t) = \frac{0.7370 \frac{1}{\sqrt{m}} kA}{(1.2470)^2 \frac{k}{m}} \cdot \frac{\sin \omega t}{1 - (\frac{\omega}{\omega_2})^2} = 0.4740\sqrt{m}\, A \frac{\sin \omega t}{1 - (\frac{\omega}{\omega_2})^2}$$

$$\eta_3(t) = \frac{0.5910 \frac{1}{\sqrt{m}} kA}{(1.8019)^2 \frac{k}{m}} \cdot \frac{\sin \omega t}{1 - (\frac{\omega}{\omega_3})^2} = 0.1820\sqrt{m}\, A \frac{\sin \omega t}{1 - (\frac{\omega}{\omega_3})^2}$$

The response vector $\{x\}$ can be obtained by inserting the modal coordinates $\eta_r(t)$ ($r = 1,2,3$) into the linear transformation $\{x(t)\} = [u]\{\eta(t)\}$. The result is

$$\begin{Bmatrix} x_1(t) \\ x_2(t) \\ x_3(t) \end{Bmatrix} = \begin{bmatrix} 0.5431 & 0.3493 & 0.1076 \\ 0.9787 & 0.1554 & -0.1341 \\ 1.2204 & -0.2801 & 0.0597 \end{bmatrix} \begin{Bmatrix} \dfrac{1}{1-(\frac{\omega}{\omega_1})^2} \\ \dfrac{1}{1-(\frac{\omega}{\omega_2})^2} \\ \dfrac{1}{1-(\frac{\omega}{\omega_3})^2} \end{Bmatrix} A \sin \omega t$$

4.26 From Problemn 4.23, the solution to the eigenvalue problem $[k]\{u\} = \omega^2 [m]\{u\}$ is

$$\omega_1 = 0.2925 \sqrt{\frac{k}{m}}$$
$$\omega_2 = 1.9151 \sqrt{\frac{k}{m}} \quad , \quad [u] = \frac{1}{\sqrt{m}} \begin{bmatrix} 0.1368 & 0.5743 & 0.8072 \\ 0.4650 & 0.6822 & -0.5642 \\ 0.8747 & -0.4525 & 0.1737 \end{bmatrix}$$
$$\omega_3 = 5.1456 \sqrt{\frac{k}{m}}$$

where $k = \sqrt{\dfrac{EI}{L^3}}$

$$\{F\} = \begin{Bmatrix} 0 \\ 1 \\ 0 \end{Bmatrix} F_0 u(t), \quad \{N(t)\} = [u]^T \{F\} = \begin{Bmatrix} 0.4650 \\ 0.6822 \\ -0.5642 \end{Bmatrix} \frac{F_0 u(t)}{\sqrt{m}}$$

$$\eta_r(t) = \frac{1}{\omega_r} \int_0^t N_r(t) \sin \omega_r (t-\tau)\, d\tau = \frac{N_r}{\omega_r^2}(1 - \cos \omega_r t)$$

$$\eta_1(t) = 5.4358 \frac{F_0 \sqrt{m}}{k}(1 - \cos \omega_1 t)$$

$$\eta_2(t) = 0.1860 \frac{F_0 \sqrt{m}}{k}(1 - \cos \omega_2 t)$$

$$\eta_3(t) = -0.0213 \frac{F_0 \sqrt{m}}{k}(1 - \cos \omega_3 t)$$

$$\{x(t)\} = [u]\{\eta(t)\}$$

$$\{x(t)\} = \frac{F_0}{k} \begin{bmatrix} 0.7437 & 0.1068 & -0.0172 \\ 2.5277 & 0.1269 & 0.0120 \\ 4.7545 & -0.0842 & -0.0037 \end{bmatrix} \begin{Bmatrix} 1 - \cos 0.2025\sqrt{k/m} \\ 1 - \cos 1.9151\sqrt{k/m} \\ 1 - \cos 5.1456\sqrt{k/m} \end{Bmatrix}$$

4.27 $\quad \omega_1 = 0.6448 \sqrt{g/L}$
$\quad\quad \omega_2 = 1.5147 \sqrt{g/L}$, $\quad [u] = \dfrac{1}{\sqrt{mL}} \begin{bmatrix} 0.2149 & 0.5049 & 0.8360 \\ 0.2777 & 0.1782 & -1.3752 \\ 0.3506 & -1.2108 & 0.6411 \end{bmatrix}$
$\quad\quad \omega_3 = 2.5080 \sqrt{g/L}$

$$\delta W = F \cdot \delta(L\theta_1 + L\theta_2 + L\theta_3) = FL\delta\theta_1 + FL\delta\theta_2 + FL\delta\theta_3 = \Theta_1 \delta\theta_1 + \Theta_2 \delta\theta_2 + \Theta_3 \delta\theta_3$$

$$\begin{Bmatrix} \Theta_1 \\ \Theta_2 \\ \Theta_3 \end{Bmatrix} = \begin{Bmatrix} FL \\ FL \\ FL \end{Bmatrix} = FL \begin{Bmatrix} 1 \\ 1 \\ 1 \end{Bmatrix} \quad ; \quad F = \hat{F}_0 \delta(t) \text{ where } \delta(t) \text{ is Dirac's delta function}$$

$$\{N(t)\} = [u]^T \begin{Bmatrix} \Theta_1 \\ \Theta_2 \\ \Theta_3 \end{Bmatrix} = \frac{\hat{F}_0 L}{\sqrt{mL}} \delta(t) \begin{bmatrix} 0.2149 & 0.2777 & 0.3506 \\ 0.5049 & 0.1782 & -1.2108 \\ 0.8360 & -1.3752 & 0.6411 \end{bmatrix} \begin{Bmatrix} 1 \\ 1 \\ 1 \end{Bmatrix} = \frac{\hat{F}_0}{\sqrt{m}} \begin{Bmatrix} 0.8433 \\ -0.5278 \\ 0.1019 \end{Bmatrix} \delta(t)$$

$$\eta_1(t) = \frac{\hat{F}_0}{\sqrt{m}} \, 0.8433 \times \frac{1}{\omega_1} \sin \omega_1 t \, , \quad t > 0$$

$$\eta_2(t) = \frac{\hat{F}_0}{\sqrt{m}} (-0.5278) \times \frac{1}{\omega_2} \sin \omega_2 t \, , \quad t > 0$$

$$\eta_3(t) = \frac{\hat{F}_0}{\sqrt{m}} \, 0.1019 \times \frac{1}{\omega_3} \sin \omega_3 t \, , \quad t > 0$$

$$\{\theta(t)\} = [u]\{\eta(t)\} = \frac{1}{\sqrt{mL}} \begin{bmatrix} 0.2149 & 0.5049 & 0.8360 \\ 0.2777 & 0.1782 & -1.3752 \\ 0.3506 & -1.2108 & 0.6411 \end{bmatrix} \begin{Bmatrix} \eta_1(t) \\ \eta_2(t) \\ \eta_3(t) \end{Bmatrix}$$

$$\theta_1(t) = \frac{\hat{F}_0}{mL} \left[0.2149 \times 0.8433 \frac{\sin \omega_1 t}{\omega_1} - 0.5049 \times 0.5278 \times \frac{\sin \omega_2 t}{\omega_2} \right.$$

$$\left. + 0.8360 \times 0.1019 \times \frac{\sin \omega_3 t}{\omega_3} \right] = \frac{\hat{F}_0}{m\sqrt{gL}} \left[0.2811 \sin 0.6448 \sqrt{g/L}\, t \right.$$

$$- 0.1759 \sin 1.5147 \sqrt{g/L}\, t + 0.0340 \sin 2.5080 \sqrt{g/L}\, t]$$

$$\theta_2(t) = \frac{\hat{F}_0}{mL}\left[0.2777 \times 0.8433 \frac{\sin \omega_1 t}{\omega_1} - 0.1782 \times 0.5278 \times \frac{\sin \omega_2 t}{\omega_2}\right.$$

$$\left. - 1.3752 \times 0.1019 \times \frac{\sin \omega_3 t}{\omega_2}\right] = \frac{\hat{F}_0}{m\sqrt{gL}}\left[0.3632 \sin 0.6448 \sqrt{g/L}\, t\right.$$

$$\left. - 0.0621 \sin 1.5147 \sqrt{g/L}\, t - 0.0559 \sin 2.5080 \sqrt{g/L}\, t\right]$$

$$\theta_3(t) = \frac{\hat{F}_0}{mL}\left[0.3506 \times 0.8433 \cdot \frac{\sin \omega_1 t}{\omega_1} + 1.2108 \times 0.5278 \frac{\sin \omega_2 t}{\omega_2}\right.$$

$$\left. + 0.6411 \times 0.1019 \frac{\sin \omega_3 t}{\omega_3}\right] = \frac{\hat{F}_0}{m\sqrt{gL}}\left[0.4585 \sin 0.6448 \sqrt{g/L}\, t\right.$$

$$\left. + 0.4219 \sin 1.5147 \sqrt{g/L}\, t + 0.0261 \sin 2.5080 \sqrt{g/L}\, t\right]$$

4.28 $\omega_1 = 0.3328\sqrt{k/m}$
$\omega_2 = 1.2824\sqrt{k/m}$, $[u] = \frac{1}{\sqrt{m}}\begin{bmatrix} 0.2414 & 0.7331 & 0.6359 \\ 0.4560 & 0.2606 & -0.4735 \\ 0.5128 & -0.4042 & 0.2714 \end{bmatrix}$
$\omega_3 = 1.6567\sqrt{k/m}$

From Problem 2.26,

$$\{F\} = \begin{Bmatrix} 0 \\ 0 \\ F_3 \end{Bmatrix} = \begin{Bmatrix} 0 \\ 0 \\ 2A \sum_{n=-\infty}^{\infty} (-1)^n u(t - n\frac{T}{2}) \end{Bmatrix}$$

$$\{N(t)\} = [u]^T\{F\} = \frac{1}{\sqrt{m}}\begin{bmatrix} 0.2414 & 0.4560 & 0.5128 \\ 0.7331 & 0.2606 & -0.4042 \\ 0.6359 & -0.4735 & 0.2714 \end{bmatrix}\begin{Bmatrix} 0 \\ 0 \\ F_3 \end{Bmatrix} = \frac{1}{\sqrt{m}}\begin{Bmatrix} 0.5128 \\ -0.4042 \\ 0.2714 \end{Bmatrix} F_3$$

$$= \frac{2A}{\sqrt{m}}\begin{Bmatrix} 0.5128 \\ -0.4042 \\ 0.2714 \end{Bmatrix} \sum_{n=-\infty}^{\infty} (-1)^n u(t - n\frac{T}{2})$$

$$\therefore \eta_1(t) = 0.5128 \frac{2A}{\sqrt{m}\,\omega_1^2} \sum_{n=-\infty}^{\infty} (-1)^n g_1(t - n\tfrac{T}{2})u(t - n\tfrac{T}{2})$$

$$\eta_2(t) = -0.4042 \frac{2A}{\sqrt{m}\,\omega_2^2} \sum_{n=-\infty}^{\infty} (-1)^n g_2(t - n\tfrac{T}{2})u(t - n\tfrac{T}{2})$$

$$\eta_3(t) = 0.2714 \frac{2A}{\sqrt{m}\,\omega_3^2} \sum_{n=-\infty}^{\infty} (-1)^n g_3(t - n\tfrac{T}{2})u(t - n\tfrac{T}{2})$$

where $g_i(t) = 1 - \cos \omega_i t \quad (i = 1,2,3)$

Let $G_i(t) = 2 \sum_{n=-\infty}^{\infty} (-1)^n g_i(t - n\tfrac{T}{2})u(t - n\tfrac{T}{2})$

$i = 1,2,3$

Then,

$$\{x(t)\} = [u]\{\eta(t)\} = \frac{A}{m}\begin{bmatrix} 0.2414 & 0.7331 & 0.6359 \\ 0.4560 & 0.2606 & -0.4735 \\ 0.5128 & -0.4042 & 0.2714 \end{bmatrix} \begin{Bmatrix} \dfrac{0.5128}{\omega_1^2} G_1(t) \\ \dfrac{-0.4042}{\omega_2^2} G_2(t) \\ \dfrac{0.2714}{\omega_3^2} G_3(t) \end{Bmatrix}$$

$$\begin{Bmatrix} x_1(t) \\ x_2(t) \\ x_3(t) \end{Bmatrix} = \frac{A}{k} \begin{Bmatrix} 1.1173 G_1(t) - 0.1802 G_2(t) + 0.0507 G_3(t) \\ 2.1109 G_1(t) - 0.0641 G_2(t) - 0.0400 G_3(t) \\ 2.3739 G_1(t) + 0.0994 G_2(t) + 0.0268 G_3(t) \end{Bmatrix}$$

4.29 The damping matrix [c] is proportional to the stiffness matrix [k], $[c] = \frac{c}{k}[k]$. Hence, the modal matrix [u] diagonalizes the damping matrix, $[C] = [u]^T[c][u] = \frac{c}{k}[\omega^2] = [2\zeta\omega]$, where $[C]$, $[\omega^2]$ and $[2\zeta\omega]$ are diagonal matrices.

From Problem 4.19

$$\omega_1^2 = 3.0\sqrt{\frac{k}{m}}$$
$$\omega_2^2 = 2.0\sqrt{\frac{k}{m}} \quad , \quad [u] = \frac{1}{\sqrt{m}}\begin{bmatrix} 0.4472 & 0.8165 & 0.3651 \\ -0.4472 & 0.0000 & 0.5477 \\ 0.4472 & -0.4082 & 0.3651 \end{bmatrix}$$
$$\omega_3^2 = 0.5\sqrt{\frac{k}{m}}$$

$$3.0\frac{c}{m} = 2\zeta_1\sqrt{3.0}\sqrt{\frac{k}{m}} \quad , \quad \zeta_1 = 0.8660\frac{c}{\sqrt{km}}$$

$$2.0\frac{c}{m} = 2\zeta_2\sqrt{2.0}\sqrt{\frac{k}{m}} \quad , \quad \zeta_2 = 0.7071\frac{c}{\sqrt{km}}$$

$$0.5\frac{c}{m} = 2\zeta_3\sqrt{0.5}\sqrt{\frac{k}{m}} \quad , \quad \zeta_3 = 0.3536\frac{c}{\sqrt{km}}$$

The initial excitation is

$$\{x(0)\} = [0 \quad 0 \quad x_0]^T$$

Using equation (4.173),

$$\eta_r(t) = \frac{\eta_r(0)}{(1-\zeta_r^2)^{1/2}} e^{-\zeta_r\omega_r t}(\cos\omega_{dr}t - \psi_r)$$

$$\{x(t)\} = [u]\{\eta(t)\} \rightarrow \{\eta(0)\} = [u]^T[m]\{x(0)\} = \begin{Bmatrix} 0.8944 \\ -0.8165 \\ 0.7303 \end{Bmatrix} x_0\sqrt{m}$$

$$\omega_{dr} = \omega_r(1-\zeta_r^2)^{1/2}, \quad \psi_r = \tan^{-1}\frac{\zeta_r}{(1-\zeta_r^2)^{1/2}}$$

$$\omega_{d1} = 1.7321\sqrt{\frac{k}{m}}(1 - 0.75\frac{c^2}{km})^{1/2} \quad , \quad \psi_1 = \frac{0.8660\frac{c}{\sqrt{km}}}{(1 - 0.75\frac{c^2}{km})^{1/2}}$$

$$\omega_{d2} = 1.4142\sqrt{\frac{k}{m}}\left(1 - 0.5\frac{c^2}{km}\right)^{1/2}, \quad \psi_2 = \frac{0.7071\frac{c}{\sqrt{km}}}{\left(1 - 0.5\frac{c^2}{km}\right)^{1/2}}$$

$$\omega_{d3} = 0.7071\sqrt{\frac{k}{m}}\left(1 - 0.125\frac{c^2}{km}\right)^{1/2}, \quad \psi_3 = \frac{0.3536\frac{c}{\sqrt{km}}}{\left(1 - 0.125\frac{c^2}{km}\right)^{1/2}}$$

The response vector is

$$\{x(t)\} = [u]\{\eta(t)\} = x_0 \begin{bmatrix} 0.4000 & -0.6667 & 0.2667 \\ -0.4000 & 0.0 & 0.4000 \\ 0.4000 & 0.3333 & 0.2667 \end{bmatrix} \times$$

$$\begin{Bmatrix} \frac{e^{-\zeta_1\omega_1 t}}{(1-\zeta_1^2)^{1/2}} \cos(\omega_{d1}t - \zeta_1) \\ \frac{e^{-\zeta_2\omega_2 t}}{(1-\zeta_2^2)^{1/2}} \cos(\omega_{d2}t - \psi_2) \\ \frac{e^{-\zeta_3\omega_3 t}}{(1-\zeta_3^2)^{1/2}} \cos(\omega_{d3}t - \psi_3) \end{Bmatrix}$$

4.30 The damping matrix $[c]$ is proportional to the mass matrix, $[c] = \frac{c}{m}[m]$
Hence, the modal matrix $[u]$ diagonalizes the damping matrix, $[C] = [u]^T[c][u] = \frac{c}{m}[I] = [2\zeta\omega]$, where $[C]$, $[2\zeta\omega]$ are diagonal matrices and $[I]$ is the identity matrix.

$$2\zeta_r\omega_r = \frac{c}{m} \rightarrow \zeta_r = \frac{c}{2m\omega_r}$$

$$\omega_{dr} = \omega_r(1 - \zeta_r^2)^{1/2} = \omega_r\left[1 - \left(\frac{c}{2m\omega_r}\right)^2\right]^{1/2} = \left[\omega_r^2 - \left(\frac{c}{2m}\right)^2\right]^{1/2}$$

From Problem 4.17,

$$\omega_1 = 0.6448\sqrt{\frac{g}{L}}$$
$$\omega_2 = 1.5147\sqrt{\frac{g}{L}}, \quad [u] = \frac{1}{\sqrt{m}\, L}\begin{bmatrix} 0.2149 & 0.5041 & 0.8360 \\ 0.2777 & 0.1782 & -1.3752 \\ 0.3506 & -1.2108 & 0.6411 \end{bmatrix}$$
$$\omega_3 = 2.5080\sqrt{\frac{g}{L}}$$

$$\{N(t)\} = [u]^T\{F(t)\} = [u]^T \begin{Bmatrix} 0 \\ 0 \\ 1 \end{Bmatrix} \hat{F}_0 \delta(t) = \frac{\hat{F}_0 \delta(t)}{\sqrt{m}} \begin{Bmatrix} 0.3506 \\ -1.2108 \\ 0.6411 \end{Bmatrix}$$

$$\eta_r(t) = \frac{\hat{F}_0}{\sqrt{m}\,\omega_{dr}} \int_0^t \delta(t-\tau) e^{-\zeta_r \omega_r \tau} \sin \omega_{dr}\tau\, d\tau = \frac{\hat{F}_0}{\sqrt{m}L\,\omega_{dr}} e^{-\zeta_r \omega_r t} \sin \omega_{dr} t$$

$$= \frac{\hat{F}_0}{\sqrt{m}\,\omega_{dr}} e^{-\frac{c}{2m} t} \sin \omega_{dr} t$$

$$\eta_1(t) = \frac{\hat{F}_0}{\sqrt{m}} \frac{0.3506}{[(0.6448)^2 \frac{g}{L} - (\frac{c}{2m})^2]^{1/2}} e^{-\frac{c}{2m} t} \sin \omega_{d1} t$$

$$\eta_2(t) = \frac{\hat{F}_0}{\sqrt{m}} \frac{(-1.2108)}{[(1.5197)^2 \frac{g}{L} - (\frac{c}{2m})^2]^{1/2}} e^{-\frac{c}{2m} t} \sin \omega_{d2} t$$

$$\eta_3(t) = \frac{\hat{F}_0}{\sqrt{m}} \frac{0.6411}{[(2.5080)^2 \frac{g}{L} - (\frac{c}{2m})^2]^{1/2}} e^{-\frac{c}{2m} t} \sin \omega_{d3} t$$

$$\{\theta(t)\} = [u]\{\eta(t)\}$$

$$= \frac{\hat{F}_0 e^{-\frac{c}{2m} t}}{mL} \begin{bmatrix} 0.0754 & -0.6104 & 0.5360 \\ 0.0974 & -0.2157 & -0.8816 \\ 0.1229 & 1.4660 & 0.4110 \end{bmatrix} \times \begin{Bmatrix} \frac{1}{\omega_{d1}} \sin 0.6448 \sqrt{\frac{g}{L}(1-\zeta_1^2)}\, t \\ \frac{1}{\omega_{d2}} \sin 1.5147 \sqrt{\frac{g}{L}(1-\zeta_2^2)}\, t \\ \frac{1}{\omega_{d3}} \sin 2.5080 \sqrt{\frac{g}{L}(1-\zeta_3^2)}\, t \end{Bmatrix}$$

Chapter 5

5.1

$$\Sigma F_{M_i} = k_i(u_{i+1} - u_i) - k_{i-1}(u_i - u_{i-1}) = M_i \frac{d^2 u_i}{dt^2}$$

But $EA_i \epsilon_{x_i} = EA_i \frac{\Delta u_i}{\Delta x_i} = k_i \Delta u_i \rightarrow k_i = \frac{EA_i}{\Delta x_i}$

$$\therefore EA_i \frac{u_{i+1} - u_i}{\Delta x_i} - EA_{i-1} \frac{u_i - u_{i-1}}{\Delta x_{i-1}} = M_i \frac{d^2 u_i}{dt^2}$$

Let $u_{i+1} - u_i = \Delta u_i$, $u_i - u_{i-1} = \Delta u_{i-1}$. Then,

$$EA_i \frac{\Delta u_i}{\Delta x_i} - EA_{i-1} \frac{\Delta u_{i-1}}{\Delta x_{i-1}} = M_i \frac{d^2 u_i}{dt^2}, \quad \text{or} \quad \Delta(EA_i \frac{\Delta u_i}{\Delta x_i}) = M_i \frac{d^2 u_i}{dt^2}$$

Dividing both sides by Δx_i, we have

$$\frac{\Delta(EA_i \frac{\Delta u_i}{\Delta x_i})}{\Delta x_i} = \frac{M_i}{\Delta x_i} \frac{d^2 u_i}{dt^2}, \quad i = 2, 3, \ldots, n$$

subject to

$$u_0 = 0, \quad k_n \Delta u_n = EA \frac{\Delta u_n}{\Delta x_n} = -k u_{n+1}$$

Letting $\Delta x_i \rightarrow 0$, so that $\lim_{\Delta x_i \to 0} \frac{M_i}{\Delta x_i} = m$, we obtain the differential equation

$$\frac{\partial}{\partial x}(EA \frac{\partial u}{\partial x}) = m \frac{\partial^2 u}{\partial t^2}, \quad 0 < x < L$$

as well as the boundary conditions

$$u = 0 \text{ at } x = 0, \quad EA \frac{\partial u}{\partial x}\bigg|_{x=L} = -ku \text{ at } x = L$$

5.2

$$k_i(\theta_{i+1} - \theta_i) - k_{i-1}(\theta_i - \theta_{i-1}) = I_i \frac{d^2\theta_i}{dt^2}$$

$$M_i = GJ_i \frac{\Delta\theta_i}{\Delta x_i} = k_i \Delta\theta_i \rightarrow k_i = \frac{GJ_i}{\Delta x_i}$$

$$\therefore GJ_i \frac{\theta_{i+1} - \theta_i}{\Delta x_i} - GJ_{i-1} \frac{\theta_i - \theta_{i-1}}{\Delta x_{i-1}} = I_i \frac{d^2\theta_i}{dt^2}$$

Let $\Delta\theta_i = \theta_{i+1} - \theta_i$, $\Delta\theta_{i-1} = \theta_i - \theta_{i-1}$. Then,

$$GJ_i \frac{\Delta\theta_i}{\Delta x_i} - GJ_{i-1} \frac{\Delta\theta_{i-1}}{\Delta x_i} = \Delta(GJ_i \frac{\Delta\theta_i}{\Delta x_i}) = I_i \frac{d^2\theta_i}{dt^2}$$

Dividing both sides by Δx_i,

$$\frac{\Delta(GJ_i \frac{\Delta\theta_i}{\Delta x_i})}{\Delta x_i} = \frac{I_i}{\Delta x_i} \frac{d^2\theta_i}{dt^2}, \quad i = 1, 2, \ldots, n$$

Also $M_0 = k_0 \Delta\theta_0 = \frac{GJ_0}{\Delta x_0} \Delta\theta_0 = GJ_0 \frac{\Delta\theta_0}{\Delta x_0} = 0$, $\theta_{n+1} = 0$

In the limit, $\lim_{\Delta x_i \to 0} \frac{I_i}{\Delta x_i} = I(x)$, we obtain the differential equation

$$\frac{\partial}{\partial x}(GJ \frac{\partial\theta}{\partial x}) = I(x) \frac{\partial^2\theta}{\partial t^2}, \quad 0 < x < L$$

where θ is subject to the boundary conditions

$$GJ \frac{\partial\theta}{\partial x} = 0 \text{ at } x = 0, \quad \theta = 0 \text{ at } x = L$$

5.3 Substituting $u(x,t) = U(x)F(t)$ into the differential equation of Prob. 5.1, we obtain

$$\frac{d}{dx}\left(EA\frac{dU}{dx}\right)F = mU\frac{d^2F}{dt^2}$$

or $\quad \frac{1}{mU}\frac{d}{dx}\left[EA\frac{dU}{dx}\right] = \frac{1}{F}\frac{d^2F}{dt^2} = -\omega^2$

$\therefore \quad \frac{d^2F}{dt^2} + \omega^2 F = 0$

$$-\frac{d}{dx}\left[EA\frac{du(x)}{dx}\right] = \omega^2 m(x)U(x), \quad 0 < x < L$$

Also $U = 0$ at $x = 0$ and $EA\frac{dU}{dx}\bigg|_{x=L} = -kU$ at $x = L$

Substituting $\theta(x,t) = \Theta(x)F(t)$ into the differential equation of Problem 5.2, we obtain

$$\frac{d}{dx}\left(GJ\frac{d\theta}{dx}\right)F = I\theta\frac{d^2F}{dt^2} \rightarrow \frac{1}{I\theta}\frac{d}{dx}\left(GJ\frac{d\theta}{dx}\right) = \frac{1}{F}\frac{d^2F}{dt^2} = -\omega^2$$

$\therefore \quad \frac{d^2F}{dt^2} + \omega^2 F = 0$

$$-\frac{d}{dx}\left(GJ\frac{d\theta(x)}{dx}\right) = \omega^2 I(x)\theta(x), \quad 0 < x < L$$

Also $GJ\frac{d\theta}{dx} = 0$ at $x = 0$ and $\theta = 0$ at $x = L$

5.4

$\Sigma F_y = \left[Q + \frac{\partial Q}{\partial x}dx\right] - Q + f\,dx = m\,dx\,\frac{\partial^2 y}{\partial t^2}$

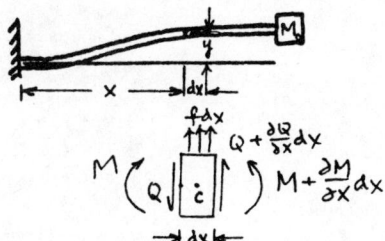

Neglecting the rotatory inertia effect

$\Sigma M_C = \left[M + \frac{\partial M}{\partial x}dx\right] - M + \left[Q + \frac{\partial Q}{\partial x}dx\right]\frac{dx}{2} + Q\frac{dx}{2} = 0$

Neglecting higher-order terms, we obtain

$\frac{\partial M}{\partial x} = -Q$ and $\frac{\partial Q}{\partial x} + f = m\frac{\partial^2 y}{\partial t^2}$

from which,

$$-\frac{\partial^2 M}{\partial x^2} + f = m\frac{\partial^2 y}{\partial t^2}$$

But $M = EI\frac{\partial^2 y}{\partial x^2}$, so that

$$-\frac{\partial^2}{\partial x^2}\left(EI\frac{\partial^2 y}{\partial x^2}\right) + f = m\frac{\partial^2 y}{\partial t^2}, \quad 0 < x < L$$

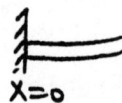

On physical grounds $y = 0$, $\frac{\partial y}{\partial x} = 0$ at $x = 0$

Again, ignoring rotatory inertia

$$-M = 0 \quad \text{and} \quad -Q = M_0 \frac{\partial^2 y}{\partial t^2} \quad \text{at } x = L$$

or $EI\frac{\partial^2 y}{\partial x^2} = 0$ and $\frac{\partial}{\partial x}\left(EI\frac{\partial^2 y}{\partial x^2}\right) = M_0\frac{\partial^2 y}{\partial t^2}$ at $x = L$

Letting $y(x,t) = Y(x)F(t)$, where $F(t)$ is harmonic, we obtain

$$\frac{d^2}{dx^2}\left(EI(x)\frac{d^2 Y}{dx^2}\right) = \omega^2 m(x)Y(x), \quad 0 < x < L$$

$Y = 0$ and $\frac{dY}{dx} = 0$ at $x = 0$

$EI\frac{d^2 Y}{dx^2} = 0$ and $\frac{d}{dx}\left[EI\frac{d^2 Y}{dx^2}\right] = -\omega^2 M_0 Y$ at $x = L$

5.5 $GJ = $ const , $I = $ const.

$$\therefore \frac{d^2 \theta}{dx^2} + \beta^2 \theta = 0, \quad \beta^2 = \omega^2 I/GJ, \quad 0 < x < L$$

$\frac{d\theta}{dx} = 0$ at $x = 0$, $\theta = 0$ at $x = L$

The general solution is

$$\theta = A \sin \beta x + B \cos \beta x$$

where the constants are obtained from

$$\left.\frac{d\theta}{dx}\right|_{x=0} = [\beta A \cos \beta x - \beta B \sin \beta x]\big|_{x=0} = \beta A = 0 \rightarrow A = 0$$

$$\theta\big|_{x=L} = B \cos \beta L = 0$$

Hence, the frequency equation is $\cos \beta L = 0$, yielding $\beta_r L = (2r - 1)\frac{\pi}{2}$, $r = 1, 2, \ldots$

$$\therefore \theta_r = B_r \cos(2r - 1)\frac{\pi x}{2L} \quad , \quad \omega_r = \beta_r \sqrt{\frac{GJ}{I}} = (2r - 1)\frac{\pi}{2}\sqrt{\frac{GJ}{IL^2}}$$

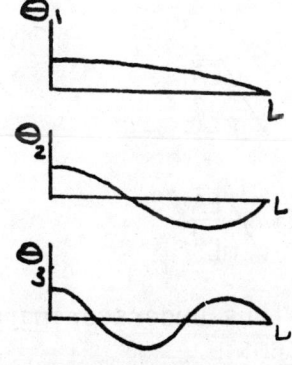

$$\theta_1 = B_1 \cos \frac{\pi x}{2L} \quad , \quad \omega_1 = \frac{\pi}{2}\sqrt{\frac{GJ}{IL^2}}$$

$$\theta_2 = B_2 \cos \frac{3\pi x}{2L} \quad , \quad \omega_2 = \frac{3\pi}{2}\sqrt{\frac{GJ}{IL^2}}$$

$$\theta_3 = B_3 \cos \frac{5\pi x}{2L} \quad , \quad \omega_3 = \frac{5\pi}{2}\sqrt{\frac{GJ}{IL^2}}$$

5.6 $\quad -\frac{d}{dx}\left(EA \frac{dU}{dx}\right) = \omega^2 m U \quad , \quad 0 < x < L$

For $EA = \text{const}$, $m = \text{const}$

$$\frac{d^2 U}{dx^2} + \beta^2 U = 0 \quad , \quad \beta^2 = \omega^2 \frac{m}{EA} \quad , \quad 0 < x < L$$

$$\frac{dU}{dx} = 0 \text{ at } x = 0 \text{ and at } x = L$$

The solution is

$$U(x) = A \sin \beta x + B \cos \beta x$$

where the constants are obtained from

$$\left.\frac{dU}{dx}\right|_{x=0} = [\beta A \cos \beta x - \beta B \sin \beta x]_{x=0} = \beta A = 0 \rightarrow A = 0$$

$$\left.\frac{dU}{dx}\right|_{x=L} = -\beta B \sin \beta L = 0 \rightarrow \beta_r = \frac{r\pi}{L}, \; r = 0,1,2,\ldots$$

$$\therefore \; U_r(x) = B_r \cos \frac{r\pi x}{L}, \; \omega_r = \beta_r \sqrt{\frac{EA}{m}} = r\pi \sqrt{\frac{EA}{mL^2}}, \; r = 0,1,2,\ldots$$

Let $B_r = 1$. Then,

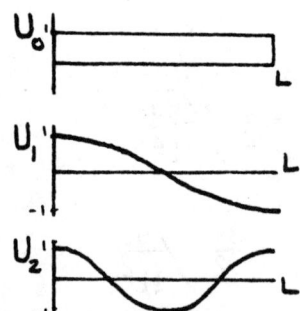

$$U_0 = 1 \quad , \quad \omega_0 = 0$$

$$U_1 = \cos \frac{\pi x}{L} \quad , \quad \omega_1 = \pi \sqrt{\frac{EA}{mL^2}}$$

$$U_2 = \cos \frac{2\pi x}{L} \quad , \quad \omega_2 = 2\pi \sqrt{\frac{EA}{mL^2}}$$

The results are comparable with those of Example 4.9, thus underscoring once again the analogy between discrete and continuous systems.

5.7 $EA = $ const, $m = $ const, $EA = 4kL$.

From Problem 5.1,

$$-\frac{d}{dx}\left(EA \frac{dU}{dx}\right) = mU\omega^2$$

$$\therefore \; \frac{d^2U}{dx^2} + \beta^2 U = 0, \; \beta^2 = \omega^2 \frac{m}{EA}, \; 0 < x < L$$

$$U = 0 \text{ at } x = 0, \; \left.EA \frac{dU}{dx}\right|_{x=L} = -kU \text{ at } x = L.$$

The solution is

$$U(x) = C \sin \beta x + D \cos \beta x$$

where the constants are obtained from

$$U|_{x=0} = (C \sin \beta x + D \cos \beta x)|_{x=0} = D = 0$$

$$EA \frac{dU}{dx}\bigg|_{x=L} = EAC\beta \cos \beta L = -kC \sin \beta L \rightarrow \tan \beta L = -\beta \frac{EA}{k} = -4\beta L$$

∴ The frequency equation is $\tan \beta L + 4\beta L = 0$.

The first three positive roots are

$$\beta_1 L = 1.7155 \quad , \quad \beta_2 L = 4.7648 \quad , \quad \beta_3 L = 7.8857.$$

Let $C_r = 1$, $r = 1,2,3$, so that

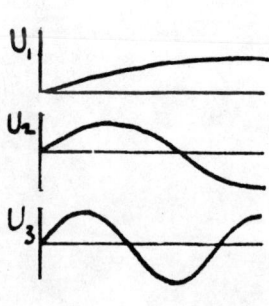

$$U_1 = \sin 1.7155 \frac{x}{L} \quad , \quad \omega_1 = 1.7155 \sqrt{\frac{EA}{mL^2}}$$

$$U_2 = \sin 4.7648 \frac{x}{L} \quad , \quad \omega_2 = 4.7648 \sqrt{\frac{EA}{mL^2}}$$

$$U_3 = \sin 7.8857 \frac{x}{L} \quad , \quad \omega_3 = 7.8857 \sqrt{\frac{EA}{mL^2}}$$

5.8

$$-\frac{d}{dx}\left(T \frac{dW}{dx}\right) = \omega^2 \rho W \quad , \quad 0 < x < L$$

$$T \frac{dW}{dx} = 0 \text{ at } x = 0 \quad , \quad W = 0 \text{ at } x = L$$

$$T = \rho g x \quad \therefore \quad x \frac{d^2W}{dx^2} + \frac{dW}{dx} + \frac{\omega^2}{g} W = 0 \quad , \quad 0 < x < L$$

$$W = 0 \text{ at } x = L$$

Because T = 0 at x = 0, the boundary condition at x = 0 is satisfied automatically. A second condition on W is obtained by requiring that W be finite at x = 0.

Let $x = \frac{1}{4} g\xi^2$, $\quad dx = \frac{1}{2} g\xi d\xi$, $\quad \frac{d}{dx} = \frac{d}{d\xi}\frac{d\xi}{dx} = \frac{2}{g\xi}\frac{d}{d\xi}$

$$\frac{d^2}{dx^2} = \frac{d}{dx}\left(\frac{d}{d\xi}\frac{d\xi}{dx}\right) = \frac{4}{g^2\xi^2}\frac{d^2}{d\xi^2} - \frac{4}{g\xi^3}\frac{d}{d\xi}$$

$$\therefore \frac{d^2W}{d\xi^2} + \frac{1}{\xi}\frac{dW}{d\xi} + \omega^2 W = 0 \qquad 0 < \xi < 2\sqrt{\frac{L}{g}}$$

$\qquad$ W = finite at $\xi = 0$ $\qquad$ W = 0 at $\xi = 2\sqrt{\frac{L}{g}}$

The solution is $W = AJ_0(\omega\xi) + BY_0(\omega\xi)$

But $Y_0(0) = \infty$, so that we must set B = 0

$\therefore W = AJ_0(\omega\xi) = AJ_0\left(2\omega\sqrt{\frac{x}{g}}\right)$

$\qquad W|_{x=L} = AJ_0\left(2\omega\sqrt{\frac{L}{g}}\right) = 0$

$\therefore$ The frequency equation is $J_0\left(2\omega\sqrt{\frac{L}{g}}\right) = 0$, which has the solutions

$2\omega_1\sqrt{\frac{L}{g}} = 2.4048$, $\qquad \omega_1 = 1.2024\sqrt{\frac{g}{L}}$

$2\omega_2\sqrt{\frac{L}{g}} = 5.5201$, $\qquad \omega_2 = 2.7600\sqrt{\frac{g}{L}}$

$2\omega_3\sqrt{\frac{L}{g}} = 8.6537$, $\qquad \omega_3 = 4.3269\sqrt{\frac{g}{L}}$

- - - - - - - - - - $\qquad$ - - - - - - - - - -

$$W_r = A_r J_0(2\omega_r \sqrt{x/g}). \qquad \text{Let } A_r = 1, \quad r = 1,2,3.$$

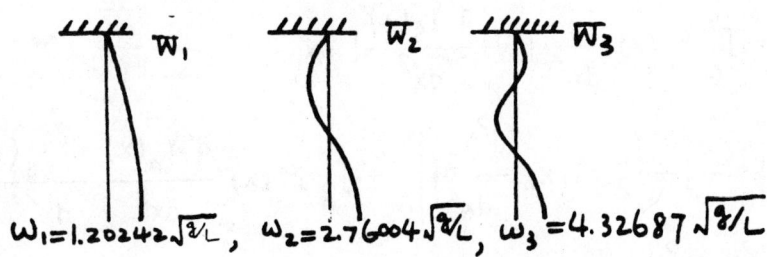

$\omega_1 = 1.20242 \sqrt{g/L}, \quad \omega_2 = 2.76004 \sqrt{g/L}, \quad \omega_3 = 4.32687 \sqrt{g/L}$

5.9
$$\frac{d^2}{dx^2}\left[EI(x) \frac{d^2Y}{dx^2}\right] = \omega^2 m(x) Y(x), \quad 0 < x < L$$

$$Y = 0, \quad \frac{dY}{dx} = 0 \quad \text{at} \quad x = 0$$

$$\frac{d^2Y}{dx^2} = 0, \quad \frac{d}{dx}\left[EI \frac{d^2Y}{dx^2}\right] = kY \quad \text{at} \quad x = L$$

Let two distinct solutions be $Y_r(x)$, $Y_s(x)$. Then,

$$\frac{d^2}{dx^2}\left[EI(x) \frac{d^2Y_r(x)}{dx^2}\right] = \omega_r^2 m(x) Y_r(x), \quad 0 < x < L$$

$$\frac{d^2}{dx^2}\left[EI(x) \frac{d^2Y_s(x)}{dx^2}\right] = \omega_s^2 m(x) Y_s(x), \quad 0 < x < L$$

Multiplying the first equation by $Y_s(x)$ and integrating by parts,

$$\omega_r^2 \int_0^L m(x) Y_r(x) Y_s(x) dx = \int_0^L Y_s(x) \frac{d^2}{dx^2}\left[EI(x) \frac{d^2Y_r(x)}{dx^2}\right] dx$$

$$= \left\{Y_s(x) \frac{d}{dx}\left[EI(x) \frac{d^2Y_r(x)}{dx^2}\right]\right\}\Big|_0^L - \left[\frac{dY_s(x)}{dx} EI(x) \frac{d^2Y_r(x)}{dx^2}\right]\Big|_0^L$$

$$+ \int_0^L EI(x) \frac{d^2Y_r(x)}{dx^2} \frac{d^2Y_s(x)}{dx^2} dx$$

$$= kY_r Y_s \big|_{x=L} + \int_0^L EI(x) \frac{d^2Y_r}{dx^2} \frac{d^2Y_s}{dx^2} dx$$

Multiplying the second equation by $Y_r(x)$ and integrating by parts,

$$\omega_s^2 \int_0^L m(x) Y_r(x) Y_s(x) dx = \int_0^L Y_r(x) \frac{d^2}{dx^2} \left[EI \frac{d^2 Y_s(x)}{dx^2} \right] dx$$

$$= \left\{ Y_r \frac{d}{dx} \left[EI(x) \frac{d^2 Y_s}{dx^2} \right] \right\} \bigg|_0^L - \left[\frac{d^2 Y_r}{dx^2} EI(x) \frac{d^2 Y_s}{dx^2} \right] \bigg|_0^L + \int_0^L EI(x) \frac{d^2 Y_r(x)}{dx^2} \frac{d^2 Y_s(x)}{dx^2} dx$$

$$= k Y_r Y_s \big|_{x=L} + \int_0^L EI(x) \frac{d^2 Y_r}{dx^2} \frac{d^2 Y_s}{dx^2} dx$$

Subtracting one equation from the other

$$(\omega_r^2 - \omega_s^2) \int_0^L m(x) Y_r(x) Y_s(x) \, dx = 0$$

But, $\omega_r \neq \omega_s$. $\therefore \int_0^L m(x) Y_r(x) Y_s(x) \, dx = 0 \quad r \neq s$

5.10 Let two distinct solutions be $Y_r(x)$, $Y_s(x)$, so that

$$\frac{d^2}{dx^2} \left[EI \frac{d^2 Y_r}{dx^2} \right] = \omega_r^2 m Y_r \,, \quad 0 < x < L$$

$$\frac{d^2}{dx^2} \left[EI \frac{d^2 Y_s}{dx^2} \right] = \omega_s^2 m Y_s \,, \quad 0 < x < L$$

Using the approach of Sec. 5.7 and results from Problem 5.4,

$$\int_0^L Y_s \frac{d^2}{dx^2} \left[EI \frac{d^2 Y_r}{dx^2} \right] dx = \left\{ Y_s \frac{d}{dx} \left[EI \frac{d^2 Y_r}{dx^2} \right] \right\} \bigg|_0^L$$

$$- \left[\frac{dY_s}{dx} EI \frac{d^2 Y_r}{dx^2} \right] \bigg|_0^L + \int_0^L EI \frac{d^2 Y_r}{dx^2} \frac{d^2 Y_s}{dx^2} dx$$

$$= -\omega_r^2 M_0 Y_r Y_s \big|_{x=L} + \int_0^L EI \frac{d^2 Y_r}{dx^2} \frac{d^2 Y_s}{dx^2} dx = \omega_r^2 \int_0^L m(x) Y_r(x) Y_s(x) dx$$

$$\therefore \int_0^L EI \frac{d^2Y_r}{dx^2} \frac{d^2Y_s}{dx^2} dx = \omega_r^2 [\int_0^L m(x)Y_r(x)Y_s(x)dx + M_0 Y_r(L)Y_s(L)]$$

$$\int_0^L Y_r \frac{d^2}{dx^2}[EI \frac{d^2Y_s}{dx^2}] dx = \{Y_r \frac{d}{dx}[EI \frac{d^2Y_s}{dx^2}]\}\Big|_0^L$$

$$- [\frac{d^2Y_r}{dx^2} EI \frac{d^2Y_s}{dx^2}]\Big| + \int_0^L EI \frac{d^2Y_r}{dx^2} \frac{d^2Y_s}{dx^2} dx$$

$$= -\omega_s^2 M_0 Y_r(L)Y_s(L) + \int_0^L EI \frac{d^2Y_r}{dx^2} \frac{d^2Y_s}{dx^2} dx = \omega_s^2 \int_0^L m(x)Y_r(x)Y_s(x) dx$$

$$\therefore \int_0^L EI \frac{d^2Y_r}{dx^2} \frac{d^2Y_s}{dx^2} dx = \omega_s^2 [\int_0^L m(x)Y_r(x)Y_s(x)dx + M_0 Y_r(L)Y_s(L)]$$

Subtracting one equation from the other,

$$(\omega_r^2 - \omega_s^2)[\int_0^L m(x)Y_r(x)Y_s(x) dx + M_0 Y_r(L)Y_s(L)] = 0$$

But, $\omega_r^2 \neq \omega_s^2$. $\therefore \int_0^L m(x)Y_r(x)Y_s(x) dx + M_0 Y_r(L)Y_s(L) = 0$

5.11 The eigenvalue problem is defined by the differential equation

$$-\frac{d}{dx}[EA(x) \frac{dU(x)}{dx}] = \omega^2 m(x)U(x) \quad 0 < x < L$$

and the boundary conditions

$$U(0) = 0, \quad EA(L) \frac{dU(x)}{dx}\Big|_{x=L} = -kU(L)$$

Multiplying the differential equation by $U(x)$ and integrating over the domain $0 < x < L$, Rayleigh quotient can be written as

$$R[u(x)] = \omega^2 = \frac{-\int_0^L U(x) \frac{d}{dx}[EA(x) \frac{dU(x)}{dx}] dx}{\int_0^L m(x)U^2(x) dx}$$

Integrating by parts and considering the boundary conditions, the numerator of Rayleigh's quotient takes the form

$$-\int_0^L U(x) \frac{d}{dx}\left[EA(x) \frac{dU(x)}{dx}\right] dx = -U(x) EA(x) \frac{dU(x)}{dx}\Big|_0^L + \int_0^L EA(x)\left[\frac{dU(x)}{dx}\right]^2 dx$$

$$= kU^2(L) + \int_0^L EA(x)\left[\frac{dU(x)}{dx}\right]^2 dx$$

so that

$$R[U(x)] = \omega^2 = \frac{kU^2(L) + \int_0^L EA(x)\left[\frac{dU(x)}{dx}\right]^2 dx}{\int_0^L m(x) U^2(x)\, dx}$$

5.12 The eigenvalue problem is defined by the differential equation

$$\frac{d^2}{dx^2}\left[EI(x) \frac{d^2 Y(x)}{dx^2}\right] = \omega^2 m(x) Y(x) \qquad 0 < x < L$$

and the boundary conditions

$$Y(0) = 0, \quad \frac{dY(x)}{dx}\Big|_{x=0} = 0$$

$$EI(x) \frac{d^2 Y(x)}{dx^2}\Big|_{x=L} = 0, \quad \frac{d}{dx}\left[EI(x) \frac{d^2 Y(x)}{dx^2}\right]\Big|_{x=L} = kY(L)$$

Multiplying the differential equation by $Y(x)$ and integrating over the domain $0 < x < L$, the Rayleigh quotient can be written as

$$R[Y(x)] = \omega^2 = \frac{\int_0^L Y(x) \frac{d^2}{dx^2}\left[EI(x) \frac{d^2 Y(x)}{dx^2}\right]}{\int_0^L m(x) Y^2(x)\, dx}$$

Integrating by parts and considering the boundary conditions, the numerator of Rayleigh's quotient takes the form

$$\int_0^L Y(x) \frac{d^2}{dx^2}[EI(x) \frac{d^2Y(x)}{dx^2}]$$

$$= Y(x) \frac{d}{dx}[EI(x) \frac{d^2Y(x)}{dx^2}]\Big|_0^L - \int_0^L \frac{dY(x)}{dx} \frac{d}{dx}[EI(x) \frac{d^2Y(x)}{dx^2}]\,dx$$

$$= Y(x) \frac{d}{dx}[EI(x) \frac{d^2Y(x)}{dx^2}]\Big|_0^L - \frac{dY(x)}{dx} EI(x) \frac{d^2Y(x)}{dx^2}\Big|_0^L + \int_0^L EI(x) [\frac{d^2Y(x)}{dx^2}]^2\,dx$$

$$= kY^2(L) + \int_0^L EI(x)[\frac{d^2Y(x)}{dx^2}]^2\,dx$$

so that

$$R[Y(x)] = \omega^2 = \frac{kY^2(L) + \int_0^L EI(x)[\frac{d^2Y(x)}{dx^2}]^2\,dx}{\int_0^L m(x)Y^2(x)\,dx}$$

5.13 $\quad \omega^2 = \dfrac{kU^2(L) + \int_0^L EA(\frac{dU}{dx})^2\,dx}{\int_0^L mU^2\,dx}$

Use $U = \sin\frac{\pi x}{2L}$ in conjunction with $EA = 4kL$, $m = $ const, so that

$$\omega_1^2 = \frac{k\sin^2\frac{\pi}{2} + EA\int_0^L (\frac{\pi}{2L})^2 \cos^2\frac{\pi x}{2L}\,dx}{m\int_0^L \sin^2\frac{\pi x}{2L}\,dx} = \frac{k + EA\frac{\pi^2}{4L^2}(\frac{L}{2})}{\frac{1}{2}mL}$$

$$= \frac{EA}{4mL^2}(2 + \pi^2) = 2.9674\frac{EA}{mL^2} \rightarrow \omega_1 = 1.7226\sqrt{\frac{EA}{mL^2}}$$

The value of the lowest natural frequency estimated above is slightly larger than the actual frequency $\omega_1 = 1.7155\sqrt{\frac{EA}{mL^2}}$ obtained in Problem 5.7.

5.14 $\quad \omega^2 = \dfrac{\int_0^L EI(\frac{d^2Y}{dx^2})^2\,dx}{\int_0^L mY^2\,dx + MY^2(L)}$, $M = 0.2mL$

(1) $Y = Cx^2(3L - x)$

$$\omega_1^2 = \frac{\int_0^L EI \cdot 36C^2(L - x)^2 \, dx}{\int_0^L mC^2(3Lx^2 - x^3)^2 \, dx + 0.2mL \cdot 4C^2L^6} = 6.8851 \frac{EI}{mL^4} \rightarrow \omega_1 = 2.6239 \sqrt{\frac{EI}{mL^4}}$$

(2) $Y = 1 - \cos \frac{\pi x}{2L}$

$$\omega_1^2 = \frac{\int_0^L EI\left(\frac{\pi}{2L}\right)^4 \cos^2 \frac{\pi x}{2L} \, dx}{\int_0^L m[1 - \cos \frac{\pi x}{2L}]^2 \, dx + 0.2 \, mL} = \frac{EI\left(\frac{\pi}{2L}\right)^4 \cdot \frac{L}{2}}{mL\{[\frac{3}{2} - \frac{4}{\pi}] + 0.2\}}$$

$$= 7.1329 \frac{EI}{mL^4} \rightarrow \omega_1 = 2.6707 \sqrt{\frac{EI}{mL^4}}$$

Note that the first trial function yields a slightly better estimate.

5.15 $y(x,0) = y_0(x) = Ax(1 - \frac{x}{L})$

The free vibration problem is described by the differential equation

$$-EI \frac{\partial^4 y}{\partial x^4} = m \frac{\partial^2 y}{\partial t^2} \, , \quad 0 < x < L$$

and the boundary conditions

$$y(0,t) = 0 \, , \quad EI \left.\frac{\partial^2 y}{\partial x^2}\right|_{x=0} = 0 \, , \quad y(L,t) = 0 \, , \quad EI \left.\frac{\partial^2 y}{\partial x^2}\right|_{x=L} = 0$$

From Sec. 5.9,

$$\omega_r = (r\pi)^2 \sqrt{\frac{EI}{mL^4}} \, , \quad Y_r(x) = \sqrt{\frac{2}{mL}} \sin \frac{r\pi x}{L} \quad r = 1, 2, \ldots$$

Using Eq. (5.116),

$$y(x,t) = \sum_{r=1}^{\infty} Y_r(x) q_r(t) = \sum_{r=1}^{\infty} \sqrt{\frac{2}{mL}} \sin \frac{r\pi x}{L} q_{r0} \cos \omega_r t$$

where from Eq. (5.119)

$$q_{r0} = \int_0^L m y_0(x) Y_r(x) dx = \int_0^L mAx\left(1 - \frac{x}{L}\right) \sqrt{\frac{2}{mL}} \sin \frac{r\pi x}{L} dx$$

$$= 2A\sqrt{2mL} \frac{L}{(r\pi)^3} (1 - \cos r\pi) = \begin{cases} 0 & r = 0,2,4,6,\ldots \\ 4A\sqrt{2mL} \dfrac{L}{(r\pi)^3} & r = 1,3,5,7,\ldots \end{cases}$$

$$\therefore y(x,t) = \frac{8AL}{\pi^3} \sum_{k=1}^{\infty} \frac{\sin(2k-1)\frac{\pi x}{L} \cos \omega_{2k-1} t}{(2k-1)^3}, \quad \omega_{2k-1} = (2k-1)^2 \pi^2 \sqrt{\frac{EI}{mL^4}}$$

5.16 $\dfrac{\partial}{\partial x}\left[EA \dfrac{\partial u}{\partial x}\right] + f(x,t) = m(x) \dfrac{\partial^2 u}{\partial t^2} \quad 0 < x < L$

Using $u(x,t) = \sum_{r=1}^{\infty} U_r(x) q_r(t)$,

$$\sum_{r=1}^{\infty} \ddot{q}_r(t) m U_r(x) - \sum_{r=1}^{\infty} q_r(t) \frac{d}{dx}\left[EA \frac{dU_r(x)}{dx}\right] = f(x,t)$$

where $U_r(x)$ is normalized according to

$$\int_0^L m U_r(x) U_s(x) dx = \delta_{rs}, \quad -\int_0^L U_s \frac{d}{dx}\left[EA \frac{dU_r}{dx}\right] dx = \omega_r^2 \delta_{rs}$$

Multiplying the equation of motion by $U_s(x)$ and integrating over domain $0 < x < L$, we have

$$\ddot{q}_r(t) + \omega_r^2 q_r = Q_r, \text{ where } Q_r = \int_0^L f(x,t) U_r(x) dx, \quad q_{r0} = 0, \dot{q}_{r0} = 0, \quad r = 1,2,\ldots$$

The solution is

$$q_r(t) = \frac{1}{\omega_r} \int_0^t Q_r(\tau) \sin \omega_r(t - \tau) d\tau$$

Using, $f(x,t) = f_0 \sin 6(EA/mL^2)^{1/2} t$

$$U_r = \sqrt{\frac{2}{mL}} \sin \frac{r\pi x}{L}, \quad \omega_r = r\pi \sqrt{\frac{EA}{mL^2}}, \quad r = 1,2,3,\ldots$$

$$Q_r = \int_0^L f_0 \sin 6 \sqrt{\frac{EA}{mL^2}} t \cdot \sqrt{\frac{2}{mL}} \sin \frac{r\pi x}{L} dx$$

$$= \begin{cases} 0, & r = 0,2,4,6,\ldots \\ \frac{2f_0 L}{r\pi} \sqrt{\frac{2}{mL}} \sin 6 \sqrt{\frac{EA}{mL^2}} t, & r = 1,3,5,\ldots \end{cases}$$

$$q_r(t) = \frac{1}{\omega_r} \int_0^t \frac{2L}{r\pi} f_0 \sqrt{\frac{2}{mL}} \sin 6 \sqrt{\frac{EA}{mL^2}} \tau \sin \omega_r(t - \tau) d\tau$$

$$= \frac{f_0 L}{r\pi \omega_r} \sqrt{\frac{2}{mL}} \left[\frac{12(\frac{EA}{mL^2})^{1/2} \sin \omega_r t - 2\omega_r \sin 6(\frac{EA}{mL^2})^{1/2} t}{36 \frac{EA}{mL^2} - \omega_r^2} \right], \quad r = 1,3,5,\ldots$$

$$\therefore u(x,t) = \sum_{k=1}^{\infty} U_{2k-1}(x) q_{2k-1}(t) = \frac{4f_0}{m\pi^2} \sqrt{\frac{mL^2}{EA}} \sum_{k=1}^{\infty} \left(\frac{1}{2k-1}\right)^2 \sin(2k-1)\frac{\pi x}{L}$$

$$\cdot \frac{6(\frac{EA}{mL^2})^{1/2} \sin \omega_r t - (2k-1)\pi(\frac{EA}{mL^2})^{1/2} \sin 6(\frac{EA}{mL^2})^{1/2} t}{36 \frac{EA}{mL^2} - (2k-1)^2 \pi^2 \frac{EA}{mL^2}}$$

$$= \frac{4f_0 L^2}{\pi^2 EA} \sum_{k=1}^{\infty} \left(\frac{1}{2k-1}\right)^2 \sin(2k-1)\frac{\pi x}{L}$$

$$\cdot \frac{6 \sin(2k-1)\pi(\frac{EA}{mL^2})^{1/2} t - (2k-1)\pi \sin 6(\frac{EA}{mL^2})^{1/2} t}{36 - (2k-1)^2 \pi^2}$$

Because the external excitation is uniform, only modes that are symmetric with respect to $x = \frac{L}{2}$ are excited.

5.17 The excitation is $f(x,t) = \hat{F}_0 \delta(t) \delta(x - \frac{L}{4})$.

From Sec. 5.9,

$$Q_r(t) = \int_0^L \hat{F}\delta(t)\delta(x - \frac{L}{4})Y_r(x)dx = \hat{F}_0\delta(t)\int_0^L \delta(x - \frac{L}{4})\sqrt{\frac{2}{mL}} \sin \frac{r\pi x}{L} dx$$

$$= \hat{F}_0\delta(t) \sqrt{\frac{2}{mL}} \sin \frac{r\pi}{4}$$

$$q_r(t) = \frac{\hat{F}_0}{\omega_r} \sqrt{\frac{2}{mL}} \sin \frac{r\pi}{4} \sin \omega_r t \, u(t), \quad \omega_r = (r\pi)^2 \sqrt{\frac{EI}{mL^4}}, \quad r = 1,2,3,\ldots$$

$$y(x,t) = \sum_{r=1,3,\ldots}^{\infty} Y_r(x)q_r(t)$$

$$= [\frac{2\hat{F}_0}{mL\pi^2} \sqrt{\frac{mL^4}{EI}} \sum_{r=1,3,\ldots}^{\infty} \frac{1}{r^2} \sin \frac{r\pi}{4} \sin \frac{r\pi x}{L} \sin (r\pi)^2 \sqrt{\frac{EI}{mL^4}} t]u(t)$$

5.18 The excitation is $f(x,t) = F_0 u(t)\delta(x)$.

$$\frac{\partial}{\partial x}(EA \frac{\partial u}{\partial x}) + f(x,t) = m \frac{\partial^2 u}{\partial t^2}, \quad 0 < x < L$$

$$EA \frac{\partial u}{\partial x} = 0 \text{ at } x = 0 \text{ and } x = L$$

$$\omega_0 = 0, \quad U_0 = \sqrt{\frac{1}{mL}}$$

$$\omega_r = r\pi \sqrt{\frac{EA}{mL^2}}, \quad U_r(x) = \sqrt{\frac{2}{mL}} \cos \frac{r\pi x}{L}, \quad r = 1,2,3,\ldots$$

From Sec. 5.9, if we let $u(x,t) = \sum_{r=0}^{\infty} U_r(x)q_r(t)$, then

$$Q_0(t) = \int_0^L F_0 u(t)\delta(x) \sqrt{\frac{1}{mL}} dx = \sqrt{\frac{1}{mL}} F_0 u(t)$$

$$Q_r(t) = \int_0^L F_0 u(t)\delta(x)\sqrt{\frac{2}{mL}} \cos\frac{r\pi x}{L} dx = \sqrt{\frac{2}{mL}} F_0 u(t), \quad r = 1,2,3,\ldots$$

$$q_0(t) = \frac{1}{2}\sqrt{\frac{1}{mL}} F_0 t^2$$

$$q_r(t) = \frac{1}{\omega_r}\int_0^t \sqrt{\frac{2}{mL}} f_0(\tau) \sin\omega_r(t-\tau)d\tau = \sqrt{\frac{2}{mL}} \frac{F_0}{\omega_r^2}[1-\cos\omega_r t], \quad r = 1,2,\ldots$$

$$\therefore u(x,t) = \sum_{r=0}^{\infty} U_r(x) q_r(t) = \frac{1}{2}\frac{F_0}{mL} t^2$$

$$+ \sum_{r=1}^{\infty} \sqrt{\frac{2}{mL}} \cos\frac{r\pi x}{L} \cdot \sqrt{\frac{2}{mL}} F_0 \frac{1}{\omega_r^2}[1-\cos\omega_r t]$$

$$= \frac{1}{2}\frac{F_0}{mL} t^2 + \frac{2F_0 L}{\pi^2 EA}\sum_{r=1}^{\infty} \frac{1}{r^2} \cos\frac{r\pi x}{L}\left(1 - \cos r\pi\sqrt{\frac{EA}{mL^3}} t\right)$$

But, $\sum_{r=1}^{\infty} \frac{1}{r^2} \cos\frac{r\pi x}{L} = \frac{4\pi^2}{\pi^2-8} \frac{x}{L} - \frac{3\pi^2}{\pi^2-12}\left(\frac{x}{L}\right)^2$

Hence,

$$u(x,t) = \frac{1}{2}\frac{F_0}{mL} t^2 + \frac{2F_0 L}{EA}\left[\frac{4}{\pi^2-8}\frac{x}{L} - \frac{3}{\pi^2-12}\left(\frac{x}{L}\right)^2\right]$$

$$- \frac{2F_0 L}{\pi^2 EA}\sum_{r=1}^{\infty} \frac{1}{r^2} \cos\frac{r\pi x}{L} \cos r\pi\sqrt{\frac{EA}{mL^2}} t$$

5.19

$$dV = \frac{1}{2}\left[\left(P + \frac{\partial P}{\partial x}dx\right)\left(u + \frac{\partial u}{\partial x}dx\right) - Pu\right] \approx \frac{1}{2} P \frac{\partial u}{\partial x} dx$$

But $P = EA\frac{\partial u}{\partial x}$

$$\therefore V = \frac{1}{2}\int_0^L EA\left(\frac{\partial u}{\partial x}\right)^2 dx$$

5.20

$$dV = \frac{1}{2}\left[(M + \frac{\partial M}{\partial x}dx)(\frac{\partial y}{\partial x} + \frac{\partial^2 y}{\partial x^2}dx) - M\frac{\partial y}{\partial x}\right] \approx \frac{1}{2} M \frac{\partial^2 y}{\partial x^2} dx$$

But $M = EI \frac{\partial^2 y}{\partial x^2} dx$

$\therefore \quad V = \frac{1}{2} \int_0^L EI(\frac{\partial^2 y}{\partial x^2})^2 \, dx$

Chapter 6

6.1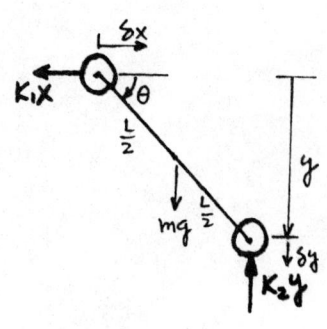

$$\delta W = -k_1 x \delta x - k_2 y \delta y + mg \tfrac{1}{2} \delta y = 0$$

$$x = L(1 - \cos \theta), \quad \delta x = L \sin \theta \delta \theta$$

$$y = L \sin \theta, \quad \delta y = L \cos \theta \delta \theta$$

$$\delta W = [-k_1 L(1 - \cos \theta) L \sin \theta$$

$$- k_2 L \sin \theta \, L \cos \theta + mg \tfrac{L}{2} \cos \theta] \delta \theta = 0$$

The angle θ is the solution of $\frac{mg}{2L} = k_1 \tan \theta + (k_2 - k_1) \sin \theta$

6.2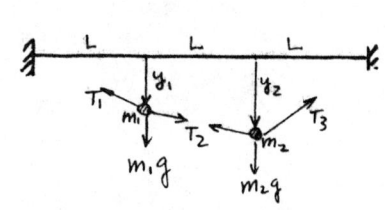

$m_1 = 0.5, \quad m_2 = m$

$$\delta W = (m_1 g - T_1 \frac{y_1}{L} + T_2 \frac{y_2 - y_1}{L}) \delta y_1$$

$$+ (m_2 g - T_3 \frac{y_2}{L} - T_2 \frac{y_2 - y_1}{L}) \delta y_2 = 0$$

For small displacements, $T_1 = T_2 = T_3 = T$, so that

$$(0.5 \, mg - T \frac{y_1}{L} + T \frac{y_2 - y_1}{L}) \delta y_1 + (mg - T \frac{y_2}{L} - T \frac{y_2 - y_1}{L}) \delta y_2 = 0$$

Because y_1 and y_2 are independent,

$$0.5 \, mg - 2 \frac{T}{L} y_1 + \frac{T}{L} y_2 = 0, \quad mg + \frac{T}{L} y_1 - 2 \frac{T}{L} y_2 = 0$$

$$\therefore y_1 = \frac{2}{3} \frac{L}{T} mg, \quad y_2 = \frac{5}{6} \frac{L}{T} mg$$

6.3

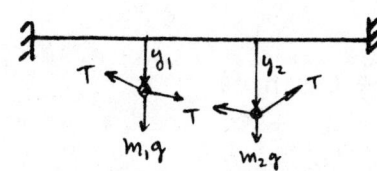

$$(m_1 g - T \frac{y_1}{L} + T \frac{y_2 - y_1}{L} - m_1 \ddot{y}_1) \delta y_1$$

$$(m_2 g - T \frac{y_2}{L} - T \frac{y_2 - y_1}{L} - m_2 \ddot{y}_2) \delta y_2 = 0$$

Because δy_1 and δy_2 are independent,

$$m_1 \ddot{y}_1 + 2T \frac{y_1}{L} - T \frac{y_2}{L} - m_1 g = 0, \quad m_2 \ddot{y}_2 - \frac{T}{L} y_1 + 2 \frac{T}{L} y_2 - m_2 g = 0$$

6.4

Newton's equations of motion are

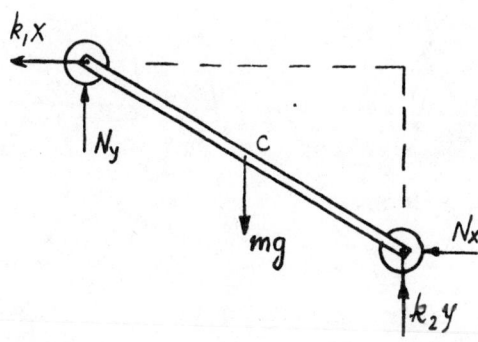

$$\Sigma F_x = -k_1 x - N_x = m \ddot{x}_C$$

$$\Sigma F_y = -k_2 y - N_y + mg = m \ddot{y}_C$$

$$\Sigma M_C = -k_1 x \frac{L}{2} \sin\theta + N_y \frac{L}{2} \cos\theta$$

$$- k_2 y \frac{L}{2} \cos\theta + N_x \frac{L}{2} \sin\theta = I_C \ddot{\theta}$$

where $I_C = \frac{1}{12} mL^2$ is the moment of inertia about the mass center C.

$$x_C = \frac{1}{2} x, \quad \ddot{x}_C = \frac{1}{2} \ddot{x}, \quad y_C = \frac{1}{2} y, \quad \ddot{y}_C = \frac{1}{2} \ddot{y}$$

Rearranging,

$$m \ddot{x} + 2 k_1 x + 2 N_x = 0$$

$$m \ddot{y} + 2 k_2 y + 2 N_y - 2mg = 0$$

$$I_C \ddot{\theta} + \frac{L}{2} (k_1 x \sin\theta + k_2 y \cos\theta - N_x \sin\theta - N_y \cos\theta) = 0$$

From Problem 6.1, we obtain the kinematical relations

$$x = L(1 - \cos\theta), \quad \dot{x} = L\sin\theta\,\dot\theta \to v_{Cx} = \dot{x}_C = \tfrac{1}{2}\dot{x} = \tfrac{1}{2}L\sin\theta\,\dot\theta$$

$$y = L\sin\theta, \quad \dot{y} = L\cos\theta\,\dot\theta \to v_{Cy} = \dot{y}_C = \tfrac{1}{2}\dot{y} = \tfrac{1}{2}L\cos\theta\,\dot\theta$$

The kinetic energy is

$$T = \tfrac{1}{2}I_C\dot\theta^2 + \tfrac{1}{2}m(v_{Cx}^2 + v_{Cy}^2) = \tfrac{1}{2}\left\{\tfrac{1}{12}mL^2\dot\theta^2 + m\left[\left(\tfrac{L\sin\theta}{2}\dot\theta\right)^2 + \left(\tfrac{L\cos\theta}{2}\dot\theta\right)^2\right]\right\}$$

$$= \tfrac{1}{6}mL^2\dot\theta^2$$

The potential energy is

$$V = \tfrac{1}{2}k_1[L(1-\cos\theta)]^2 + \tfrac{1}{2}k_2[L\sin\theta]^2 - mg\tfrac{L}{2}\sin\theta$$

$$\frac{\partial T}{\partial\dot\theta} = \tfrac{1}{3}mL^2\dot\theta^2, \quad \frac{\partial T}{\partial\theta} = 0,$$

$$\frac{\partial V}{\partial\theta} = k_1 L^2(1-\cos\theta)\sin\theta + k_2 L^2 \sin\theta\cos\theta - \tfrac{1}{2}mgL\cos\theta$$

$$\frac{d}{dt}\left(\frac{\partial T}{\partial\dot\theta}\right) - \frac{\partial T}{\partial\theta} + \frac{\partial V}{\partial\theta} = 0 \to \tfrac{1}{3}mL^2\ddot\theta + k_1 L^2(1-\cos\theta)\sin\theta + k_2 L^2\sin\theta\cos\theta$$

$$- \tfrac{1}{2}mgL\cos = 0$$

There are three Newton's equations of motion in terms of the rectangular coordinates x and y and the angle θ, and the reaction forces N_x and N_y appear in the equations. Hence the equations of motion contain 5 unknowns x, y, θ, N_x and N_y. Together with the two kinematical relations $x = L(1 - \cos\theta)$, $y = L\sin\theta$, we have a set of 5 equations and 5 unknowns. On the other hand, there is only one Lagrange equation in terms of the generalized coordinate θ. Constant forces are excluded automatically.

To reduce Newton's equations of motion to the single Lagrange's equation of motion, we consider first

$$\ddot{x} = L\cos\theta\dot{\theta}^2 + L\sin\theta\ddot{\theta}, \quad \ddot{y} = -L\sin\theta\dot{\theta}^2 + L\cos\theta\ddot{\theta}$$

Then, Newton's force equations yield

$$N_x = -\frac{1}{2}mL(\cos\theta\dot{\theta}^2 + \sin\theta\ddot{\theta}) - k_1 L(1 - \cos\theta)$$

$$N_y = -\frac{1}{2}mL(-\sin\theta\dot{\theta}^2 + \cos\theta\ddot{\theta}) - k_2 L\sin\theta + mg$$

which can be substituted into the moment equation to obtain

$$\frac{1}{12}mL^2\ddot{\theta} + \frac{L^2}{2}[k_1(1-\cos\theta)\sin\theta + k_2\sin\theta\cos\theta]$$

$$+ \frac{L}{2}[\frac{1}{2}mL(\cos\theta\dot{\theta}^2 + \sin\theta\ddot{\theta})\sin\theta + k_1 L(1-\cos\theta)\sin\theta$$

$$+ \frac{1}{2}mL(-\sin\theta\dot{\theta}^2 + \cos\theta\ddot{\theta})\cos\theta + k_2 L\sin\theta\cos\theta - mg\cos\theta] = 0$$

Rearranging,

$$\frac{1}{3}mL^2\ddot{\theta} + k_1 L^2(1-\cos\theta)\sin\theta + k_2 L^2 \sin\theta\cos\theta - \frac{1}{2}mgL\cos\theta = 0$$

which is identical to Lagrange's equation.

6.5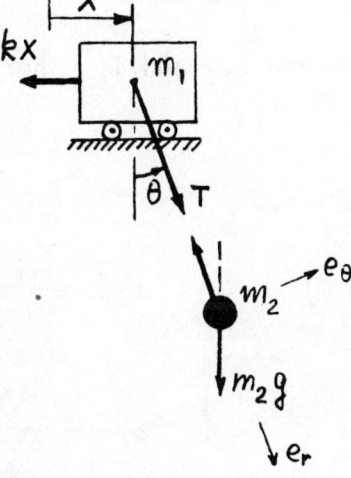

From Problem 4.5, Newton's equation of motion are

$$\Sigma F_{x1} = -kx + T\sin\theta = m_1\ddot{x}$$

$$\Sigma F_{x2} = -T\sin\theta = m_2(\ddot{x} + L\ddot{\theta}\cos\theta - L\dot{\theta}^2\sin\theta)$$

$$\Sigma F_{y2} = T\cos\theta - m_2 g = m_2(L\ddot{\theta}\sin\theta + L\dot{\theta}^2\cos\theta)$$

The kinetic energy is

$$T = \frac{1}{2} m_1 \dot{x}^2 + \frac{1}{2} m_2 [(\dot{x} \cos \theta + L\dot{\theta})^2 + (\dot{x} \sin \theta)^2]$$

$$= \frac{1}{2} m_1 \dot{x}^2 + \frac{1}{2} m_2 (\dot{x}^2 + L^2 \dot{\theta}^2 + 2L\dot{x}\dot{\theta} \cos \theta)$$

The potential energy is

$$V = \frac{1}{2} kx^2 + m_2 g L (1 - \cos \theta)$$

$$\frac{\partial T}{\partial \dot{x}} = (m_1 + m_2)\dot{x} + m_2 L \dot{\theta} \cos \theta, \quad \frac{d}{dt}\left(\frac{\partial T}{\partial \dot{x}}\right) = (m_1 + m_2)\ddot{x} + m_2 L (\ddot{\theta} \cos \theta - \dot{\theta}^2 \sin \theta)$$

$$\frac{\partial T}{\partial x} = 0, \quad \frac{\partial V}{\partial x} = kx$$

$$\frac{\partial T}{\partial \dot{\theta}} = m_2 (L^2 \dot{\theta} + L\dot{x} \cos \theta), \quad \frac{d}{dt}\left(\frac{\partial T}{\partial \dot{\theta}}\right) = m_2 (L^2 \ddot{\theta} + L\ddot{x} \cos \theta - L\dot{x}\dot{\theta} \sin \theta)$$

$$\frac{\partial T}{\partial \theta} = - m_2 L \dot{x}\dot{\theta} \sin \theta, \quad \frac{\partial V}{\partial \theta} = m_2 g L \sin \theta$$

$$\frac{d}{dt}\left(\frac{\partial T}{\partial \dot{x}}\right) - \frac{\partial T}{\partial x} + \frac{\partial V}{\partial x} = 0 \rightarrow (m_1 + m_2)\ddot{x} + m_2 L (\ddot{\theta} \cos \theta - \dot{\theta}^2 \sin \theta) + kx = 0$$

$$\frac{d}{dt}\left(\frac{\partial T}{\partial \dot{\theta}}\right) - \frac{\partial T}{\partial \theta} + \frac{\partial V}{\partial \theta} = 0 \rightarrow m_2 L (\cos \theta \ddot{x} + L\ddot{\theta} - g \sin \theta) = 0$$

There are three Newton's equations. The unknowns are x, θ and T. There are only two Lagrange's equations in the unknowns x and θ.

Eliminating T, from Newton's equations,

$$(m_1 + m_2)\ddot{x} + m_2 L (\ddot{\theta} \cos \theta - \dot{\theta}^2 \sin \theta) + kx = 0$$

$$m_2 (\cos \theta \ddot{x} + L\ddot{\theta} + g \sin \theta) = 0$$

which are the same as Lagrange's equations.

6.6   From Problem 4.6, Newton's equations of motion are

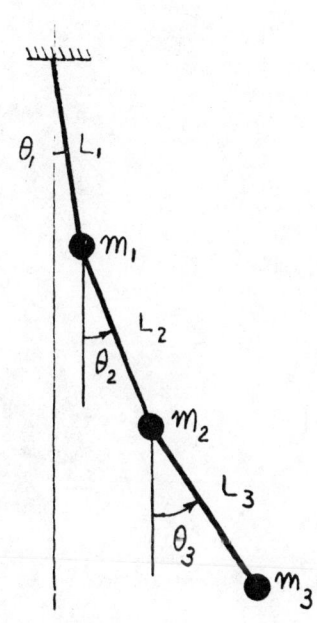

$$(m_1 + m_2 + m_3)(L_1 \ddot{\theta}_1 + g \sin \theta_1)$$
$$+ (m_2 + m_3)L_2[\ddot{\theta}_2 \cos(\theta_2 - \theta_1) - \dot{\theta}_2^2 \sin(\theta_2 - \theta_1)]$$
$$+ m_3 L_3[\ddot{\theta}_3 \cos(\theta_3 - \theta_1) - \dot{\theta}_3^2 \sin(\theta_3 - \theta_1)] = 0$$

$$(m_2 + m_3)[L_2 \ddot{\theta}_2 + L_1 \ddot{\theta}_1 \cos(\theta_2 - \theta_1)$$
$$+ L_1 \dot{\theta}_1^2 \sin(\theta_2 - \theta_1) + g \sin \theta_2]$$
$$+ m_3 L_3[\ddot{\theta}_3 \cos(\theta_3 - \theta_2) - \dot{\theta}_3^2 \sin(\theta_3 - \theta_2)] = 0$$

$$m_3[L_3 \ddot{\theta}_3 + L_2 \ddot{\theta}_2 \cos(\theta_3 - \theta_2) + L_1 \ddot{\theta}_1 \cos(\theta_3 - \theta_1)$$
$$+ L_2 \dot{\theta}_2^2 \sin(\theta_3 - \theta_2)$$
$$+ L_1 \dot{\theta}_1^2 \sin(\theta_3 - \theta_1) + g \sin \theta_3] = 0$$

The velocity vectors are

$$\underline{v}_1 = L_1 \dot{\theta}_1 \cos \theta_1 \underline{i} + L_1 \dot{\theta}_1 \sin \theta_1 \underline{j}$$

$$\underline{v}_2 = (L_1 \dot{\theta}_1 \cos \theta_1 + L_2 \dot{\theta}_2 \cos \theta_2)\underline{i} + (L_1 \dot{\theta}_1 \sin \theta_1 + L_2 \dot{\theta}_2 \sin \theta_2)\underline{j}$$

$$\underset{\sim}{v}_3 = (L_1\dot{\theta}_1 \cos\theta_1 + L_2\dot{\theta}_2 \cos\theta_2 + L_3\dot{\theta}_3 \cos\theta_3)\underset{\sim}{i}$$

$$+ (L_1\dot{\theta}_1 \sin\theta_1 + L_2\dot{\theta}_2 \sin\theta_2 + L_3\dot{\theta}_3 \sin\theta_2)\underset{\sim}{j}$$

The kinetic energy is

$$T = \tfrac{1}{2} m_1 v_1^2 + \tfrac{1}{2} m_2 v_2^2 + \tfrac{1}{2} m_3 v_3^2 = \tfrac{1}{2} m_1 L_1^2 \dot{\theta}_1^2$$

$$+ \tfrac{1}{2} m_2 [L_1^2 \dot{\theta}_1^2 + L_2^2 \dot{\theta}_2^2 + 2L_1 L_2 \dot{\theta}_1 \dot{\theta}_2 \cos(\theta_2 - \theta_1)]$$

$$+ \tfrac{1}{2} m_3 [L_1^2 \dot{\theta}_1^2 + L_2^2 \dot{\theta}_2^2 + L_3^2 \dot{\theta}_3^2 + 2L_1 L_2 \dot{\theta}_1 \dot{\theta}_2 \cos(\theta_2 - \theta_1)$$

$$+ 2L_2 L_3 \dot{\theta}_2 \dot{\theta}_3 \cos(\theta_3 - \theta_2) + 2L_1 L_3 \dot{\theta}_1 \dot{\theta}_3 \cos(\theta_3 - \theta_1)]$$

$$= \tfrac{1}{2}(m_1 + m_2 + m_3) L_1^2 \dot{\theta}_1^2 + \tfrac{1}{2}(m_2 + m_3) L_2^2 \dot{\theta}_2^2 + \tfrac{1}{2} m_3 L_3^2 \dot{\theta}_3^2$$

$$+ (m_2 + m_3) L_1 L_2 \dot{\theta}_1 \dot{\theta}_2 \cos(\theta_2 - \theta_1)$$

$$+ m_3 [L_2 L_3 \dot{\theta}_2 \dot{\theta}_3 \cos(\theta_3 - \theta_2) + L_1 L_3 \dot{\theta}_1 \dot{\theta}_3 \cos(\theta_3 - \theta_1)]$$

The potential energy is

$$V = m_1 g L_1 (1 - \cos\theta_1) + m_2 g [L_1(1 - \cos\theta_1) + L_2(1 - \cos\theta_2)]$$

$$+ m_3 g [L_1(1 - \cos\theta_1) + L_2(1 - \cos\theta_2) + L_3(1 - \cos\theta_3)]$$

$$= (m_1 + m_2 + m_3) g L_1 (1 - \cos\theta_1) + (m_2 + m_3) g L_2 (1 - \cos\theta_2)$$

$$+ m_3 g L_3 (1 - \cos \theta_3)$$

$$\frac{\partial T}{\partial \dot{\theta}_1} = (m_1 + m_2 + m_3) L_1^2 \dot{\theta}_1 + (m_2 + m_3) L_1 L_2 \dot{\theta}_2 \cos(\theta_2 - \theta_1)$$

$$+ m_3 L_1 L_3 \dot{\theta}_3 \cos(\theta_3 - \theta_1)$$

$$\frac{d}{dt}\left(\frac{\partial T}{\partial \dot{\theta}_1}\right) = (m_1 + m_2 + m_3) L_1^2 \ddot{\theta}_1 + (m_2 + m_3) L_1 L_2 \ddot{\theta}_2 \cos(\theta_2 - \theta_1)$$

$$- (m_2 + m_3) L_1 L_2 \dot{\theta}_2 \sin(\theta_2 - \theta_1)(\dot{\theta}_2 - \dot{\theta}_1)$$

$$m_3 L_1 L_3 \ddot{\theta}_3 \cos(\theta_3 - \theta_1) - m_3 L_1 L_3 \dot{\theta}_3 \sin(\theta_3 - \theta_1)(\dot{\theta}_3 - \dot{\theta}_1)$$

$$\frac{\partial T}{\partial \theta_1} = (m_2 + m_3) L_1 L_2 \dot{\theta}_1 \dot{\theta}_2 \sin(\theta_2 - \theta_1) + m_3 L_1 L_3 \dot{\theta}_1 \dot{\theta}_3 \sin(\theta_3 - \theta_1)$$

$$\frac{\partial V}{\partial \theta_1} = (m_1 + m_2 + m_3) g L_1 \sin \theta_1$$

$$\frac{\partial T}{\partial \dot{\theta}_2} = (m_2 + m_3) L_2^2 \dot{\theta}_2 + (m_2 + m_3) L_1 L_2 \dot{\theta}_1 \cos(\theta_2 - \theta_1) + m_3 L_2 L_3 \cos(\theta_3 - \theta_2)$$

$$\frac{d}{dt}\left(\frac{\partial T}{\partial \dot{\theta}_2}\right) = (m_2 + m_3) L_2^2 \ddot{\theta}_2 + (m_2 + m_3) L_1 L_2 \ddot{\theta}_1 \cos(\theta_2 - \theta_1)$$

$$- (m_2 + m_3) L_1 L_2 \dot{\theta}_1 \sin(\theta_2 - \theta_1)(\dot{\theta}_2 - \dot{\theta}_1)$$

$$+ m_3 L_2 L_3 \ddot{\theta}_3 \cos(\theta_3 - \theta_2) - m_3 L_2 L_3 \dot{\theta}_3 \sin(\theta_3 - \theta_2)(\dot{\theta}_3 - \dot{\theta}_2)$$

$$\frac{\partial T}{\partial \theta_2} = -(m_2 + m_3) L_1 L_2 \dot{\theta}_1 \dot{\theta}_2 \sin(\theta_2 - \theta_1) + m_3 L_2 \dot{\theta}_2 L_3 \dot{\theta}_2 \dot{\theta}_3 \sin(\theta_3 - \theta_2)$$

$$\frac{\partial V}{\partial \theta_2} = (m_2 + m_3) g L_2 \sin \theta_2$$

$$\frac{\partial T}{\partial \dot{\theta}_3} = m_3 L_3^2 \dot{\theta}_3 + m_3 L_2 L_3 \dot{\theta}_2 \cos(\theta_3 - \theta_2) + m_3 L_1 L_3 \dot{\theta}_1 \cos(\theta_3 - \theta_1)$$

$$\frac{d}{dt}\left(\frac{\partial T}{\partial \dot{\theta}_3}\right) = m_3 L_3^2 \ddot{\theta}_3 + m_3 L_2 L_3 \ddot{\theta}_2 \cos(\theta_3 - \theta_2) - m_3 L_2 L_3 \dot{\theta}_2 \sin(\theta_3 - \theta_2)(\dot{\theta}_3 - \dot{\theta}_2)$$

$$+ m_3 L_1 L_3 \ddot{\theta}_1 \cos(\theta_3 - \theta_1) - m_3 L_1 L_3 \dot{\theta}_1 \sin(\theta_3 - \theta_1)(\dot{\theta}_3 - \dot{\theta}_1)$$

$$\frac{\partial T}{\partial \theta_3} = - m_3 L_2 L_3 \dot{\theta}_2 \dot{\theta}_3 \sin(\theta_3 - \theta_2) - m_3 L_1 L_3 \dot{\theta}_1 \dot{\theta}_3 \sin(\theta_3 - \theta_1)$$

$$\frac{\partial V}{\partial \theta_3} = m_3 g L_3 \sin \theta_3$$

$$\frac{d}{dt}\left(\frac{\partial T}{\partial \dot{\theta}_1}\right) - \frac{\partial T}{\partial \theta_1} + \frac{\partial V}{\partial \theta_1} = 0$$

$$\therefore (m_1 + m_2 + m_3)(L_1 \ddot{\theta}_1 + g\sin \theta_1) + (m_2 + m_3)L_2[\ddot{\theta}_2 \cos(\theta_2 - \theta_1)$$

$$- \dot{\theta}_2^2 \sin(\theta_2 - \theta_1)] + m_3 L_3[\ddot{\theta}_3 \cos(\theta_3 - \theta_1) - \dot{\theta}_3 \sin(\theta_3 - \theta_1)] = 0$$

$$\frac{d}{dt}\left(\frac{\partial T}{\partial \dot{\theta}_2}\right) - \frac{\partial T}{\partial \theta_2} + \frac{\partial V}{\partial \theta_2} = 0$$

$$\therefore (m_2 + m_3)[L_2 \ddot{\theta} + L_1 \ddot{\theta}_1 \cos(\theta_2 - \theta_1) + L_1 \dot{\theta}_1^2 \sin(\theta_2 - \theta_1)$$

$$+ g \sin \theta_2] + m_3 L_3[\ddot{\theta}_3 \cos(\theta_3 - \theta_2) - \dot{\theta}_3 \sin(\theta_3 - \theta_2)] = 0$$

$$\frac{d}{dt}\left(\frac{\partial T}{\partial \dot{\theta}_3}\right) - \frac{\partial T}{\partial \theta_3} + \frac{\partial V}{\partial \theta_3} = 0$$

$$\therefore m_3[L_3 \ddot{\theta}_3 + L_2 \ddot{\theta}_2 \cos(\theta_3 - \theta_2) + L_1 \ddot{\theta}_1 \cos(\theta_3 - \theta_1)$$

$$+ L_2\dot{\theta}_2^2 \sin(\theta_3 - \theta_2) + L_1\dot{\theta}_1^2 \sin(\theta_3 - \theta_1) + g \sin \theta_3] = 0$$

6.7 The equilibrium position is obtained from

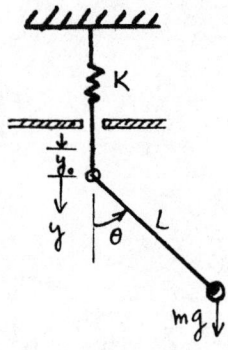

$$\delta W = mg \cdot \delta[y_0 + L \cos \theta) - kY_0 \delta y_0$$

$$= (mg - ky_0)\delta y_0 - mgL \sin \theta \delta \theta = 0$$

$$\therefore y_0 = \frac{mg}{k}, \quad \theta = 0°$$

$$T = \frac{1}{2} m\{[\frac{d}{dt}(L \sin \theta)]^2 + [\frac{d}{dt}(y + y_0 + L \cos \theta)]^2\}$$

$$= \frac{1}{2} m(\dot{y}^2 + L^2\dot{\theta}^2 - 2L\dot{y}\dot{\theta} \sin \theta)$$

$$V = \frac{1}{2} k(y + y_0)^2 - mg(y + y_0 + L \cos \theta)$$

$$\frac{\partial T}{\partial \dot{\theta}} = m(L^2\dot{\theta} - L\dot{y} \sin \theta), \quad \frac{\partial T}{\partial \theta} = -mL\dot{y}\dot{\theta} \cos \theta, \quad \frac{\partial V}{\partial \theta} = mgL \sin \theta$$

$$\frac{\partial T}{\partial \dot{y}} = m(\dot{y} - L\dot{\theta} \sin \theta), \quad \frac{\partial T}{\partial y} = 0, \quad \frac{\partial V}{\partial y} = k(y + y_0) - mg = ky$$

$$\frac{d}{dt}(\frac{\partial T}{\partial \dot{\theta}}) - \frac{\partial T}{\partial \theta} + \frac{\partial V}{\partial \theta} = 0 \rightarrow \frac{d}{dt}[m(L^2\dot{\theta} - L\dot{y} \sin \theta)] + mL\dot{y}\dot{\theta} \cos \theta + mgL \sin \theta = 0$$

$$\frac{d}{dt}(\frac{\partial T}{\partial \dot{y}}) - \frac{\partial T}{\partial y} + \frac{\partial V}{\partial y} = 0 \rightarrow \frac{d}{dt}[m(\dot{y} - L\dot{\theta} \sin \theta)] + ky = 0$$

$$\therefore m(L^2\ddot{\theta} - L\ddot{y} \sin \theta) + mgL \sin \theta = 0$$

$$m(\ddot{y} - L\ddot{\theta} \sin \theta - L\dot{\theta}^2 \cos \theta) + ky = 0$$

6.8

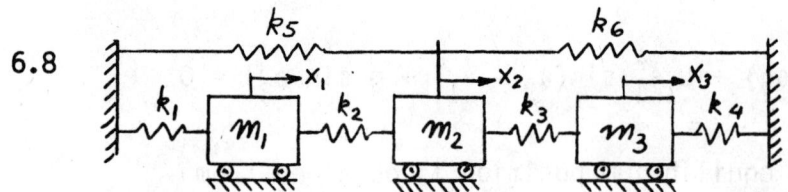

The kinetic energy is

$$T = \frac{1}{2} m_1 \dot{x}_1^2 + \frac{1}{2} m_2 \dot{x}_2^2 + \frac{1}{2} m_3 \dot{x}_3^2$$

The potential energy is

$$V = \frac{1}{2} k_1 x_1^2 + \frac{1}{2} k_2 (x_2 - x_1)^2 + \frac{1}{2} k_3 (x_3 - x_2)^2 + \frac{1}{2} k_4 x_3^2 + \frac{1}{2} (k_5 + k_6) x_2^2$$

$$\frac{\partial T}{\partial \dot{x}_1} = m_1 \dot{x}_1, \quad \frac{d}{dt}\left(\frac{\partial T}{\partial \dot{x}_1}\right) = m_1 \ddot{x}_1, \quad \frac{\partial T}{\partial x_1} = 0$$

$$\frac{\partial V}{\partial x_1} = k_1 x_1 - k_2 (x_2 - x_1)$$

$$\frac{\partial T}{\partial \dot{x}_2} = m_2 \dot{x}_2, \quad \frac{d}{dt}\left(\frac{\partial T}{\partial \dot{x}_2}\right) = m_2 \ddot{x}_2, \quad \frac{\partial T}{\partial x_2} = 0$$

$$\frac{\partial V}{\partial x_2} = k_2 (x_2 - x_1) - k_3 (x_3 - x_2) + (k_5 + k_6) x_2$$

$$\frac{\partial T}{\partial \dot{x}_3} = m_3 \dot{x}_3, \quad \frac{d}{dt}\left(\frac{\partial T}{\partial \dot{x}_3}\right) = m_3 \ddot{x}_3, \quad \frac{\partial T}{\partial x_3} = 0$$

$$\frac{\partial V}{\partial x_3} = k_3 (x_3 - x_2) + k_4 x_3$$

$$\frac{d}{dt}\left(\frac{\partial T}{\partial \dot{x}_1}\right) - \frac{\partial T}{\partial x_1} + \frac{\partial V}{\partial x_1} = 0 \rightarrow m_1 \ddot{x}_1 + (k_1 + k_2) x_1 - k_2 x_2 = 0$$

$$\frac{d}{dt}\left(\frac{\partial T}{\partial \dot{x}_2}\right) - \frac{\partial T}{\partial x_2} + \frac{\partial V}{\partial x_2} = 0 \rightarrow m_2 \ddot{x}_2 - k_2 x_1 + (k_2 + k_3 + k_5 + k_6) x_2 - k_3 x_3 = 0$$

$$\frac{d}{dt}\left(\frac{\partial T}{\partial \dot{x}_3}\right) - \frac{\partial T}{\partial x_3} + \frac{\partial V}{\partial x_3} = 0 \rightarrow m_3 \ddot{x}_3 - k_3 x_2 + (k_3 + k_4) x_3 = 0$$

6.9 $y_1, y_2 \ll L$

$$T = \tfrac{1}{2} m_1 \dot{y}_1^2 + \tfrac{1}{2} m_2 \dot{y}_2^2$$

$$V = T(\sqrt{L^2 + y_1^2} - L) + T(\sqrt{L^2 + (y_2 - y_1)^2} - L)$$

$$+ T(\sqrt{L^2 + y_2^2} - L) - (m_1 y_1 + m_2 y_2) g$$

$$= TL\{(1 + \tfrac{1}{2}(\tfrac{y_1}{L})^2 + \ldots - 1) + (1 + \tfrac{1}{2}(\tfrac{y_2 - y_1}{L})^2 + \ldots - 1)$$

$$+ (1 + \tfrac{1}{2}(\tfrac{y_2}{L})^2 + \ldots - 1)\} - (m_1 y_1 + m_2 y_2) g$$

$$\approx \tfrac{1}{2} \tfrac{T}{L} y_1^2 + \tfrac{1}{2} \tfrac{T}{L} (y_2 - y_1)^2 + \tfrac{1}{2} \tfrac{T}{L} y_2^2 - m_1 y_1 g - m_2 y_2 g$$

$$\frac{\partial T}{\partial \dot{y}_1} = m_1 \dot{y}_1, \quad \frac{\partial T}{\partial y_1} = 0, \quad \frac{\partial V}{\partial y_1} = \tfrac{T}{L} y_1 - \tfrac{T}{L}(y_2 - y_1) - m_1 g$$

$$\frac{\partial T}{\partial \dot{y}_2} = m_2 \dot{y}_2, \quad \frac{\partial T}{\partial y_2} = 0, \quad \frac{\partial V}{\partial y_2} = \tfrac{T}{L}(y_2 - y_1) + \tfrac{T}{L} y_2 - m_2 g$$

$$\therefore \; m_1 \ddot{y}_1 + 2 \tfrac{T}{L} y_1 - \tfrac{T}{L} y_2 = m_1 g, \; m_2 \ddot{y}_2 - \tfrac{T}{L} y_1 + 2 \tfrac{T}{L} y_2 = m_2 g$$

6.10 The kinetic energy is

$$T = \tfrac{1}{2} \sum_{i=1}^{n} m_i \dot{y}_i^2$$

The potential energy is

$$V = \tfrac{1}{2} \sum_{i=1}^{n} k_i (y_i - y_{i-1})^2, \text{ where } y_0 = 0 \text{ and } k_{n+1} = 0$$

$$\frac{\partial T}{\partial \dot{y}_i} = m_i \dot{y}_i \ , \ \frac{d}{dt}\left(\frac{\partial T}{\partial \dot{y}_i}\right) = m_i \ddot{y}_i, \ \frac{\partial T}{\partial y_i} = 0$$

$$\frac{\partial V}{\partial y_i} = k_i(y_i - y_{i-1}) - k_{i+1}(y_{i+1} - y_i)$$

$$\frac{d}{dt}\left(\frac{\partial T}{\partial \dot{y}_i}\right) - \frac{\partial T}{\partial y_i} + \frac{\partial V}{\partial y_i} = 0 \rightarrow m_i \ddot{y}_i + k_i(y_i - y_{i-1}) - k_{i+1}(y_{i+1} - y_i) = 0$$

$$i = 1, 2, \ldots, n$$

Letting $i = 1, 2, \ldots, n-1, n$,

$$m_1 \ddot{y}_1 + (k_1 + k_2)y_1 - k_2 y_2 = 0$$

$$m_2 \ddot{y}_2 - k_2 y_1 + (k_2 + k_3)y_2 - k_3 y_3 = 0$$

- -

$$m_{n-1} \ddot{y}_{n-1} - k_{n-1} y_{n-2} + (k_{n-1} + k_n)y_{n-1} - k_n y_n = 0$$

$$m_n \ddot{y}_n - k_n y_{n-1} + k_n y_n = 0$$

Chapter 7

7.1 $Y = 1 - (\frac{x}{L})^2 = 1 - \xi^2$, $\xi = \frac{x}{L}$

$$\omega_1^2 = \frac{\int_0^L T(\frac{dY}{dx})^2 dx}{\int_0^L \rho Y^2 dx} = \frac{\int_0^L \rho g x \frac{4x^2}{L^4} dx}{\int_0^L \rho [1 - (\frac{x}{L})^2]^2 dx} = \frac{4g}{L} \frac{\int_0^1 \xi^3 d\xi}{\int_0^1 (1 - 2\xi^2 + \xi^4) d\xi} = 1.8750 \frac{g}{L}$$

$$\omega_1 = 1.3693 \sqrt{\frac{g}{L}}$$

7.2 $\theta = \frac{x}{L} - \frac{1}{3}(\frac{x}{L})^3 = \xi(1 - \frac{1}{3}\xi^2)$, $\frac{d\theta}{dx} = \frac{1}{L}[1 - (\frac{x}{L})^2] = \frac{1}{L}(1 - \xi^2)$, $\xi = \frac{x}{L}$

$$I = \frac{6}{5} I[1 - \frac{1}{2}(\frac{x}{L})^2] = \frac{6}{5} I(1 - \frac{1}{2}\xi^2), \quad GJ = \frac{6}{5} GJ[1 - \frac{1}{2}(\frac{x}{L})^2] = \frac{6}{5} GJ(1 - \frac{1}{2}\xi^2)$$

$$\omega^2 \frac{\int_0^L GJ(x)(\frac{d\theta}{dx})^2 dx}{\int_0^L I(x)\theta^2(x) dx} = \frac{\int_0^L \frac{6}{5} GJ[1 - \frac{1}{2}(\frac{x}{L})^2]^2 [1 - (\frac{x}{L})]^2 dx}{\int_0^L \frac{6}{5} I[1 - \frac{1}{2}(\frac{x}{L})^2][\frac{x}{L} - \frac{1}{3}(\frac{x}{L})^3]^2 dx}$$

$$= \frac{GJ \int_0^1 (1 - \frac{5}{2}\xi^2 + 2\xi^4 - \frac{1}{2}\xi^6) d\xi}{IL^2 \int_0^1 (\xi^2 - \frac{7}{6}\xi^4 + \frac{4}{9}\xi^6 - \frac{1}{18}\xi^8) d\xi} = \frac{GJ}{IL^2} \frac{1 - \frac{5}{6} + \frac{2}{5} - \frac{1}{14}}{\frac{1}{3} - \frac{7}{30} + \frac{4}{63} - \frac{1}{162}} = 3.14798 \frac{GJ}{IL^2}$$

$$\omega_1 = 1.77425 \sqrt{\frac{GJ}{IL^2}}$$

7.3 $\theta(x) = a_1[\frac{x}{L} - \frac{1}{3}(\frac{x}{L})^3] + a_2[(\frac{x}{L})^3 - \frac{3}{5}(\frac{x}{L})^5] = \xi[a_1(1 - \frac{1}{3}\xi^2) + a_2\xi^2(1 - \frac{3}{5}\xi^2)]$

$$\frac{d\theta(x)}{dx} = \frac{1}{L}\{a_1[1 - (\frac{x}{L})^2] + 3a_2[(\frac{x}{L})^2 - (\frac{x}{L})^4]\} = \frac{1}{L}(1 - \xi^2)(a_1 + 3a_2\xi^2), \quad \xi = \frac{x}{L}$$

$$I(x) = \frac{6}{5} I[1 - \frac{1}{2}(\frac{x}{L})^2] = \frac{6}{5} I(1 - \frac{1}{2}\xi^2), \quad GJ(x) = \frac{6}{5} GJ[1 - \frac{1}{2}(\frac{x}{L})^2] = \frac{6}{5} GJ(1 - \frac{1}{2}\xi^2)$$

$$\omega^2 = \frac{GJ}{IL^2} \frac{\int_0^1 (1 - \frac{1}{2}\xi^2)(1-\xi^2)^2 (a_1^2 + 6a_1 a_2 \xi^2 + 9a_2^2 \xi^4) d\xi}{\int_0^1 (1 - \frac{1}{2}\xi^2)[a_1^2(1 - \frac{1}{3}\xi^2)^2 2a_1 a_2 \xi^2 (1 - \frac{1}{3}\xi^2)(1 - \frac{3}{5}\xi^2) + a_2^2 \xi^4 (1 - \frac{3}{5}\xi^2)^2] d\xi}$$

$$\int_0^1 (1 - \tfrac{1}{2}\xi^2)(1 - \xi^2)^2 d\xi = \int_0^1 (1 - \tfrac{5}{2}\xi^2 + 2\xi^4 - \tfrac{1}{2}\xi^6) d\xi = 1 - \tfrac{5}{6} + \tfrac{2}{5} - \tfrac{1}{14} = \tfrac{104}{210}$$

$$\int_0^1 (1 - \tfrac{1}{2}\xi^2)(1 - \xi^2)^2 \xi^2 d\xi = \int_0^1 (\xi^2 - \tfrac{5}{2}\xi^4 + 2\xi^6 - \tfrac{1}{2}\xi^8) d\xi = \tfrac{1}{3} - \tfrac{1}{2} + \tfrac{2}{7} - \tfrac{1}{18} = \tfrac{4}{63}$$

$$\int_0^1 (1 - \tfrac{1}{2}\xi^2)(1 - \xi^2)^2 \xi^4 d\xi = \int_0^1 (\xi^4 - \tfrac{5}{2}\xi^6 + 2\xi^8 - \tfrac{1}{2}\xi^{10}) d\xi$$

$$= \tfrac{1}{5} - \tfrac{5}{14} + \tfrac{2}{9} - \tfrac{1}{22} = \tfrac{68}{5 \times 7 \times 9 \times 11}$$

$$\int_0^1 (1 - \tfrac{1}{2}\xi^2) \xi^2 (1 - \tfrac{1}{3}\xi^2)^2 d\xi = \int_0^1 (\xi^2 - \tfrac{7}{6}\xi^4 + \tfrac{4}{9}\xi^6 - \tfrac{1}{18}\xi^8) d\xi$$

$$= \tfrac{1}{3} - \tfrac{7}{30} + \tfrac{4}{63} - \tfrac{1}{162} = \tfrac{446}{5 \times 7 \times 9^2}$$

$$\int_0^1 (1 - \tfrac{1}{2}\xi^2) \xi^4 (1 - \tfrac{1}{3}\xi^2)(1 - \tfrac{3}{5}\xi^2) d\xi = \int_0^1 (\xi^4 - \tfrac{43}{30}\xi^6 + \tfrac{2}{3}\xi^8 - \tfrac{1}{10}\xi^{10}) d\xi$$

$$= \tfrac{1}{5} - \tfrac{43}{210} + \tfrac{2}{27} - \tfrac{1}{110} = \tfrac{626}{3 \times 5 \times 7 \times 9 \times 11}$$

$$\int_0^1 (1 - \tfrac{1}{2}\xi^2) \xi^6 (1 - \tfrac{6}{5}\xi^2 + \tfrac{9}{25}\xi^4) d\xi = \int_0^1 (\xi^6 - \tfrac{17}{10}\xi^8 + \tfrac{24}{25}\xi^{10} - \tfrac{9}{50}\xi^{12}) d\xi$$

$$= \tfrac{1}{7} - \tfrac{17}{90} + \tfrac{24}{275} - \tfrac{9}{650} = \tfrac{1234}{5 \times 7 \times 9 \times 11 \times 13}$$

$$\omega^2 = \frac{GJ}{IL^2} \frac{\tfrac{104}{210} a_1^2 + \tfrac{8}{21} a_1 a_2 + \tfrac{68}{5 \times 7 \times 11} a_2^2}{\tfrac{446}{5 \times 7 \times 9^2} a_1^2 + \tfrac{1252}{3 \times 5 \times 7 \times 9 \times 11} a_1 a_2 + \tfrac{1234}{5 \times 7 \times 9 \times 11 \times 13} a_2^2}$$

$$= \frac{GJ}{IL^2} \, 351 \times \frac{286 a_1^2 + 220 a_1 a_2 + 102 a_2^2}{31889 a_1^2 + 24414 a_1 a_2 + 5553 a_2^2}$$

$$\frac{d(\omega^2)}{da_1} = \frac{GJ}{IL^2} \times 351 \cdot$$

$$\frac{(2\times 286a_1+220a_2)(31889a_1^2+24414a_1a_2+5553a_2^2)-(2\times 31889a_1+24414a_2)(286a_1^2+220a_1a_2+102a_2^2)}{(31889a_1^2+24414a_1a_2+5553a_2^2)^2}$$

$$\frac{d(\omega^2)}{da_2} = \frac{GJ}{IL^2} \cdot 351 \cdot$$

$$\frac{(220a_1+2\times 102a_2)(31889a_1^2+24414a_1a_2+5553a_2^2)-(24414a_1+2\times 5553a_2)(286a_1^2+220a_1a_2+102a_2^2)}{(31889a_1^2+24414a_1a_2+5553a_2^2)^2}$$

Setting $\frac{d(\omega^2)}{da_1} = 0$ and $\frac{d(\omega^2)}{da_2} = 0$, we have

$$286a_1 + 110a_2 - (31889a_1 + 12207a_2)\omega^{*2} = 0$$

$$\omega^{*2} = \omega^2 \frac{IL^2}{GJ} \cdot \frac{1}{351}$$

$$110a_1 + 102a_2 - (12207a_1 + 5553a_2)\omega^{*2} = 0$$

For nontrivial solution of a_1 and a_2, we must have

$$\begin{vmatrix} 286 - 31889\omega^{*2} & 110 - 12207\omega^{*2} \\ 110 - 12207\omega^{*2} & 102 - 5553\omega^{*2} \end{vmatrix} = 0$$

$$(31889 \times 5553 - 12207^2)\omega^{*4} - (286 \times 5553 + 102 \times 31889 - 2 \times 110 \times 12207)\omega^{*2}$$
$$+ (286 \times 102 - 110^2) = 0$$

$$\omega^{*4} - 7.67862 \times 10^{-2}\omega^{*2} + 6.08220 \times 10^{-4} = 0$$

$$\begin{matrix}\omega_1^{*2}\\ \omega_2^{*2}\end{matrix} = 3.83931 \times 10^{-2} \mp \sqrt{3.83931^2 \times 10^{-4} - 6.08220 \times 10^{-4}}$$

$$= (3.83931 \mp 2.94247) \times 10^{-2} = \begin{matrix} 0.89684 \times 10^{-2} \\ 6.78178 \times 10^{-2} \end{matrix}$$

$$\omega_1^2 = 351 \times 0.89684 \times 10^{-2} \frac{GJ}{IL^2} = 3.14791 \frac{GJ}{IL^2}, \quad \omega_1 = 1.77423 \sqrt{\frac{GJ}{IL^2}}$$

Then $(110 - 12207 \times 0.89684 \times 10^{-2})a_1 + (102 - 5553 \times 0.89684 \times 10^{-2})a_2 = 0$

Let $a_1 = 1$, so that $a_2 = -0.01001$

7.4
$$\int_0^L m(x)u_r(x)u_s(x)dx = \int_0^L m \sum_{i=1}^n a_{ir}u_i(x) \sum_{j=1}^n a_{js}u_j(x)dx$$

$$= \sum_{i=1}^n \sum_{j=1}^n a_{ir}a_{js} \int_0^L mu_i(x)u_j(x)dx = \sum_{i=1}^n \sum_{j=1}^n a_{ir}m_{ij}a_{js}$$

$$= \{a\}_r^T [m]\{a\}_s = 0 \quad r \neq s$$

7.5

(1) $Y = a_1[1 - (\frac{x}{L})^2] + a_2[1 - (\frac{x}{L})^3] = a_1(1 - \xi^2) + a_2(1 - \xi^3)$, $\xi = \frac{x}{L}$

$$N = 2V_{max} = \int_0^L \rho g x(\frac{dY}{dx})^2 dx = \int_0^1 \rho g \xi(\frac{dY}{d\xi})^2 d\xi = \sum_{i=1}^2 \sum_{j=1}^2 a_i a_j k_{ij},$$

$$k_{ij} = \int_0^1 \rho g \xi \frac{du_i}{d\xi} \frac{du_j}{d\xi} d\xi$$

$$D = 2T^* = \int_0^L \rho Y^2 dx = L \int_0^1 \rho Y^2(\xi)d\xi = L \int_0^1 \rho \sum_{i=1}^2 \sum_{j=1}^2 a_i a_j u_i u_j d\xi$$

$$= \sum_{i=1}^2 \sum_{j=1}^2 a_i a_j m_{ij}, \quad m_{ij} = \rho L \int_0^1 u_i u_j d\xi$$

$$k_{11} = \int_0^1 \rho g \xi(-2\xi)^2 d\xi = 4\rho g \int_0^1 \xi^3 d\xi = \rho g$$

$$k_{12} = k_{21} = \int_0^1 \rho g \xi(-2\xi)(-3\xi^2)d\xi = 6\rho g \int_0^1 \xi^4 d\xi = \frac{6}{5}\rho g$$

$$k_{22} = \int_0^1 \rho g \xi(-3\xi^2)^2 d\xi = 9\rho g \int_0^1 \xi^5 d\xi = \frac{3}{2}\rho g$$

$$m_{11} = \rho L \int_0^1 (1-\xi^2)^2 d\xi = \rho L \int_0^1 (1 - 2\xi^2 + \xi^4)d\xi = \frac{8}{15}\rho L$$

$$m_{12} = m_{21} = \rho L \int_0^1 (1 - \xi^2)(1 - \xi^3)d\xi = \frac{7}{12} \rho L$$

$$m_{22} = \rho L \int_0^1 (1 - \xi^2)^2 d\xi = \frac{9}{14} \rho L$$

$$\begin{bmatrix} 1 & \frac{6}{5} \\ \frac{6}{5} & \frac{3}{2} \end{bmatrix} \begin{Bmatrix} a_1 \\ a_2 \end{Bmatrix} = \omega^2 \frac{L}{g} \begin{bmatrix} \frac{8}{15} & \frac{7}{12} \\ \frac{7}{12} & \frac{9}{14} \end{bmatrix} \begin{Bmatrix} a_1 \\ a_2 \end{Bmatrix}$$

A solution by the power method using matrix deflation yields

$$\omega_1 = 1.24232 \sqrt{\frac{g}{L}} , \quad \omega_2 = 3.88228 \sqrt{\frac{g}{L}}$$

(2) $\quad Y = a_1[1 - (\frac{x}{L})^2] + a_2[1 - (\frac{x}{L})^3] + a_3[1 - (\frac{x}{L})^4]$

$$= a_1(1 - \xi^2) + a_2(1 - \xi^3) + a_3(1 - \xi^4)$$

$$k_{11} = \int_0^1 \rho g \xi (2\xi)^2 d\xi = 4\rho g \int_0^1 \xi^3 d\xi = \rho g$$

$$k_{12} = k_{21} = \int_0^1 \rho g \xi (-2\xi)(-3\xi^2) d\xi = 6\rho g \int_0^1 \xi^4 d\xi = \frac{6}{5} \rho g$$

$$k_{13} = k_{31} = \int_0^1 \rho g \xi (-2\xi)(-4\xi^2) d\xi = 8\rho g \int_0^1 \xi^5 d\xi = \frac{4}{3} \rho g$$

$$k_{22} = \int_0^1 (-3\xi^2)^2 \rho g \xi d\xi = 9\rho g \int_0^1 \xi^5 d\xi = \frac{3}{2} \rho g$$

$$k_{23} = k_{32} = \int_0^1 \rho g \xi (-3\xi^2)(-4\xi^3) d\xi = 12\rho g \int_0^1 \xi^6 d\xi = \frac{12}{7} \rho g$$

$$k_{33} = \int_0^1 \rho g \xi (-4\xi^3)^2 d\xi = 16\rho g \int_0^1 \xi^7 d\xi = 2\rho g$$

$$m_{11} = \rho L \int_0^1 (1 - \xi^2)^2 d\xi = \rho L \int_0^1 (1 - 2\xi^2 + \xi^4) d\xi = \frac{8}{15} \rho L$$

$$m_{12} = m_{21} = \rho L \int_0^1 (1 - \xi^2)(1 - \xi^3)d\xi = \rho L \int_0^1 (1 - \xi^2 - \xi^3 + \xi^5)d\xi = \frac{7}{12} \rho L$$

$$m_{22} = \rho L \int_0^1 (1 - \xi^3)^2 d\xi = \rho L \int_0^1 (1 - 2\xi^3 + \xi^6) d\xi = \frac{9}{14} \rho L$$

$$m_{13} = m_{31} = \rho L \int_0^1 (1 - \xi^2)(1 - \xi^4) d\xi = \rho L \int_0^1 (1 - \xi^2 - \xi^4 + \xi^6) d\xi = \frac{64}{105} \rho L$$

$$m_{23} = m_{32} = \rho L \int_0^1 (1 - \xi^3)(1 - \xi^4) d\xi = \rho L \int_0^1 (1 - \xi^3 - \xi^4 + \xi^7) d\xi = \frac{27}{40} \rho L$$

$$m_{33} = \rho L \int_0^1 (1 - \xi^4)^2 d\xi = \rho L \int_0^1 (1 - 2\xi^4 + \xi^8) d\xi = \frac{32}{45} \rho L$$

The eigenvalue problem is
$$\begin{bmatrix} 1 & \frac{6}{5} & \frac{4}{3} \\ \frac{6}{5} & \frac{3}{2} & \frac{12}{7} \\ \frac{4}{3} & \frac{12}{7} & 2 \end{bmatrix} \begin{Bmatrix} a_1 \\ a_2 \\ a_3 \end{Bmatrix} = \omega^2 \frac{L}{g} \begin{bmatrix} \frac{8}{15} & \frac{7}{12} & \frac{64}{105} \\ \frac{7}{12} & \frac{9}{14} & \frac{27}{40} \\ \frac{64}{105} & \frac{27}{40} & \frac{32}{45} \end{bmatrix} \begin{Bmatrix} a_1 \\ a_2 \\ a_3 \end{Bmatrix}$$

A solution by the power method using matrix deflation yields

$$\omega_1 = 1.21704 \sqrt{\frac{g}{L}}, \quad \omega_2 = 3.09814 \sqrt{\frac{g}{L}}, \quad \omega_3 = 6.95275 \sqrt{\frac{g}{L}}$$

From (1) and (2) we conclude

With each additional admissible function a higher frequency is estimated and the estimates of the lower frequencies are improved.

7.6 $\quad$ EA = const, $\quad m$ = const, $\quad k = \frac{EA}{4L}$

$$u(x) = \sum_{i=1}^{n} a_i \sin(2i - 1)\frac{\pi x}{2L}$$

$$k_{ij} = k u_i(L) u_j(L) + \int_0^L EA \frac{du_i}{dx} \frac{du_j}{dx} dx, \quad m_{ij} = \int_0^L m u_i u_j dx$$

$$\therefore k_{ii} = k[\sin^2(2i - 1)\frac{\pi x}{2L}]_{x=L} + EA(2i - 1)^2 \left(\frac{\pi}{2L}\right)^2 \int_0^L \cos^2(2i - 1)\frac{\pi x}{2L} dx$$

$$= k \sin^2(2i - 1) \frac{\pi}{2} + EA(2i - 1)^2 (\frac{\pi}{2L})^2 \cdot \frac{1}{2} [L + \frac{\sin(2i - 1)\pi}{(2i - 1) \frac{\pi}{L}}]$$

$$k_{ij} = k[\sin(2i - 1) \frac{\pi x}{2L} \sin(2j - 1) \frac{\pi x}{2L}]_{x=L}$$

$$+ EA(2i - 1)(2j - 1)(\frac{\pi}{2L})^2 \int_0^L \cos(2i - 1) \frac{\pi x}{2L} \cos(2j - 1) \frac{\pi x}{2L} dx$$

$$= k \sin(2i - 1) \frac{\pi}{2} \sin(2j - 1) \frac{\pi}{2} + EA(2i - 1)(2j - 1)(\frac{\pi}{2L})^2$$

$$\times \frac{1}{2} [\frac{\sin (2i + 2j - 2) \frac{\pi}{2}}{(2i + 2j - 2) \frac{\pi}{2L}} + \frac{\sin (2i - 2j) \frac{\pi}{2}}{(2i - 2j) \frac{\pi}{2L}}]$$

$$m_{ii} = m \int_0^L \sin^2(2i - 1) \frac{\pi x}{2L} dx = \frac{m}{2} [\frac{\sin(2i - 1) \frac{\pi}{2}}{(2i - 1) \frac{\pi}{2L}}]$$

$$m_{ij} = m \int_0^L \sin(2i - 1) \frac{\pi x}{2L} \sin(2j - 1) \frac{\pi x}{2L} dx$$

$$= \frac{m}{2} [\frac{\sin(2i - 2j) \frac{\pi}{2}}{(2i - 2j) \frac{\pi}{2L}}] - \frac{\sin(2i + 2j - 2) \frac{\pi}{2}}{(2i + 2j - 2) \frac{\pi}{2L}}]$$

n = 1

$[k]\{a\} = \omega^2 [m]\{a\}$ reduces to

$$k[1 + \frac{\pi^2}{2}]a = \omega^2 \frac{mL}{2} a \to \omega_1^2 = \frac{2k}{mL}(1 + \frac{\pi^2}{2}) \quad , \quad \omega_1 = 3.44523 \sqrt{\frac{k}{mL}}$$

n = 2

$$\begin{bmatrix} 1 + \frac{\pi^2}{2} & -1 \\ -1 & 1 + \frac{9\pi^2}{2} \end{bmatrix} \begin{Bmatrix} a_1 \\ a_2 \end{Bmatrix} = \omega^2 \frac{mL}{k} \begin{bmatrix} \frac{1}{2} & 0 \\ 0 & \frac{1}{2} \end{bmatrix} \begin{Bmatrix} a_1 \\ a_2 \end{Bmatrix}$$

Let $\Omega^2 = \omega^2 \frac{mL}{k}$ $\therefore$ $\Omega^4 - (4 + 10\pi^2)\Omega^2 + (20\pi^2 + 9\pi^4) = 0$

$$\begin{matrix}\Omega_1^2 \\ \Omega_2^2\end{matrix} = 2 + 5\pi^2 \mp \sqrt{(2 + 5\pi^2)^2 - (20\pi^2 + 9\pi^4)} = \begin{matrix} 11.81897 \\ 90.87707 \end{matrix}$$

$$\begin{matrix}\omega_1 \\ \omega_2\end{matrix} = \begin{matrix} 3.43788 \sqrt{k/mL} \\ 9.53295 \sqrt{k/mL} \end{matrix} \quad, \quad \begin{Bmatrix} a_{11} \\ a_{21} \end{Bmatrix} = \frac{1}{\sqrt{mL}} \begin{Bmatrix} 1.41376 \\ 0.03578 \end{Bmatrix} ,$$

$$\begin{Bmatrix} a_{12} \\ a_{22} \end{Bmatrix} = \frac{1}{\sqrt{mL}} \begin{Bmatrix} 0.03571 \\ -1.41376 \end{Bmatrix} \quad \text{(normalized)}$$

The eigenfunctions are

$$u_1(x) = \frac{1}{\sqrt{mL}} [1.41376 \sin \frac{\pi x}{2L} + 0.03578 \sin \frac{3\pi x}{2L}]$$

$$u_2(x) = \frac{1}{\sqrt{mL}} [0.03571 \sin \frac{\pi x}{2L} - 1.41376 \sin \frac{3\pi x}{2L}$$

$\underline{n = 3}$

$$\begin{bmatrix} 1 + \frac{\pi^2}{2} & -1 & 1 \\ -1 & 1 + \frac{9}{2}\pi^2 & -1 \\ 1 & -1 & 1 + \frac{25}{2}\pi^2 \end{bmatrix} \begin{Bmatrix} a_1 \\ a_2 \\ a_3 \end{Bmatrix} = \omega^2 \frac{mL}{k} \begin{bmatrix} \frac{1}{2} & 0 & 0 \\ 0 & \frac{1}{2} & 0 \\ 0 & 0 & \frac{1}{2} \end{bmatrix} \begin{Bmatrix} a_1 \\ a_2 \\ a_3 \end{Bmatrix}$$

A solution by the power method using matrix deflation yields

$$\omega_1 = 3.43554 \sqrt{\frac{k}{mL}} \qquad \omega_2 = 9.53156 \sqrt{\frac{k}{mL}} \qquad \omega_3 = 15.77285 \sqrt{\frac{k}{mL}}$$

$$\begin{Bmatrix} a_1 \\ a_2 \\ a_3 \end{Bmatrix}_1 = \frac{1}{\sqrt{mL}} \begin{Bmatrix} 1.41372 \\ 0.03548 \\ -0.01163 \end{Bmatrix}, \quad \begin{Bmatrix} a_1 \\ a_2 \\ a_3 \end{Bmatrix}_2 = \frac{1}{\sqrt{mL}} \begin{Bmatrix} 0.03526 \\ -1.41365 \\ -0.01835 \end{Bmatrix}, \quad \begin{Bmatrix} a_1 \\ a_2 \\ a_3 \end{Bmatrix}_3 = \frac{1}{\sqrt{mL}} \begin{Bmatrix} 0.01209 \\ -0.01804 \\ 1.41405 \end{Bmatrix}$$

so, that the eigenfunctions are

$$u_1(x) = \frac{1}{\sqrt{mL}} [1.41372 \sin \frac{\pi x}{2L} + 0.03548 \sin \frac{3\pi x}{2L} - 0.01163 \sin \frac{5\pi x}{2L}]$$

$$u_2(x) = \frac{1}{\sqrt{mL}} [0.03526 \sin \frac{\pi x}{2L} - 1.41365 \sin \frac{3\pi x}{2L} - 0.01835 \sin \frac{5\pi x}{2L}]$$

$$u_3(x) = \frac{1}{\sqrt{mL}} [0.01209 \sin \frac{\pi x}{2L} - 0.01804 \sin \frac{3\pi x}{2L} + 1.41405 \sin \frac{5\pi x}{2L}]$$

Plots of the eigenfunctions resemble those of Prob. 5.7. If we let the amplitudes of the various eigenfunctions equal unity at $x = L$, then the average difference between the corresponding eigenfunctions of Prob. 5.7 and those of this problem are as follows:

	1st mode	2nd mode	3rd mode
n = 1	6.4%	-	-
n = 2	1.8%	4.5%	-
n = 3	1.7%	1.9%	6.3%

The percentage is obtained from $\frac{1}{p} \{ \sum_{j=1}^{p} |[1.0 - \frac{u_i(x_j)}{U_i(x_j)}]| \}$, $i = 1,2,3$

where p is the number of points at which the differences are calculated.

7.7 $\quad EI(x) = EI = \text{const}, \; m(x) = m = \text{const}$

$M = 0.2mL$

Let $Y(x) = \sum_{i=1}^{n} a_i u_i$, $\quad u_i = \xi^{i+1}$, $\quad \xi = \frac{x}{L}$

$$k_{ij} = \int_0^L EI \frac{d^2 u_i}{dx^2} \frac{d^2 u_j}{dx^2} dx = \frac{EI}{L^3} \int_0^1 \frac{d^2 u_i}{d\xi^2} \frac{d^2 u_j}{d\xi^2} d\xi$$

$$m_{ij} = \int_0^L m u_i u_j dx + M u_i(L) u_j(L) = mL \int_0^1 u_i(\xi) u_j(\xi) d\xi + M u_i(1) u_j(1)$$

$$k_{11} = 4 \frac{EI}{L^3} \int_0^1 d\xi = 4 \frac{EI}{L^3}, \quad m_{11} = mL \int_0^1 \xi^4 d\xi + 0.2mL = 0.4\, mL$$

135

$$k_{12} = k_{21} = 12\,\frac{EI}{L^3}\int_0^1 \xi d\xi = 6\,\frac{EI}{L^3} \quad , \quad m_{12} = m_{21} = mL\int_0^1 \xi^5 d\xi + 0.2mL = \frac{11}{30}\,mL$$

$$k_{22} = 36\,\frac{EI}{L^3}\int_0^1 \xi^2 d\xi = 12\,\frac{EI}{L^3} \quad , \quad m_{22} = mL\int_0^1 \xi^6 d\xi + 0.2mL = \frac{12}{35}\,mL$$

$$k_{13} = k_{31} = 24\,\frac{EI}{L^3}\int_0^1 \xi^2 d\xi = 8\,\frac{EI}{L^3} \quad , \quad m_{13} = m_{31} = mL\int_0^1 \xi^6 d\xi + 0.2\,mL = \frac{12}{35}\,mL$$

$$k_{23} = k_{32} = 72\,\frac{EI}{L^3}\int_0^1 \xi^3 d\xi = 18\,\frac{EI}{L^3} \quad , \quad m_{23} = m_{32} = mL\int_0^1 \xi^7 d\xi + 0.2mL = \frac{13}{40}\,mL$$

$$k_{33} = 144\,\frac{EI}{L^3}\int_0^1 \xi^4 d\xi = \frac{144}{5}\,\frac{EI}{L^3} \quad , \quad m_{33} = mL\int_0^1 \xi^8 d\xi + 0.2mL = \frac{14}{45}\,mL$$

n = 2

$$\begin{bmatrix} 4 & 6 \\ 6 & 12 \end{bmatrix}\begin{Bmatrix} a_1 \\ a_2 \end{Bmatrix} = \omega^2\,\frac{mL^4}{EI}\begin{bmatrix} \frac{2}{5} & \frac{11}{30} \\ \frac{11}{30} & \frac{12}{35} \end{bmatrix}\begin{Bmatrix} a_1 \\ a_2 \end{Bmatrix}$$

Eigenvalues and normal vectors are

$$\omega_1 = 2.61641\sqrt{\frac{EI}{mL^4}} \qquad \omega_2 = 25.48778\sqrt{\frac{EI}{mL^4}}$$

$$\begin{Bmatrix} a_1 \\ a_2 \end{Bmatrix}_1 = \frac{1}{\sqrt{mL}}\begin{Bmatrix} 2.35909 \\ -0.85291 \end{Bmatrix} \quad , \quad \begin{Bmatrix} a_1 \\ a_2 \end{Bmatrix}_2 = \frac{1}{\sqrt{mL}}\begin{Bmatrix} 11.02243 \\ -12.14530 \end{Bmatrix}$$

∴ The eigenfunctions are

$$Y_1(x) = \frac{1}{\sqrt{mL}}\left[2.35909\left(\frac{x}{L}\right)^2 - 0.85291\left(\frac{x}{L}\right)^3\right]$$

$$Y_2(x) = \frac{1}{\sqrt{mL}}\left[11.02243\left(\frac{x}{L}\right)^2 - 12.14530\left(\frac{x}{L}\right)^3\right]$$

n = 3

$$\begin{bmatrix} 4 & 6 & 8 \\ 6 & 12 & 18 \\ 8 & 18 & 28.8 \end{bmatrix} \begin{Bmatrix} a_1 \\ a_2 \\ a_3 \end{Bmatrix} = \omega^2 \frac{mL^4}{EI} \begin{bmatrix} \frac{2}{5} & \frac{11}{30} & \frac{12}{35} \\ \frac{11}{30} & \frac{12}{35} & \frac{13}{40} \\ \frac{12}{35} & \frac{13}{40} & \frac{14}{45} \end{bmatrix} \begin{Bmatrix} a_1 \\ a_2 \\ a_3 \end{Bmatrix}$$

Eigenvalues and normal vectors are

$$\omega_1 = 2.61299 \sqrt{\frac{EI}{mL^4}} \;,\; \omega_2 = 18.24942 \sqrt{\frac{EI}{mL^4}} \;,\; \omega_3 = 84.96146 \sqrt{\frac{EI}{mL^4}}$$

$$\begin{Bmatrix} a_1 \\ a_2 \\ a_3 \end{Bmatrix}_1 = \frac{1}{\sqrt{mL}} \begin{Bmatrix} 2.50355 \\ -1.15147 \\ 0.15008 \end{Bmatrix}, \begin{Bmatrix} a_1 \\ a_2 \\ a_3 \end{Bmatrix}_2 = \frac{1}{\sqrt{mL}} \begin{Bmatrix} 19.47371 \\ -34.98993 \\ 14.56446 \end{Bmatrix}, \begin{Bmatrix} a_1 \\ a_2 \\ a_3 \end{Bmatrix}_3 = \frac{1}{\sqrt{mL}} \begin{Bmatrix} 37.35698 \\ -102.76533 \\ 66.34436 \end{Bmatrix}$$

The eigenfunctions are:

$$Y_1(x) = \frac{1}{\sqrt{mL}} \left[2.50355 \left(\frac{x}{L}\right)^2 - 1.15147 \left(\frac{x}{L}\right)^3 + 0.15008 \left(\frac{x}{L}\right)^4 \right]$$

$$Y_2(x) = \frac{1}{\sqrt{mL}} \left[19.47371 \left(\frac{x}{L}\right)^2 - 34.98993 \left(\frac{x}{L}\right)^3 + 14.56446 \left(\frac{x}{L}\right)^4 \right]$$

$$Y_3(x) = \frac{1}{\sqrt{mL}} \left[37.35698 \left(\frac{x}{L}\right)^2 - 102.76533 \left(\frac{x}{L}\right)^3 + 66.34436 \left(\frac{x}{L}\right)^4 \right]$$

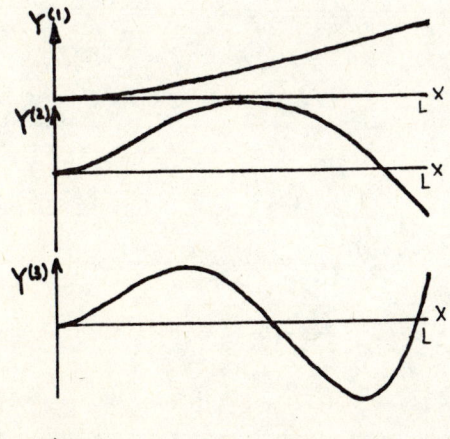

$\omega_1 = 2.61299 \sqrt{\frac{EI}{mL^4}}$

$\omega_2 = 18.24942 \sqrt{\frac{EI}{mL^4}}$

$\omega_3 = 84.96146 \sqrt{\frac{EI}{mL^4}}$

7.8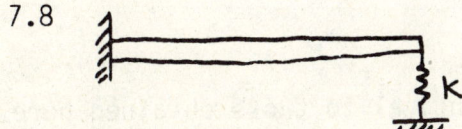

Let $y(x,t) = \sum_{i=1}^{n} \phi_i(x) q_i(t)$

$$T = \frac{1}{2}\int_0^L m(x)[\frac{\partial y(x,t)}{\partial t}]^2 dx = \frac{1}{2}\int_0^L m(x)[\sum_{i=1}^n \phi_i(x)\dot{q}_i(t)][\sum_{j=1}^n \phi_j(x)\dot{q}_j(t)] dx$$

$$= \frac{1}{2}\sum_{i=1}^n \sum_{j=1}^n \dot{q}_i(t)\dot{q}_j(t)[\int_0^L m(x)\phi_i(x)\phi_j(x)dx] = \frac{1}{2}\sum_{i=1}^n \sum_{j=1}^n m_{ij}\dot{q}_i(t)\dot{q}_j(t)$$

where $m_{ij} = \int_0^L m(x)\phi_i(x)\phi_j(x)dx$

$$V = \frac{1}{2}\int_0^L EI(x)[\frac{\partial^2 y(x,t)}{\partial x^2}]^2 dx + \frac{1}{2}ky^2(L,t)$$

$$= \frac{1}{2}\int_0^L EI(x)[\sum_{i=1}^n \frac{d^2\phi_i(x)}{dx^2} q_i(t)][\sum_{j=1}^n \frac{d^2\phi_j(x)}{dx^2} q_j(t)]dx$$

$$+ \frac{1}{2}k[\sum_{i=1}^n \phi_i(L)q_i(t)][\sum_{j=1}^n \phi_j(L)q_j(t)]$$

$$= \frac{1}{2}\sum_{i=1}^n \sum_{j=1}^n q_i(t)q_j(t)[\int_0^L EI(x)\frac{d^2\phi_i}{dx^2}\frac{d^2\phi_j}{dx^2} dx + k\phi_i(L)\phi_j(L)]$$

$$= \frac{1}{2}\sum_{i=1}^n \sum_{j=1}^n k_{ij}q_i(t)q_j(t)$$

where $k_{ij} = \int_0^L EI(x)\frac{d^2\phi_i}{dx^2}\frac{d^2\phi_j}{dx^2} dx + k\phi_i(L)\phi_j(L)$

The Lagrangian equations are

$$\frac{d}{dt}(\frac{\partial T}{\partial \dot{q}_r}) - \frac{\partial T}{\partial q_r} + \frac{\partial V}{\partial q_r} = 0 \qquad r = 1,2,\ldots,n$$

$$\therefore \sum_{j=1}^n m_{rj}\ddot{q}_j(t) + \sum_{j=1}^n k_{rj}q_j(t) = 0 \qquad r = 1,2,\ldots,n$$

or $[m]\{\ddot{q}(t)\} + [k]\{q(t)\} = \{0\}$

The Rayleigh-Ritz method yields coefficients identical to those obtained here when Rayleigh's quotient is in terms of kinetic and potential energy.

7.9 Symmetric modes $\quad \theta_i(x) = \cos(2i - 1)\frac{\pi x}{2L}$

$$i = 1,2$$

antisymmetric modes $\quad \theta_{i+2}(x) = \sin\frac{i\pi x}{L}$

$$k_{ii} = 2 \times \frac{12}{11} GJ \frac{(2i - 1)^2 \pi^2}{4L^2} L \int_0^{1/2} [1 - \xi^2][\sin\frac{(2i - 1)\pi}{2}]\, d\xi$$

$$= \frac{3}{11}(2i - 1)^2 \pi^2 \frac{GJ}{L} \{[\xi - \frac{1}{3}\xi^3 - \frac{\sin(2i - 1)\pi\xi}{(2i - 1)\pi}]_0^{1/2}$$

$$+ \frac{1}{\pi^3}[\frac{\eta^2 \sin(2i - 1)\eta}{2i - 1} + \frac{2\eta \cos(2i - 1)\eta}{(2i - 1)^2} - \frac{2\sin(2i - 1)\eta}{(2i - 1)^3}]_0^{\pi/2}\}$$

$i = 1,2 \quad$ where $\quad \eta = \pi\xi$

$$k_{i+2,i+2} = 2(\frac{i\pi}{L})^2 \int_0^{L/2} \frac{12}{11} GJ[1 - (\frac{x}{L})^2]\cos^2\frac{i\pi x}{L}\, dx$$

$$= \frac{12}{11} i^2\pi^2 \frac{GJ}{L} \int_0^{1/2} [1 - \xi^2 + \cos 2i\pi\xi - \xi^2 \cos^2 2i\pi\xi]\, d\xi$$

$$= \frac{12}{11}(i\pi)\frac{2GJ}{L}\{[\xi - \frac{1}{3}\xi^3 + \frac{\sin i\pi\xi}{2i\pi}]_0^{1/2}$$

$$- \frac{1}{8\pi^3 i^3}[\eta^2 \sin\eta + 2\eta\cos\eta - 2\sin\eta]_0^{i\pi}\}$$

$$k_{ij} = 2 \times \frac{12}{11} GJ \times \frac{(2i - 1)\pi}{2L} \times \frac{(2j - 1)\pi}{2L}$$

$$\int_0^{L/2}[1 - (\frac{x}{L})^2] \sin\frac{(2i - 1)\pi x}{2L} \sin\frac{(2j - 1)\pi x}{2L}\, dx$$

$$k_{i+2,j+2} = 2 \times \frac{12}{11} GJ \times \frac{i\pi}{L} \times \frac{j\pi}{L} \int_0^{L/2}[1 - (\frac{x}{L})^2]\cos\frac{i\pi x}{L}\cos\frac{j\pi x}{L}\, dx \quad i = 1,2; j = 1,2$$

$$\therefore k_{11} = \frac{3\pi^2}{11}\frac{GJ}{L}\{[\frac{1}{2} - \frac{1}{24} - \frac{1}{\pi}] + \frac{1}{4\pi} - \frac{2}{\pi^3}]\} = \frac{3}{11}\frac{GJ}{L}[\frac{11}{24}\pi^2 - \frac{3}{4}\pi - \frac{2}{\pi}]$$

$$= \frac{1}{11} \times 4.59226 \frac{GJ}{L}$$

$$k_{22} = \frac{3}{11} \times 9\pi^2 \frac{GJ}{L} \{[\frac{1}{2} - \frac{1}{24} + \frac{1}{3\pi}] + [-\frac{1}{12\pi} + \frac{2}{27\pi^3}]\}$$

$$= \frac{27}{11} \frac{GJ}{L} [\frac{11}{24} \pi^2 + \frac{1}{4} \pi + \frac{2}{27\pi}] = \frac{1}{11} \times 143.97873 \frac{GJ}{L}$$

$$k_{33} = \frac{12}{11} \frac{GJ}{L} [\frac{11}{24} \pi^2 + \frac{1}{4}] = \frac{12}{11} \times 4.77357 \frac{GJ}{L}$$

$$k_{44} = \frac{12}{11} \frac{GJ}{L} [\frac{11}{6} \pi^2 - \frac{1}{4}] = \frac{12}{11} \times 17.84427 \frac{GJ}{L}$$

$$k_{12} = k_{21} = 2 \times \frac{12}{11} GJ \cdot \frac{3\pi^2}{4L^2} L \int_0^{1/2} (1 - \xi^2) \sin \frac{\pi}{2} \xi \sin \frac{3\pi}{2} \xi d\xi$$

$$= \frac{9}{11} \frac{GJ}{L} [\frac{3}{4} \pi - \frac{1}{4} + \frac{2}{\pi}] = \frac{1}{11} \times 24.68533 \frac{GJ}{L}$$

$$k_{34} = k_{43} = 2 \frac{2\pi^2}{L^2} \times \frac{12}{11} GJL \int_0^{L/2} [1 - (\frac{x}{L})^2] \cos \frac{\pi x}{L} \cos \frac{2\pi x}{L} d \frac{x}{L}$$

$$= \frac{24}{11} \frac{GJ}{L} [\frac{\pi}{2} + \frac{52}{2\eta\pi}] = \frac{12}{11} \times 4.36768 \frac{GJ}{L}$$

$$I_{ii} = 2 \times \frac{12}{11} IL \int_0^{1/2} (1 - \xi^2) \cos^2(2i - 1) \frac{\pi}{2} \xi d\xi$$

$$= \frac{12}{11} IL \{[\xi - \frac{1}{3} \xi^3 + \frac{\sin(2i - 1)\pi\xi}{(2i - 1)\pi}]_0^{1/2}$$

$$- \frac{1}{3} [\frac{\eta^2 \sin(2i - 1)\eta}{2i - 1} + \frac{2\eta \cos(2i - 1)\eta}{(2i - 1)^2} - \frac{2 \sin(2i - 1)\eta}{(2i - 1)^3}]_0^{\pi/2} \}$$

$$I_{i+2,i+2} = \frac{12}{11} IL \int_0^{1/2} [1 - \xi^2 + \cos 2i\pi\xi + \xi^2 \cos 2i\pi\xi] d\xi$$

$$= \frac{12}{11} IL \{[\xi - \frac{1}{3} \xi^3 + \frac{\sin 2i\pi\xi}{2_i\pi}]_0^{1/2}$$

$$+ (\frac{1}{2i\pi})^3 [\eta^2 \sin \eta + 2\eta \cos \eta - 2 \sin \eta]_0^{i\pi} \}$$

$$I_{ij} = 2 \int_0^{1/2} \frac{12}{11} I [1 - (\frac{x}{L})^2] \cos \frac{(2i-1)\pi x}{2L} \cos \frac{(2j-1)\pi x}{2L} dx$$

$$= \frac{24}{11} IL \int_0^{1/2} (1 - \xi^2) \cos \frac{(2i-1)\pi \xi}{2} \cos \frac{(2i-1)\pi \xi}{2} d\xi$$

$$I_{i+2,j+2} = 2 \int_0^{L/2} \frac{12}{11} I [1 - (\frac{x}{L})^2] \sin \frac{i\pi x}{L} \sin \frac{j\pi x}{L} dx$$

$$= \frac{24}{11} IL \int_0^{1/2} (1 - \xi^2) \sin i\pi\xi \sin j\pi\xi \, d\xi$$

$$\therefore I_{11} = \frac{12}{11} IL [\frac{11}{24} + \frac{3}{4\pi} + \frac{2}{\pi^3}] = \frac{1}{11} \times 9.13883 \text{ IL}$$

$$I_{12} = I_{21} = \frac{12}{11} IL \int_0^{1/2} (1 - \xi^2)(\cos 2\pi\xi + \cos \pi\xi) d\xi$$

$$= \frac{12}{11} IL [\frac{3}{4\pi} + \frac{1}{4\pi^2} + \frac{2}{\pi^3}] = \frac{1}{11} \times 3.94279 \text{IL}$$

$$I_{22} = \frac{12}{11} IL [\frac{11}{24} - \frac{1}{4\pi} - \frac{2}{27\pi^3}] = \frac{1}{11} \times 4.51640 \text{ IL}$$

$$I_{33} = \frac{12}{11} IL [\frac{11}{24} - \frac{1}{4\pi^2}] = \frac{12}{11} \times 0.43300 \text{IL}$$

$$I_{44} = \frac{12}{11} IL [\frac{11}{24} + \frac{1}{16\pi^2}] = \frac{12}{11} \times 0.46467 \text{IL}$$

$$I_{34} = I_{43} = \frac{24}{11} IL \int_0^{1/2} (1 - \xi^2) \sin \pi\xi \sin 2\pi\xi \, d\xi = \frac{12}{11} IL(\frac{1}{\pi} + \frac{56}{27\pi^3})$$

$$= \frac{12}{11} \times 0.38520 \text{ IL}$$

The rest of k_{ij} and I_{ij} are zeros because they involve the integration of two even functions multiplied by an odd function.

The eigenvalue problem is

$$\begin{bmatrix} 0.41748 & 2.24412 & & \\ 2.24412 & 13.08897 & \multicolumn{2}{c}{[0]_{2\times 2}} \\ \hline \multicolumn{2}{c}{[0]_{2\times 2}} & 5.20752 & 4.76474 \\ & & 4.76474 & 19.46648 \end{bmatrix} \begin{Bmatrix} a_1 \\ a_2 \\ \hline a_3 \\ a_4 \end{Bmatrix}$$

$$= \omega^2 \frac{IL^2}{GJ} \begin{bmatrix} 0.83080 & 0.35844 & & \\ 0.35844 & 0.41058 & \multicolumn{2}{c}{[0]_{2\times 2}} \\ \hline \multicolumn{2}{c}{[0]_{2\times 2}} & 0.47237 & 0.42022 \\ & & 0.42022 & 0.50691 \end{bmatrix} \begin{Bmatrix} a_1 \\ a_2 \\ \hline a_3 \\ a_4 \end{Bmatrix}$$

This is in the form of

$$\begin{bmatrix} [k]_{sym} & [0] \\ \hline [0] & [k]_{asym} \end{bmatrix} \begin{Bmatrix} a_1 \\ a_2 \\ \hline a_3 \\ a_4 \end{Bmatrix} = \omega^2 \frac{IL^2}{GJ} \begin{bmatrix} [I]_{sym} & [0] \\ \hline [0] & [I]_{asym} \end{bmatrix} \begin{Bmatrix} a_1 \\ a_2 \\ \hline a_3 \\ a_4 \end{Bmatrix}$$

(1) Symmetric modes

$$\begin{bmatrix} 0.41748 & 2.24412 \\ 2.24412 & 13.08897 \end{bmatrix} \begin{Bmatrix} a_1 \\ a_2 \end{Bmatrix} = \omega^2 \frac{IL^2}{GJ} \begin{bmatrix} 0.83080 & 0.35844 \\ 0.35844 & 0.41058 \end{bmatrix} \begin{Bmatrix} a_1 \\ a_2 \end{Bmatrix}$$

The frequencies and normal vectors are

$$\omega_{1s} = 0.21314 \sqrt{\frac{GJ}{IL^2}} \qquad \omega_{2s} = 6.65849 \sqrt{\frac{GJ}{IL^2}}$$

$$\begin{Bmatrix} a_1 \\ a_2 \end{Bmatrix}_{1s} = \frac{1}{\sqrt{IL}} \begin{Bmatrix} 1.17807 \\ -0.20080 \end{Bmatrix}, \quad \begin{Bmatrix} a_1 \\ a_2 \end{Bmatrix}_{2s} = \frac{1}{\sqrt{IL}} \begin{Bmatrix} 0.73693 \\ -1.96642 \end{Bmatrix}$$

(2) Antisymmetric modes

$$\begin{bmatrix} 5.20753 & 4.76474 \\ 4.76474 & 19.46648 \end{bmatrix} \begin{Bmatrix} a_3 \\ a_4 \end{Bmatrix} = \omega^2 \frac{IL^2}{GJ} \begin{bmatrix} 0.83080 & 0.35844 \\ 0.35844 & 0.41058 \end{bmatrix} \begin{Bmatrix} a_3 \\ a_4 \end{Bmatrix}$$

The frequencies and normal vectors are

$$\omega_{1a} = 3.31988 \sqrt{\frac{GJ}{IL^2}} \; , \qquad \omega_{2a} = 10.65584 \sqrt{\frac{GJ}{IL^2}}$$

$$\begin{Bmatrix} a_3 \\ a_4 \end{Bmatrix}_{1a} = \frac{1}{\sqrt{IL}} \begin{Bmatrix} 1.46750 \\ -0.01409 \end{Bmatrix} , \quad \begin{Bmatrix} a_3 \\ a_4 \end{Bmatrix}_{2a} = \frac{1}{\sqrt{IL}} \begin{Bmatrix} 2.43111 \\ -2.74120 \end{Bmatrix}$$

$$\therefore \theta_1(x) = \frac{1}{\sqrt{IL}} [1.17807 \cos \frac{\pi x}{2L} - 0.20080 \cos \frac{3\pi x}{2L}]$$

$$\theta_2(x) = \frac{1}{\sqrt{IL}} [0.73693 \cos \frac{\pi x}{2L} - 1.96642 \cos \frac{3\pi x}{2L}]$$

$$\theta_3(x) = \frac{1}{\sqrt{IL}} [1.46750 \sin \frac{\pi x}{L} - 0.01409 \sin \frac{2\pi x}{L}]$$

$$\theta_4(x) = \frac{1}{\sqrt{IL}} [2.43111 \sin \frac{\pi x}{L} - 2.74120 \sin \frac{2\pi x}{L}]$$

7.10 $\qquad f(x,t) = \hat{f}_0 \delta(t) , \quad 0 < x < L , \; n = 3$

$$u(x,t) = \sum_{i=1}^{3} \phi_i(x) q_i(t)$$

$$\delta W(t) = \int_0^L \hat{f}_0 \delta(t) \delta u(x,t) dx = \int_0^L \hat{f}_0 \delta(t) \sum_{i=1}^{3} \phi_i(x) \delta q_i(t)$$

$$\therefore Q_i(t) = \hat{f}_0 \delta(t) \int_0^L \phi_i(x) dx = \hat{f}_0 \delta(t) \int_0^L \sin(2i-1) \frac{\pi x}{2L} dx = \frac{2\hat{f}_0 L}{(2i-1)\pi} \delta(t)$$

With [m] and [k] obtained in Prob. 7.6, the differential equations of motion can be written in the matrix form

$$[m]\{\ddot{q}\} + [k]\{q\} = \{Q\}$$

Let

$$\begin{Bmatrix} q_1 \\ q_2 \\ q_3 \end{Bmatrix} = [u]\{\eta\} = \frac{1}{\sqrt{mL}} \begin{bmatrix} 1.41372 & 0.03526 & 0.01209 \\ 0.03548 & -1.41365 & -0.01804 \\ -0.01163 & -0.01835 & 1.41405 \end{bmatrix} \begin{Bmatrix} \eta_1(t) \\ \eta_2(t) \\ \eta_3(t) \end{Bmatrix}$$

and refer to Chapter 4.

$$\{N\} = [u]^T\{Q(t)\} = \begin{bmatrix} 1.41372 & 0.03548 & -0.01163 \\ 0.03526 & -1.41365 & -0.01835 \\ 0.01209 & -0.01804 & 1.41405 \end{bmatrix} \begin{Bmatrix} 1 \\ \frac{1}{3} \\ \frac{1}{5} \end{Bmatrix} \frac{2\hat{f}_0 L}{\pi} \delta(t)$$

$$= \frac{2\hat{f}_0 L}{\pi\sqrt{mL}} \begin{Bmatrix} 1.42322 \\ -0.43963 \\ 0.28889 \end{Bmatrix} \delta(t)$$

$$\begin{Bmatrix} \eta_1 \\ \eta_2 \\ \eta_3 \end{Bmatrix} = \frac{2\hat{f}_0 L}{\pi\sqrt{mL}} \begin{Bmatrix} 1.42322 \dfrac{\sin \omega_1 t}{\omega_1} \\ -0.43963 \dfrac{\sin \omega_2 t}{\omega_2} \\ 0.28889 \dfrac{\sin \omega_3 t}{\omega_3} \end{Bmatrix} \quad \text{where} \quad \begin{aligned} \omega_1 &= 3.43554 \sqrt{\tfrac{k}{mL}} \\ \omega_2 &= 9.53156 \sqrt{\tfrac{k}{mL}} \\ \omega_3 &= 15.77285 \sqrt{\tfrac{k}{mL}} \end{aligned}$$

$$\therefore \begin{Bmatrix} q_1 \\ q_2 \\ q_3 \end{Bmatrix} = \frac{2\hat{f}_0 L}{mL\pi} \begin{bmatrix} 1.41372 & 0.03526 & 0.01209 \\ 0.03548 & -1.41365 & -0.01804 \\ -0.01163 & -0.01835 & 1.41405 \end{bmatrix} \begin{Bmatrix} \dfrac{1}{\omega_1} 1.42322 \sin 3.43554 \sqrt{\tfrac{k}{mL}} t \\ -\dfrac{1}{\omega_2} 0.43963 \sin 9.53156 \sqrt{\tfrac{k}{mL}} t \\ \dfrac{1}{\omega_3} 0.28889 \sin 15.77285 \sqrt{\tfrac{k}{mL}} t \end{Bmatrix}$$

$$= \frac{2\hat{f}_0}{\pi} \sqrt{\frac{L}{mk}} \times$$

$$\left\{\begin{array}{l} 0.5857 \sin 3.4355\sqrt{\frac{k}{mL}} t - 0.0016 \sin 9.5316\sqrt{\frac{k}{mL}} t - 0.0002 \sin 15.7729\sqrt{\frac{k}{mL}} t \\ 0.0147 \sin 3.4355\sqrt{\frac{k}{mL}} t + 0.0652 \sin 9.5316\sqrt{\frac{k}{mL}} t - 0.0003 \sin 15.7729\sqrt{\frac{k}{mL}} t \\ 0.0048 \sin 3.4355\sqrt{\frac{k}{mL}} t + 0.0009 \sin 9.5316\sqrt{\frac{k}{mL}} t + 0.0259 \sin 15.7729\sqrt{\frac{k}{mL}} t \end{array}\right\}$$

$$U(x,t) = \phi_1 q_1 + \phi_2 q_2 + \phi_3 q_3 = \frac{2\hat{f}_0}{\pi}\sqrt{\frac{L}{mk}}\left[\sin\frac{\pi x}{2L}(0.58565 \sin 3.43554\sqrt{\frac{k}{mL}} t\right.$$

$$- 0.00163 \sin 9.53156\sqrt{\frac{L}{mL}} t + 0.00022 \sin 15.77285\sqrt{\frac{k}{mL}} t)$$

$$+ \sin\frac{3\pi x}{2L}(0.01470 \sin 3.43554\sqrt{\frac{k}{mL}} t + 0.0652 \sin 9.53156\sqrt{\frac{k}{mL}} t$$

$$- 0.00033 \sin 15.77285\sqrt{\frac{k}{mL}} t) + \sin\frac{5\pi x}{2L}(0.00482 \sin 3.43554\sqrt{\frac{k}{mL}} t$$

$$\left. + 0.00085 \sin 9.53156\sqrt{\frac{k}{mL}} t + 0.02590 \sin 15.77285\sqrt{\frac{k}{mL}} t)\right]$$

7.11 $f(x,t) = F_0 \delta(x - L) u(t)$, $y = \sum_{i=1}^{n} \phi_i(x) q_i(t)$, $n = 3$

$$\delta W = \int_0^L F_0 \delta(x - L) u(t) \delta y(x,t) dx = \int_0^L F_0 \delta(x - L) u(t) \sum_{i=1}^{n} \phi_i(x) \delta q_i(t) dx$$

$$= \sum_{i=1}^{n} [F_0 u(t) \int_0^L \phi_i(x) \delta(x - L) dx] \delta q_i(t) = \sum_{i=1}^{n} Q_i \delta q_i(t)$$

$$\therefore \quad Q_i = F_0 u(t) \int_0^L \phi_i(x) \delta(x - L) dx = F_0 u(t) \int_0^L (\frac{x}{L})^{i+1} \delta(x - L) dx = F_0 u(t)$$

With the matrices $[m]$ and $[k]$ as in Prob. 7.7, the differential equations of motion are

$$[m]\{\ddot{q}\} + [K]\{q\} = \{Q\}$$

Let $\{q(t)\} = [u]\{\eta\} = \dfrac{1}{\sqrt{mL}}\begin{bmatrix} 2.50355 & 19.47371 & 37.35698 \\ -1.15147 & -34.98993 & -102.76533 \\ 0.15008 & 14.56446 & 66.34436 \end{bmatrix}\begin{Bmatrix} \eta_1(t) \\ \eta_2(t) \\ \eta_3(t) \end{Bmatrix}$

and refer to Chapter 4.

$$\begin{Bmatrix} N_1 \\ N_2 \\ N_3 \end{Bmatrix} = [u]^T \{Q\} = \frac{F_0}{\sqrt{mL}} u(t) \begin{bmatrix} 2.50355 & -1.15147 & 0.15008 \\ 19.47371 & -34.98993 & 14.56446 \\ 37.35698 & -102.76533 & 66.34436 \end{bmatrix} \begin{Bmatrix} 1 \\ 1 \\ 1 \end{Bmatrix}$$

$$= \frac{F_0}{\sqrt{mL}} u(t) \begin{Bmatrix} 1.50216 \\ -0.95176 \\ 0.93581 \end{Bmatrix}$$

$$\therefore \begin{Bmatrix} \eta_1(t) \\ \eta_2(t) \\ \eta_3(t) \end{Bmatrix} = \frac{F_0}{\sqrt{mL}} \begin{Bmatrix} 1.50216 \cdot \frac{1}{\omega_1^2}(1 - \cos \omega_1 t) \\ -0.95176 \cdot \frac{1}{\omega_2^2}(1 - \cos \omega_2 t) \\ 0.93581 \cdot \frac{1}{\omega_3^2}(1 - \cos \omega_3 t) \end{Bmatrix}, \quad \begin{aligned} \omega_1 &= 2.61299 \sqrt{\frac{EI}{mL^4}} \\ \omega_2 &= 18.24942 \sqrt{\frac{EI}{mL^4}} \\ \omega_3 &= 84.96146 \sqrt{\frac{EI}{mL^4}} \end{aligned}$$

$$\begin{Bmatrix} q_1(t) \\ q_2(t) \\ q_3(t) \end{Bmatrix} = [u]\{\eta\} = \frac{F_0}{mL} \begin{bmatrix} 2.50355 & 19.47371 & 37.35698 \\ -1.15147 & -34.98993 & -102.76533 \\ 0.15008 & 14.56446 & 66.34436 \end{bmatrix}$$

$$\times \begin{Bmatrix} 1.50216 \cdot \frac{1}{\omega_1^2}(1 - \cos \omega_1 t) \\ -0.95176 \cdot \frac{1}{\omega_2^2}(1 - \cos \omega_2 t) \\ 0.93581 \cdot \frac{1}{\omega_3^2}(1 - \cos \omega_3 t) \end{Bmatrix}$$

$$= \frac{F_0 L^3}{EI} \begin{Bmatrix} 0.55080(1 - \cos \omega_1 t) - 0.05565(1 - \cos \omega_2 t) + 0.00484(1 - \cos \omega_3 t) \\ -0.25333(1 - \cos \omega_1 t) + 0.09999(1 - \cos \omega_2 t) - 0.01332(1 - \cos \omega_3 t) \\ 0.03302(1 - \cos \omega_1 t) - 0.04162(1 - \cos \omega_2 t) + 0.00860(1 - \cos \omega_3 t) \end{Bmatrix}$$

$$Y(x,t) = \phi_1 q_1 + \phi_2 q_2 + \phi_3 q_3 = \left(\frac{x}{L}\right)^2 q_1(t) + \left(\frac{x}{L}\right)^3 q_2(t) + \left(\frac{x}{L}\right)^4 q_3(t)$$

7.12

From Problem 7.9,

$$I(y) = \frac{12}{11} I[1 - (\frac{y}{L})^2], \quad GJ(y) = \frac{12}{11} GJ[1 - (\frac{y}{L})^2]$$

where y is measured frm the middle of the shaft, which coincides with the symmetry center. Following the procedure of Sec. 7.7,

$$n = 7, \quad \Delta x_i = L/7, \quad i = 1, 2, \ldots, 7$$

From Eq. (7.104), the inertia coefficients are

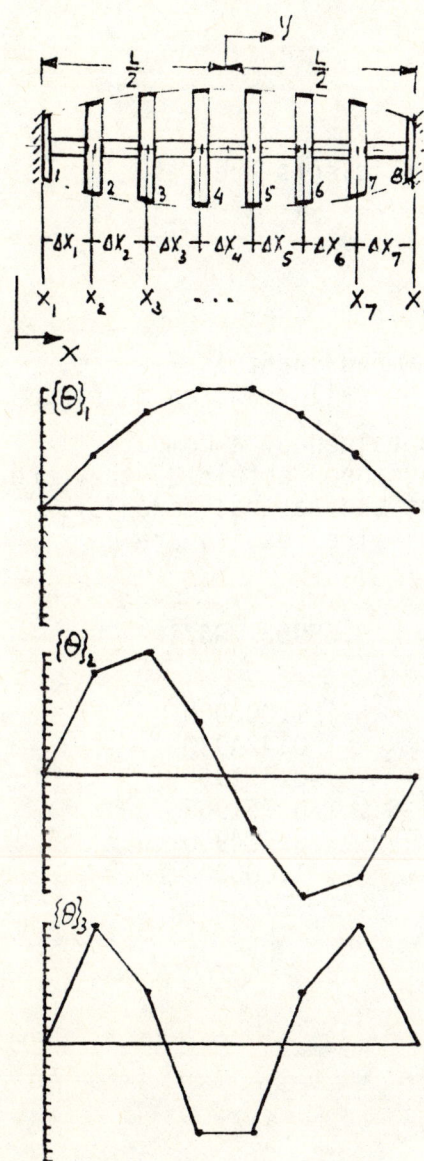

$$I_1 = I_8 = \frac{1}{2} I(x_1)\Delta x = \frac{1}{2} I(y)\bigg|_{y = \frac{7L}{14}} \cdot \frac{L}{7}$$

$$= \frac{1}{2} \frac{12}{11} I[1 - (\frac{1}{2})^2] \frac{L}{7} = \frac{9}{154} IL$$

$$I_2 = I_7 = I(x_2)\Delta x = I(y)\bigg|_{y = \frac{5L}{14}} \cdot \frac{L}{7}$$

$$= \frac{12}{11} I[1 - (\frac{5}{14})^2] \frac{L}{7} = \frac{513}{3773} IL$$

$$I_3 = I_6 = I(x_3)\Delta x = I(y)\bigg|_{y = \frac{3L}{14}} \cdot \frac{L}{7}$$

$$= \frac{12}{11} I[1 - (\frac{3}{14})^2] \frac{L}{7} = \frac{561}{3773} IL$$

$$I_4 = I_5 = I(x_4)\Delta x = I(y)\bigg|_{y = \frac{L}{14}} \cdot \frac{L}{7}$$

$$= \frac{12}{11} I[1 - (\frac{1}{14})^2] \frac{L}{7} = \frac{585}{3773} IL$$

From Eq. (7.105), the stiffness coefficients are

$$GJ_1 = GJ_7 = GJ(y)\bigg|_{y = \frac{3L}{7}} = \frac{12}{11} GJ[1 - (\frac{3}{7})^2] = \frac{480}{539} GJ$$

$$GJ_2 = GJ_6 = GJ(y)\bigg|_{y = \frac{2L}{7}} = \frac{12}{11} GJ[1 - (\frac{2}{7})^2] = \frac{540}{539} GJ$$

$$GJ_3 = GJ_5 = GJ(y)\Big|_{y=\frac{L}{7}} = \frac{12}{11} GJ\left[1 - \left(\frac{1}{7}\right)^2\right] = \frac{576}{539} GJ$$

$$GJ_4 = GJ(y)\Big|_{y=0} = \frac{12}{11} GJ$$

From Eq. (7.112), the torsional flexibility influence coefficients are

$$a_i = \frac{\Delta x_i}{GJ_i}, \quad i = 1, 2, \ldots, 7$$

From Eq. (7.130), the frequency equation for a clamped-clamped shaft is $T_{12} = 0$, where T_{12} is the upper-right quadrant of the partitioned overall transfer matrix, Eq. (7.123). The solution to the frequency equation is obtained by a computer program. After the natural frequencies ω_i (i = 1,2,3) have been obtained, they are inserted into the transfer matrices in Eq. (7.121) to plot the natural mode $\{\theta\}_i$ (i = 1,2,3) normalized so that the largest entry is unity. The results are

$$\omega_1 = 2.94834 \sqrt{GJ/IL^2}, \quad \omega_2 = 5.99796 \sqrt{GJ/IL^2}, \quad \omega_3 = 8.68962 \sqrt{GJ/IL^2}$$

$$\{\theta\}_1 = \begin{Bmatrix} 0.476545 \\ 0.819826 \\ 1.000000 \\ 1.000000 \\ 0.819826 \\ 0.476545 \end{Bmatrix}, \quad \{\theta\}_2 = \begin{Bmatrix} 0.839348 \\ 1.000000 \\ 0.435541 \\ -0.435541 \\ -1.000000 \\ -0.839348 \end{Bmatrix}, \quad \{\theta\}_3 = \begin{Bmatrix} 1.000000 \\ 0.424930 \\ -0.751965 \\ -0.751965 \\ 0.424930 \\ 1.000000 \end{Bmatrix}$$

7.13   From Problem 7.9,

$$I(y) = \frac{12}{11} I\left[1 - \left(\frac{y}{L}\right)^2\right], \quad GJ(y) = \frac{12}{11} GJ\left[1 - \left(\frac{y}{L}\right)^2\right]$$

where y is measured from the middle of the shaft, which coincides with the symmetry center. Following the procedure of Sec. 7.8 and substituting $y = x - \frac{L}{2}$, $dy = dx$, the inertia coefficients are

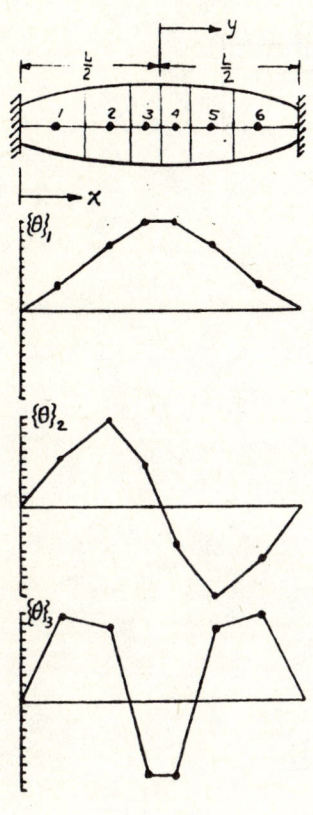

$$I_i = \int_{(i-1)(L/n)}^{i(L/n)} I(x)dx = \frac{12}{11} I \int_{L(\frac{i-1}{n} - \frac{1}{2})}^{L(\frac{i}{n} - \frac{1}{2})} \left[1 - \left(\frac{y}{L}\right)^2\right] dy$$

$$= \frac{12}{11} I \left[y - \frac{L}{3}\left(\frac{y}{L}\right)^3\right]_{L(\frac{i}{n} - \frac{1}{2})}^{L(\frac{i-1}{n} - \frac{1}{2})}$$

$$= \frac{1}{11} \frac{IL}{n^3} (9n^2 - 6n + 12ni - 12i^2 + 12i - 4), \quad i = 1, 2, \ldots, 6$$

The disks are assumed to be located at their inertia centers. Hence, the positions of these disks are defined by

$$x_i = \frac{1}{I_i} \int_{(i-1)(L/n)}^{i(L/n)} xI(x) = \frac{1}{I_i} \int_{L(\frac{i-1}{n} - \frac{1}{2})}^{L(\frac{i}{n} - \frac{1}{2})} \left(y + \frac{L}{2}\right) I(y)dy = \frac{1}{I_i} \int_{L(\frac{i-1}{n} - \frac{1}{2})}^{L(\frac{i}{n} - \frac{1}{2})} yI(y)dy + \frac{L}{2}$$

$$= \frac{L}{2} + \frac{12}{11} \frac{I}{I_i} \int_{L(\frac{i-1}{n} - \frac{1}{2})}^{L(\frac{i}{n} - \frac{1}{2})} y\left[1 - \left(\frac{y}{L}\right)^2\right] dy = \frac{L}{2} + \frac{12}{11} \frac{I}{I_i} \left[\frac{y^2}{2} - \frac{y^4}{4L^2}\right]_{L(\frac{i-1}{n} - \frac{1}{2})}^{L(\frac{i}{n} - \frac{1}{2})}$$

$$= \frac{L}{2} + \frac{3}{176} \frac{IL^2}{I_i n^4} \left[8n^2(2i-n)^2 - 8n^2(2i-2-n)^2 - (2i-n)^4 + (2i-2-n)^4\right]$$

$$i = 1, 2, \ldots, 6$$

From mechanics of materials, the influence coefficients are obtained as

$$\phi_{AB} = \int_0^L \frac{M(x)dx}{GJ(x)} = 0$$

$$\int_0^{x_j} \frac{(M_j - M_B)dx}{GJ(x)} + \int_{x_j}^L \frac{-M_B dx}{GJ(x)} = 0$$

$$M_j \int_0^{x_j} \frac{dx}{GJ(x)} - M_B \int_0^L \frac{dx}{GJ(x)} = 0 \rightarrow M_B = M_j \frac{\int_0^{x_j} \frac{dx}{GJ(x)}}{\int_0^L \frac{dx}{GJ(x)}}$$

For $x_i \leq x_j$, $M(x_i) = M_j - M_B = M_j \left(1 - \frac{\int_0^{x_j} \frac{dx}{GJ(x)}}{\int_0^L \frac{dx}{(GJ(x)}}\right)$

$$\int_0^{x_j} \frac{dx}{GJ(x)} = \frac{11}{12GJ} \int_{-L/2}^{x_j - L/2} \frac{dy}{[1 - (\frac{y}{L})^2]} = \frac{11L}{24GJ} \log \frac{3(\frac{L}{2} + x_j)}{\frac{3L}{2} - x_j}$$

$$\int_0^L \frac{dx}{GJ} = \frac{11}{12GJ} \int_{-L/2}^{L/2} \frac{dy}{[1 - (\frac{y}{L})^2]} = \frac{11L}{24GJ} \log 9$$

$$M(x_i) = M_j \left(1 - \frac{1}{\log 9} \log \frac{3(\frac{L}{2} + x_j)}{\frac{3L}{2} - x_j}\right)$$

Let $M_j = 1$ and $M_1 = 1 - \frac{1}{\log 9} \log \frac{3(\frac{L}{2} + x_j)}{\frac{3L}{2} - x_j}$, $0 < x < x_j$

The influence coefficients are obtained as

$$a_{ij} = a_{ji} = \int_0^{x_i} \frac{M_1 dx}{GJ(x)} = \left(1 - \frac{1}{\log 9} \log \frac{3(\frac{L}{2} + x_j)}{\frac{3L}{2} - x_j}\right) \frac{11L}{24GJ} \log \frac{3(\frac{L}{2} + x_i)}{\frac{3L}{2} - x_i}$$

$$i = 1, 2, \ldots, 6$$

The solution to the eigenvalue problem, Eq. (7.136), is

$$\omega_1 = 2.931868 \sqrt{GJ/IL^2}, \quad \omega_2 = 5.910644 \sqrt{GJ/IL^2}, \quad \omega_3 = 8.427969 \sqrt{GJ/IL^2}$$

$$\{\theta\}_1 = \begin{Bmatrix} 0.302837 \\ 0.757347 \\ 1.000000 \\ 1.000000 \\ 0.757347 \\ 0.302837 \end{Bmatrix}, \quad \{\theta\}_2 = \begin{Bmatrix} 0.547851 \\ 1.000000 \\ 0.483048 \\ -0.483048 \\ -1.000000 \\ -0.547851 \end{Bmatrix}, \quad \{\theta\}_3 = \begin{Bmatrix} 1.000000 \\ 0.899564 \\ -0.894954 \\ -0.894954 \\ 0.899564 \\ 1.000000 \end{Bmatrix}$$

The vector $\{x\}$ of disk locations is

$$\{x\} = [0.085674 \quad 0.251238 \quad 0.417056 \quad 0.582944 \quad 0.748762 \quad 0.914326]^T$$

Chapter 8

8.1 From mechanics of materials

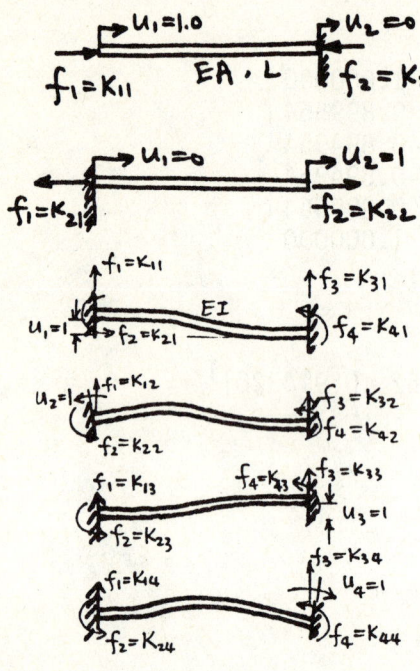

$$k_{11} = \frac{EA}{L} \qquad k_{21} = -\frac{EA}{L}$$

$$k_{12} = -\frac{EA}{L} \qquad k_{22} = \frac{EA}{L}$$

$$\therefore [k] = \frac{EA}{L}\begin{bmatrix} 1 & -1 \\ -1 & 1 \end{bmatrix}$$

$$k_{11} = 12\frac{EI}{L^3},\ k_{21} = 6\frac{EI}{L^2},\ k_{31} = -12\frac{EI}{L^3},\ k_{41} = 6\frac{EI}{L^2}$$

$$k_{12} = 6\frac{EI}{L^2},\ k_{22} = 4\frac{EI}{L},\ k_{32} = -6\frac{EI}{L^2},\ k_{42} = 2\frac{EI}{L}$$

$$k_{13} = -12\frac{EI}{L^3},\ k_{23} = -6\frac{EI}{L^2},\ k_{33} = 12\frac{EI}{L^3},\ k_{43} = -6\frac{EI}{L^2}$$

$$k_{14} = 6\frac{EI}{L^2},\ k_{24} = 2\frac{EI}{L},\ k_{34} = -6\frac{EI}{L^2},\ k_{44} = 4\frac{EI}{L}$$

$$\therefore [k] = \frac{EI}{L^3}\begin{bmatrix} 12 & 6L & -12 & 6L \\ 6L & 4L^2 & -6L & 2L^2 \\ -12 & -6L & 12 & -6L \\ 6L & 2L^2 & -6L & 4L^2 \end{bmatrix}$$

8.2

$$L = \frac{3}{4}H, \quad m_i = m \quad i = 1,2,3,4,5$$

$$(EA)_1 = (EA)_4 = EA$$

$$(EA)_2 = (EA)_3 = (EA)_5 = \frac{3}{2}EA$$

$$\sin \beta = \frac{4}{5} \qquad \cos \beta = \frac{3}{5}$$

$$\sin \alpha = \frac{4}{5} \qquad \cos \alpha = \frac{3}{5}$$

Using results from Example 8.3, we can write for element 1

$$\frac{(mL)_1}{6}\begin{bmatrix} 2 & 0 & 1 & 0 \\ 0 & 2 & 0 & 1 \\ 1 & 0 & 2 & 0 \\ 0 & 1 & 0 & 2 \end{bmatrix}\begin{Bmatrix} \ddot{u}_1 \\ \ddot{u}_2 \\ \ddot{u}_3 \\ \ddot{u}_4 \end{Bmatrix}_1 + \left(\frac{EA}{L}\right)_1 \begin{bmatrix} 1 & 0 & -1 & 0 \\ 0 & 0 & 0 & 0 \\ -1 & 0 & 1 & 0 \\ 0 & 0 & 0 & 0 \end{bmatrix}\begin{Bmatrix} u_1 \\ u_2 \\ u_3 \\ u_4 \end{Bmatrix}_1 = \begin{Bmatrix} f_{11} \\ f_{21} \\ f_{31} \\ f_{41} \end{Bmatrix}$$

Similar equations can be written for the elements 2, 3, 4, and 5. The relation between local and global coordinates for element 1 is

$$\begin{Bmatrix} u_1 \\ u_2 \\ u_3 \\ u_4 \end{Bmatrix}_1 = \begin{bmatrix} 1 & 0 & 0 & 0 \\ 0 & 1 & 0 & 0 \\ 0 & 0 & 1 & 0 \\ 0 & 0 & 0 & 1 \end{bmatrix}\begin{Bmatrix} \bar{u}_1 \\ \bar{u}_2 \\ \bar{u}_3 \\ \bar{u}_4 \end{Bmatrix}_1 = [L]_1 \begin{Bmatrix} \bar{u}_1 \\ \bar{u}_2 \\ \bar{u}_3 \\ \bar{u}_4 \end{Bmatrix}_1 \rightarrow [L]_1 = [1]$$

It follows that

$$[\bar{m}]_1 = [L]_1^T [m]_1 [L]_1 = [m]_1 \;,\quad [\bar{k}]_1 = [L]_1^T [k]_1 [L]_1 = [k]_1$$

so that

$$\frac{mH}{8}\begin{bmatrix} 2 & 0 & 1 & 0 \\ 0 & 2 & 0 & 1 \\ 1 & 0 & 2 & 0 \\ 0 & 1 & 0 & 2 \end{bmatrix}\begin{Bmatrix} \ddot{\bar{u}}_1 \\ \ddot{\bar{u}}_2 \\ \ddot{\bar{u}}_3 \\ \ddot{\bar{u}}_4 \end{Bmatrix}_1 + \frac{4EA}{3H}\begin{bmatrix} 1 & 0 & -1 & 0 \\ 0 & 0 & 0 & 0 \\ -1 & 0 & 1 & 0 \\ 0 & 0 & 0 & 0 \end{bmatrix}\begin{Bmatrix} \bar{u}_1 \\ \bar{u}_2 \\ \bar{u}_3 \\ \bar{u}_4 \end{Bmatrix}_1 = \begin{Bmatrix} f_1 \\ f_2 \\ f_3 \\ f_4 \end{Bmatrix}_1 = \begin{Bmatrix} \bar{f}_1 \\ \bar{f}_2 \\ \bar{f}_3 \\ \bar{f}_4 \end{Bmatrix}_1$$

Similarly, for element 4 we have

$$\begin{Bmatrix} u_5 \\ u_6 \\ u_7 \\ u_8 \end{Bmatrix}_4 = \begin{bmatrix} 1 & 0 & 0 & 0 \\ 0 & 1 & 0 & 0 \\ 0 & 0 & 1 & 0 \\ 0 & 0 & 0 & 1 \end{bmatrix}\begin{Bmatrix} \bar{u}_5 \\ \bar{u}_6 \\ \bar{u}_7 \\ \bar{u}_8 \end{Bmatrix}_4 \rightarrow [L]_4 = [1]$$

so that

$$\frac{mH}{8}\begin{bmatrix} 2 & 0 & 1 & 0 \\ 0 & 2 & 0 & 1 \\ 1 & 0 & 2 & 0 \\ 0 & 1 & 0 & 2 \end{bmatrix}\begin{Bmatrix} \ddot{\bar{u}}_5 \\ \ddot{\bar{u}}_6 \\ \ddot{\bar{u}}_7 \\ \ddot{\bar{u}}_8 \end{Bmatrix}_4 + \frac{4EA}{3H}\begin{bmatrix} 1 & 0 & -1 & 0 \\ 0 & 0 & 0 & 0 \\ -1 & 0 & 1 & 0 \\ 0 & 0 & 0 & 0 \end{bmatrix}\begin{Bmatrix} \bar{u}_5 \\ \bar{u}_6 \\ \bar{u}_7 \\ \bar{u}_8 \end{Bmatrix}_4 = \begin{Bmatrix} f_5 \\ f_6 \\ f_7 \\ f_8 \end{Bmatrix}_4 = \begin{Bmatrix} \bar{f}_5 \\ \bar{f}_6 \\ \bar{f}_7 \\ \bar{f}_8 \end{Bmatrix}_4$$

For element 2

$$\begin{Bmatrix} u_5 \\ u_6 \\ u_3 \\ u_4 \end{Bmatrix}_2 = \frac{1}{5}\begin{bmatrix} 3 & -4 & 0 & 0 \\ 4 & 3 & 0 & 0 \\ 0 & 0 & 3 & -4 \\ 0 & 0 & 4 & 3 \end{bmatrix}\begin{Bmatrix} \bar{u}_5 \\ \bar{u}_6 \\ \bar{u}_3 \\ \bar{u}_4 \end{Bmatrix}_2$$

$$\rightarrow [L]_2 = \frac{1}{5}\begin{bmatrix} 3 & -4 & 0 & 0 \\ 4 & 3 & 0 & 0 \\ 0 & 0 & 3 & -4 \\ 0 & 0 & 4 & 3 \end{bmatrix}$$

$$\therefore [L]_2^T[m]_2[L]_2 = \frac{mH}{120}\begin{bmatrix} 3 & -4 & 0 & 0 \\ 4 & 3 & 0 & 0 \\ 0 & 0 & 3 & -4 \\ 0 & 0 & 4 & 3 \end{bmatrix}^T \begin{bmatrix} 2 & 0 & 1 & 0 \\ 0 & 2 & 0 & 1 \\ 1 & 0 & 2 & 0 \\ 0 & 1 & 0 & 2 \end{bmatrix}\begin{bmatrix} 3 & -4 & 0 & 0 \\ 4 & 3 & 0 & 0 \\ 0 & 0 & 3 & -4 \\ 0 & 0 & 4 & 3 \end{bmatrix}$$

$$= \frac{mH}{24}\begin{bmatrix} 10 & 0 & 5 & 0 \\ 0 & 10 & 0 & 5 \\ 5 & 0 & 10 & 0 \\ 0 & 5 & 0 & 10 \end{bmatrix}$$

$$[L]_2^T[k]_2[L]_2 = \frac{6EA}{125H}\begin{bmatrix} 3 & -4 & 0 & 0 \\ 4 & 3 & 0 & 0 \\ 0 & 0 & 3 & -4 \\ 0 & 0 & 4 & 3 \end{bmatrix}^T \begin{bmatrix} 1 & 0 & -1 & 0 \\ 0 & 0 & 0 & 0 \\ -1 & 0 & 1 & 0 \\ 0 & 0 & 0 & 0 \end{bmatrix}\begin{bmatrix} 3 & -4 & 0 & 0 \\ 4 & 3 & 0 & 0 \\ 0 & 0 & 3 & -4 \\ 0 & 0 & 4 & 3 \end{bmatrix}$$

$$= \frac{6EA}{125H}\begin{bmatrix} 9 & -12 & -9 & 12 \\ -12 & 16 & 12 & -16 \\ -9 & 12 & 9 & -12 \\ 12 & -16 & -12 & 16 \end{bmatrix}$$

$$\therefore \frac{mH}{24}\begin{bmatrix} 10 & 0 & 5 & 0 \\ 0 & 10 & 0 & 5 \\ 5 & 0 & 10 & 0 \\ 0 & 5 & 0 & 10 \end{bmatrix}\begin{Bmatrix} \ddot{\bar{u}}_5 \\ \ddot{\bar{u}}_6 \\ \ddot{\bar{u}}_3 \\ \ddot{\bar{u}}_4 \end{Bmatrix}_2 + \frac{6EA}{125H}\begin{bmatrix} 9 & -12 & -9 & 12 \\ -12 & 16 & 12 & -16 \\ -9 & 12 & 9 & -12 \\ 12 & -16 & -12 & 16 \end{bmatrix}\begin{Bmatrix} \bar{u}_5 \\ \bar{u}_6 \\ \bar{u}_3 \\ \bar{u}_4 \end{Bmatrix}_2$$

$$= \frac{1}{5}\begin{Bmatrix} 3f_5 + 4f_6 \\ -4f_5 + 3f_6 \\ 3f_3 + 4f_4 \\ -4f_3 + 3f_4 \end{Bmatrix}_2 = \begin{Bmatrix} \bar{f}_5 \\ \bar{f}_6 \\ \bar{f}_3 \\ \bar{f}_4 \end{Bmatrix}_2$$

For element 3

$$\begin{Bmatrix} u_1 \\ u_2 \\ u_7 \\ u_8 \end{Bmatrix}_3 = \frac{1}{5}\begin{bmatrix} 3 & 4 & 0 & 0 \\ -4 & 3 & 0 & 0 \\ 0 & 0 & 3 & 4 \\ 0 & 0 & -4 & 3 \end{bmatrix}\begin{Bmatrix} \bar{u}_1 \\ \bar{u}_2 \\ \bar{u}_7 \\ \bar{u}_8 \end{Bmatrix}_3$$

$$\rightarrow [L]_3 = \frac{1}{5}\begin{bmatrix} 3 & 4 & 0 & 0 \\ -4 & 3 & 0 & 0 \\ 0 & 0 & 3 & 4 \\ 0 & 0 & -4 & 3 \end{bmatrix}$$

$$[L]_3^T[m]_3[L]_3 = \frac{mH}{120}\begin{bmatrix} 3 & 4 & 0 & 0 \\ -4 & 3 & 0 & 0 \\ 0 & 0 & 3 & 4 \\ 0 & 0 & -4 & 3 \end{bmatrix}^T \begin{bmatrix} 2 & 0 & 1 & 0 \\ 0 & 2 & 0 & 1 \\ 1 & 0 & 2 & 0 \\ 0 & 1 & 0 & 2 \end{bmatrix}\begin{bmatrix} 3 & 4 & 0 & 0 \\ -4 & 3 & 0 & 0 \\ 0 & 0 & 3 & 4 \\ 0 & 0 & -4 & 3 \end{bmatrix}$$

$$= \frac{mH}{24}\begin{bmatrix} 10 & 0 & 5 & 0 \\ 0 & 10 & 0 & 5 \\ 5 & 0 & 10 & 0 \\ 0 & 5 & 0 & 10 \end{bmatrix}$$

$$[L]_3^T[k]_3[L]_3 = \frac{6EA}{125H}\begin{bmatrix} 3 & 4 & 0 & 0 \\ -4 & 3 & 0 & 0 \\ 0 & 0 & 3 & 4 \\ 0 & 0 & -4 & 3 \end{bmatrix}^T \begin{bmatrix} 1 & 0 & -1 & 0 \\ 0 & 0 & 0 & 0 \\ -1 & 0 & 1 & 0 \\ 0 & 0 & 0 & 0 \end{bmatrix}\begin{bmatrix} 3 & 4 & 0 & 0 \\ -4 & 3 & 0 & 0 \\ 0 & 0 & 3 & 4 \\ 0 & 0 & -4 & 3 \end{bmatrix}$$

$$= \frac{6EA}{125H}\begin{bmatrix} 9 & 12 & -9 & -12 \\ 12 & 16 & -12 & -16 \\ -9 & -12 & 9 & 12 \\ -12 & -16 & 12 & 16 \end{bmatrix}$$

$$\therefore \frac{mH}{24}\begin{bmatrix} 10 & 0 & 5 & 0 \\ 0 & 10 & 0 & 5 \\ 5 & 0 & 10 & 0 \\ 0 & 5 & 0 & 10 \end{bmatrix}\begin{Bmatrix} \ddot{\bar{u}}_1 \\ \ddot{\bar{u}}_2 \\ \ddot{\bar{u}}_7 \\ \ddot{\bar{u}}_8 \end{Bmatrix}_3 + \frac{6EA}{125H}\begin{bmatrix} 9 & 12 & -9 & -12 \\ 12 & 16 & -12 & -16 \\ -9 & -12 & 9 & 12 \\ -12 & -16 & 12 & 16 \end{bmatrix}\begin{Bmatrix} \bar{u}_1 \\ \bar{u}_2 \\ \bar{u}_7 \\ \bar{u}_8 \end{Bmatrix}_3$$

$$= \frac{1}{5}\begin{Bmatrix} 3f_1 - 4f_2 \\ 4f_1 + 3f_2 \\ 3f_7 - 4f_8 \\ 4f_7 + 3f_8 \end{Bmatrix}_3 = \begin{Bmatrix} \bar{f}_1 \\ \bar{f}_2 \\ \bar{f}_7 \\ \bar{f}_8 \end{Bmatrix}_3$$

For element 5

$$\begin{Bmatrix} u_7 \\ u_8 \\ u_3 \\ u_4 \end{Bmatrix}_5 = \begin{bmatrix} 0 & -1 & 0 & 0 \\ 1 & 0 & 0 & 0 \\ 0 & 0 & 0 & -1 \\ 0 & 0 & 1 & 0 \end{bmatrix}\begin{Bmatrix} \bar{u}_7 \\ \bar{u}_8 \\ \bar{u}_3 \\ \bar{u}_4 \end{Bmatrix}_5$$

$$\rightarrow [L]_5 = \begin{bmatrix} 0 & -1 & 0 & 0 \\ 1 & 0 & 0 & 0 \\ 0 & 0 & 0 & -1 \\ 0 & 0 & 1 & 0 \end{bmatrix}$$

$$[L]_5^T[m]_5[L]_5 = \frac{mH}{6}\begin{bmatrix} 0 & -1 & 0 & 0 \\ 1 & 0 & 0 & 0 \\ 0 & 0 & 0 & -1 \\ 0 & 0 & 1 & 0 \end{bmatrix}^T \begin{bmatrix} 2 & 0 & 1 & 0 \\ 0 & 2 & 0 & 1 \\ 1 & 0 & 2 & 0 \\ 0 & 1 & 0 & 2 \end{bmatrix}\begin{bmatrix} 0 & -1 & 0 & 0 \\ 1 & 0 & 0 & 0 \\ 0 & 0 & 0 & -1 \\ 0 & 0 & 1 & 0 \end{bmatrix}$$

$$= \frac{mH}{6}\begin{bmatrix} 2 & 0 & 1 & 0 \\ 0 & 2 & 0 & 1 \\ 1 & 0 & 2 & 0 \\ 0 & 1 & 0 & 2 \end{bmatrix}$$

$$[L]_5^T[k]_5[L]_5 = \frac{3EA}{2H}\begin{bmatrix} 0 & -1 & 0 & 0 \\ 1 & 0 & 0 & 0 \\ 0 & 0 & 0 & -1 \\ 0 & 0 & 1 & 0 \end{bmatrix}^T \begin{bmatrix} 1 & 0 & -1 & 0 \\ 0 & 0 & 0 & 0 \\ -1 & 0 & 1 & 0 \\ 0 & 0 & 0 & 0 \end{bmatrix}\begin{bmatrix} 0 & -1 & 0 & 0 \\ 1 & 0 & 0 & 0 \\ 0 & 0 & 0 & -1 \\ 0 & 0 & 1 & 0 \end{bmatrix}$$

$$= \frac{3EA}{2H} \begin{bmatrix} 0 & 0 & 0 & 0 \\ 0 & 1 & 0 & -1 \\ 0 & 0 & 0 & 0 \\ 0 & -1 & 0 & 1 \end{bmatrix}$$

$$\therefore \frac{mH}{6}\begin{bmatrix} 2 & 0 & 1 & 0 \\ 0 & 2 & 0 & 1 \\ 1 & 0 & 2 & 0 \\ 0 & 1 & 0 & 2 \end{bmatrix} \begin{Bmatrix} \ddot{\bar{u}}_7 \\ \ddot{\bar{u}}_8 \\ \ddot{\bar{u}}_3 \\ \ddot{\bar{u}}_4 \end{Bmatrix}_5 + \frac{3EA}{2H} \begin{bmatrix} 0 & 0 & 0 & 0 \\ 0 & 1 & 0 & -1 \\ 0 & 0 & 0 & 0 \\ 0 & -1 & 0 & 1 \end{bmatrix} \begin{Bmatrix} \bar{u}_7 \\ \bar{u}_8 \\ \bar{u}_3 \\ \bar{u}_4 \end{Bmatrix}_5 = \begin{Bmatrix} f_8 \\ -f_7 \\ f_4 \\ -f_3 \end{Bmatrix}_5 = \begin{Bmatrix} \bar{f}_7 \\ \bar{f}_8 \\ \bar{f}_3 \\ \bar{f}_4 \end{Bmatrix}_5$$

8.3

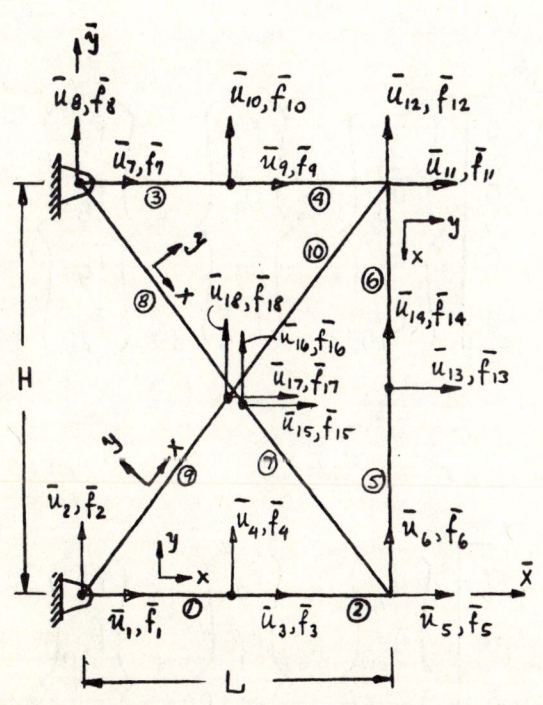

$L = \frac{3}{4} H$

$\ell_i = \frac{L}{2} = \frac{3}{8} H \qquad i = 1,2,3,4$

$\ell_i = \frac{H}{2} \qquad i = 5,6$

$\ell_i = \frac{5}{8} H \qquad i = 7,8,9,10$

$m_i = m \qquad i = 1,2,\ldots,10$

$(EA)_i = EA \qquad i = 1,2,3,4$

$(EA)_i = \frac{3}{2} EA \qquad i = 5,6,\ldots,10$

$\sin \alpha = \frac{4}{5}, \quad \cos \alpha = \frac{3}{5}$

Using results from Problem 8.2, we can write:

for element 1

$[L]_1 = [1]_{4\times 4}$

$$\frac{mH}{16}\begin{bmatrix} 2 & 0 & 1 & 0 \\ 0 & 2 & 0 & 1 \\ 1 & 0 & 2 & 0 \\ 0 & 1 & 0 & 2 \end{bmatrix} \begin{Bmatrix} \ddot{\bar{u}}_1 \\ \ddot{\bar{u}}_2 \\ \ddot{\bar{u}}_3 \\ \ddot{\bar{u}}_4 \end{Bmatrix}_1 + \frac{8EA}{3H}\begin{bmatrix} 1 & 0 & -1 & 0 \\ 0 & 0 & 0 & 0 \\ -1 & 0 & 1 & 0 \\ 0 & 0 & 0 & 0 \end{bmatrix} \begin{Bmatrix} \bar{u}_1 \\ \bar{u}_2 \\ \bar{u}_3 \\ \bar{u}_4 \end{Bmatrix}_1 = \begin{Bmatrix} f_1 \\ f_2 \\ f_3 \\ f_4 \end{Bmatrix}_1 = \begin{Bmatrix} \bar{f}_1 \\ \bar{f}_2 \\ \bar{f}_3 \\ \bar{f}_4 \end{Bmatrix}_1$$

for element 2

$$[L]_2 = [1]_{4\times 4}$$

$$\frac{mH}{16}\begin{bmatrix} 2 & 0 & 1 & 0 \\ 0 & 2 & 0 & 1 \\ 1 & 0 & 2 & 0 \\ 0 & 1 & 0 & 2 \end{bmatrix}\begin{Bmatrix} \ddot{u}_3 \\ \ddot{u}_4 \\ \ddot{u}_5 \\ \ddot{u}_6 \end{Bmatrix}_2 + \frac{8EA}{3H}\begin{bmatrix} 1 & 0 & -1 & 0 \\ 0 & 0 & 0 & 0 \\ -1 & 0 & 1 & 0 \\ 0 & 0 & 0 & 0 \end{bmatrix}\begin{Bmatrix} \bar{u}_3 \\ \bar{u}_4 \\ \bar{u}_5 \\ \bar{u}_6 \end{Bmatrix}_2 = \begin{Bmatrix} f_3 \\ f_4 \\ f_5 \\ f_6 \end{Bmatrix}_2 = \begin{Bmatrix} \bar{f}_3 \\ \bar{f}_4 \\ \bar{f}_5 \\ \bar{f}_6 \end{Bmatrix}_2$$

for element 3

$$[L]_3 = [1]_{4\times 4}$$

$$\frac{mH}{16}\begin{bmatrix} 2 & 0 & 1 & 0 \\ 0 & 2 & 0 & 1 \\ 1 & 0 & 2 & 0 \\ 0 & 1 & 0 & 2 \end{bmatrix}\begin{Bmatrix} \ddot{u}_7 \\ \ddot{u}_8 \\ \ddot{u}_9 \\ \ddot{u}_{10} \end{Bmatrix}_3 + \frac{8EA}{3H}\begin{bmatrix} 1 & 0 & -1 & 0 \\ 0 & 0 & 0 & 0 \\ -1 & 0 & 1 & 0 \\ 0 & 0 & 0 & 0 \end{bmatrix}\begin{Bmatrix} \bar{u}_7 \\ \bar{u}_8 \\ \bar{u}_9 \\ \bar{u}_{10} \end{Bmatrix}_3 = \begin{Bmatrix} f_7 \\ f_8 \\ f_9 \\ f_{10} \end{Bmatrix}_3 = \begin{Bmatrix} \bar{f}_7 \\ \bar{f}_8 \\ \bar{f}_9 \\ \bar{f}_{10} \end{Bmatrix}_3$$

for element 4

$$[L]_4 = [1]_{4\times 4}$$

$$\frac{mH}{16}\begin{bmatrix} 2 & 0 & 1 & 0 \\ 0 & 2 & 0 & 1 \\ 0 & 1 & 0 & 2 \\ 0 & 1 & 0 & 2 \end{bmatrix}\begin{Bmatrix} \ddot{u}_9 \\ \ddot{u}_{10} \\ \ddot{u}_{11} \\ \ddot{u}_{12} \end{Bmatrix}_4 + \frac{8EA}{3H}\begin{bmatrix} 1 & 0 & -1 & 0 \\ 0 & 0 & 0 & 0 \\ 0 & 0 & 0 & 0 \\ 0 & 0 & 0 & 0 \end{bmatrix}\begin{Bmatrix} \bar{u}_9 \\ \bar{u}_{10} \\ \bar{u}_{11} \\ \bar{u}_{12} \end{Bmatrix}_4 = \begin{Bmatrix} f_9 \\ f_{10} \\ f_{11} \\ f_{12} \end{Bmatrix}_4 = \begin{Bmatrix} \bar{f}_9 \\ \bar{f}_{10} \\ \bar{f}_{11} \\ \bar{f}_{12} \end{Bmatrix}_4$$

for element 5

$$[L]_5 = \begin{bmatrix} 0 & -1 & 0 & 0 \\ 1 & 0 & 0 & 0 \\ 0 & 0 & 0 & -1 \\ 0 & 0 & 1 & 0 \end{bmatrix}$$

$$\frac{mH}{12}\begin{bmatrix} 2 & 0 & 1 & 0 \\ 0 & 2 & 0 & 1 \\ 1 & 0 & 2 & 0 \\ 0 & 1 & 0 & 2 \end{bmatrix}\begin{Bmatrix} \ddot{\bar{u}}_{13} \\ \ddot{\bar{u}}_{14} \\ \ddot{\bar{u}}_{5} \\ \ddot{\bar{u}}_{6} \end{Bmatrix}_5 + \frac{3EA}{H}\begin{bmatrix} 0 & 0 & 0 & 0 \\ 0 & 1 & 0 & -1 \\ 0 & 0 & 0 & 0 \\ 0 & -1 & 0 & 1 \end{bmatrix}\begin{Bmatrix} \bar{u}_{13} \\ \bar{u}_{14} \\ \bar{u}_{5} \\ \bar{u}_{6} \end{Bmatrix}_5 = \begin{Bmatrix} f_{14} \\ -f_{13} \\ f_6 \\ -f_5 \end{Bmatrix}_5 = \begin{Bmatrix} \bar{f}_{13} \\ \bar{f}_{14} \\ \bar{f}_5 \\ \bar{f}_6 \end{Bmatrix}_5$$

for element 6

$$[L]_6 = \begin{bmatrix} 0 & -1 & 0 & 0 \\ 1 & 0 & 0 & 0 \\ 0 & 0 & 0 & -1 \\ 0 & 0 & 1 & 0 \end{bmatrix}$$

$$\frac{mH}{12}\begin{bmatrix} 2 & 0 & 1 & 0 \\ 0 & 2 & 0 & 1 \\ 1 & 0 & 2 & 0 \\ 0 & 1 & 0 & 2 \end{bmatrix}\begin{Bmatrix} \ddot{\bar{u}}_{11} \\ \ddot{\bar{u}}_{12} \\ \ddot{\bar{u}}_{13} \\ \ddot{\bar{u}}_{14} \end{Bmatrix}_6 + \frac{3EA}{H}\begin{bmatrix} 0 & 0 & 0 & 0 \\ 0 & 1 & 0 & -1 \\ 0 & 0 & 0 & 0 \\ 0 & -1 & 0 & 1 \end{bmatrix}\begin{Bmatrix} \bar{u}_{11} \\ \bar{u}_{12} \\ \bar{u}_{13} \\ \bar{u}_{14} \end{Bmatrix}_6 = \begin{Bmatrix} f_{12} \\ -f_{11} \\ f_{14} \\ -f_{13} \end{Bmatrix}_6 = \begin{Bmatrix} \bar{f}_{11} \\ \bar{f}_{12} \\ \bar{f}_{13} \\ \bar{f}_{14} \end{Bmatrix}_6$$

for element 7

$$[L]_7 = \frac{1}{5}\begin{bmatrix} 3 & -4 & 0 & 0 \\ 4 & 3 & 0 & 0 \\ 0 & 0 & 3 & -4 \\ 0 & 0 & 4 & 3 \end{bmatrix}$$

$$\frac{mH}{48}\begin{bmatrix} 10 & 0 & 5 & 0 \\ 0 & 10 & 0 & 5 \\ 5 & 0 & 10 & 0 \\ 0 & 5 & 0 & 10 \end{bmatrix}\begin{Bmatrix} \ddot{\bar{u}}_{15} \\ \ddot{\bar{u}}_{16} \\ \ddot{\bar{u}}_{5} \\ \ddot{\bar{u}}_{6} \end{Bmatrix}_7 + \frac{12EA}{125H}\begin{bmatrix} 9 & -12 & -9 & 12 \\ -12 & 16 & 12 & -16 \\ -9 & 12 & 9 & -12 \\ 12 & -16 & -12 & 16 \end{bmatrix}\begin{Bmatrix} u_{15} \\ u_{16} \\ u_{5} \\ u_{6} \end{Bmatrix}_7$$

$$= \frac{1}{5}\begin{Bmatrix} 3f_{15} + 4f_{16} \\ -4f_{15} + 3f_{16} \\ 3f_5 + 4f_6 \\ -4f_5 + 3f_6 \end{Bmatrix}_9 = \begin{Bmatrix} \bar{f}_{15} \\ \bar{f}_{16} \\ \bar{f}_5 \\ \bar{f}_6 \end{Bmatrix}_7$$

for element 8

$$[L]_8 = \frac{1}{5}\begin{bmatrix} 3 & -4 & 0 & 0 \\ 4 & 3 & 0 & 0 \\ 0 & 0 & 3 & -4 \\ 0 & 0 & 4 & 3 \end{bmatrix}$$

$$\frac{mH}{48}\begin{bmatrix} 10 & 0 & 5 & 0 \\ 0 & 10 & 0 & 5 \\ 5 & 0 & 10 & 0 \\ 0 & 5 & 0 & 10 \end{bmatrix}\begin{Bmatrix} \ddot{u}_7 \\ \ddot{u}_8 \\ \ddot{u}_{15} \\ \ddot{u}_{16} \end{Bmatrix}_8 + \frac{12EA}{125H}\begin{bmatrix} 9 & -12 & -9 & 12 \\ -12 & 16 & 12 & -16 \\ -9 & 12 & 9 & -12 \\ 12 & -16 & -12 & 16 \end{bmatrix}\begin{Bmatrix} \bar{u}_7 \\ \bar{u}_8 \\ \bar{u}_{15} \\ \bar{u}_{16} \end{Bmatrix}_8$$

$$= \frac{1}{5}\begin{Bmatrix} 3f_7 + 4f_8 \\ -4f_7 + 3f_8 \\ 3f_{15} + 4f_{16} \\ -4f_{15} + 3f_{16} \end{Bmatrix}_8 = \begin{Bmatrix} \bar{f}_7 \\ \bar{f}_8 \\ \bar{f}_{15} \\ \bar{f}_{16} \end{Bmatrix}_8$$

for element 9

$$[L]_9 = \frac{1}{5}\begin{bmatrix} 3 & 4 & 0 & 0 \\ -4 & 3 & 0 & 0 \\ 0 & 0 & 3 & 4 \\ 0 & 0 & -4 & 3 \end{bmatrix}$$

$$\frac{mH}{48}\begin{bmatrix} 10 & 0 & 5 & 0 \\ 0 & 10 & 0 & 5 \\ 5 & 0 & 10 & 0 \\ 0 & 5 & 0 & 10 \end{bmatrix}\begin{Bmatrix} \ddot{u}_1 \\ \ddot{u}_2 \\ \ddot{u}_{17} \\ \ddot{u}_{18} \end{Bmatrix}_9 + \frac{12EA}{125H}\begin{bmatrix} 9 & 12 & -9 & -12 \\ 12 & 16 & -12 & -16 \\ -9 & -12 & 9 & 12 \\ -12 & -16 & 12 & 16 \end{bmatrix}\begin{Bmatrix} \bar{u}_1 \\ \bar{u}_2 \\ \bar{u}_{17} \\ \bar{u}_{18} \end{Bmatrix}_9$$

$$= \frac{1}{5}\begin{Bmatrix} 3f_1 - 4f_2 \\ 4f_1 + 3f_2 \\ 3f_{17} - 4f_{18} \\ 4f_{17} + 3f_{18} \end{Bmatrix}_9 = \begin{Bmatrix} \bar{f}_1 \\ \bar{f}_2 \\ \bar{f}_{17} \\ \bar{f}_{18} \end{Bmatrix}_9$$

for element 10

$$[L]_{10} = \frac{1}{5} \begin{bmatrix} 3 & 4 & 0 & 0 \\ -4 & 3 & 0 & 0 \\ 0 & 0 & 3 & 4 \\ 0 & 0 & -4 & 3 \end{bmatrix}$$

$$\frac{mH}{48} \begin{bmatrix} 10 & 0 & 5 & 0 \\ 0 & 10 & 0 & 5 \\ 5 & 0 & 10 & 0 \\ 0 & 5 & 0 & 10 \end{bmatrix} \begin{Bmatrix} \ddot{\bar{u}}_{17} \\ \ddot{\bar{u}}_{18} \\ \ddot{\bar{u}}_{11} \\ \ddot{\bar{u}}_{12} \end{Bmatrix}_{10} + \frac{12EA}{125H} \begin{bmatrix} 9 & 12 & -9 & -12 \\ 12 & 16 & -12 & -16 \\ -9 & -12 & 9 & 12 \\ -12 & -16 & 12 & 16 \end{bmatrix} \begin{Bmatrix} \bar{u}_{17} \\ \bar{u}_{18} \\ \bar{u}_{11} \\ \bar{u}_{12} \end{Bmatrix}_{10}$$

$$= \frac{1}{5} \begin{Bmatrix} 3f_{17} - 4f_{18} \\ 4f_{17} + 3f_{18} \\ 3f_{11} - 4f_{12} \\ 4f_{11} + 3f_{12} \end{Bmatrix}_{10} = \begin{Bmatrix} \bar{f}_{17} \\ \bar{f}_{18} \\ \bar{f}_{11} \\ \bar{f}_{12} \end{Bmatrix}_{10}$$

8.4

The equations of motion for the elements in terms of local coordinates are

$$[m]_i \{\ddot{u}\}_i + [k]_i \{u\}_i = \{f\}_i \quad i = I, II$$

where, by Eq. (a) of Example 8.1 and Eq. (c) of Example 8.2,

$$[m]_i = \frac{m_i L}{420} \begin{bmatrix} 140 & 0 & 0 & 70 & 0 & 0 \\ 9 & 156 & 22L & 0 & 54 & -13L \\ 0 & 22L & 4L^2 & 0 & 13L & -3L^2 \\ 70 & 0 & 0 & 140 & 0 & 0 \\ 0 & 54 & 13L & 0 & 156 & -22L \\ 0 & -13L & -3L^2 & 0 & -22L & 4L^2 \end{bmatrix}$$

and by Eq. (c) of Example 8.1 and Eq. (g) of Example 8.2,

$$[k]_i = \frac{(EI)_i}{L^3} \begin{bmatrix} (\frac{L}{r_i})^2 & 0 & 0 & -(\frac{L}{r_i})^2 & 0 & 0 \\ 0 & 12 & 6L & 0 & -12 & 6L \\ 0 & 6L & 4L^2 & 0 & -6L & 2L^2 \\ -(\frac{L}{r_i})^2 & 0 & 0 & (\frac{L}{r_i})^2 & 0 & 0 \\ 0 & -12 & -6L & 0 & 12 & -6L \\ 0 & 6L & 2L^2 & 0 & -6L & -4L^2 \end{bmatrix}$$

The equations of motion for the elementes in terms of global coordinates are

$$[\bar{m}]_i \{\ddot{\bar{u}}\}_i + [\bar{k}]_i \{\bar{u}\}_i = \{\bar{f}\}_i \quad i = I, II$$

Element I:

$$\begin{Bmatrix} u_1 \\ u_2 \\ u_3 \\ u_4 \\ u_5 \\ u_6 \end{Bmatrix}_I = \begin{bmatrix} \frac{1}{2} & \frac{\sqrt{3}}{2} & 0 & 0 & 0 & 0 \\ -\frac{\sqrt{3}}{2} & \frac{1}{2} & 0 & 0 & 0 & 0 \\ 0 & 0 & 1 & 0 & 0 & 0 \\ 0 & 0 & 0 & \frac{1}{2} & \frac{\sqrt{3}}{2} & 0 \\ 0 & 0 & 0 & -\frac{\sqrt{3}}{2} & \frac{1}{2} & 0 \\ 0 & 0 & 0 & 0 & 0 & 1 \end{bmatrix} \begin{Bmatrix} \bar{u}_1 \\ \bar{u}_2 \\ \bar{u}_3 \\ \bar{u}_4 \\ \bar{u}_5 \\ \bar{u}_6 \end{Bmatrix}_I = [L]_I \{\bar{u}\}_I ,$$

$$[L]_I = \frac{1}{2} \begin{bmatrix} 1 & \sqrt{3} & 0 & 0 & 0 & 0 \\ -\sqrt{3} & 1 & 0 & 0 & 0 & 0 \\ 0 & 1 & 0 & 0 & 0 & 0 \\ 0 & 0 & 0 & 1 & \sqrt{3} & 0 \\ 0 & 0 & 0 & -\sqrt{3} & 1 & 0 \\ 0 & 0 & 0 & 0 & 0 & 1 \end{bmatrix}$$

$$[\bar{m}]_I = [L]_I^T [m]_I [L]_I = \frac{m_1 L}{420} \begin{bmatrix} 152 & -4\sqrt{3} & -11\sqrt{3}L & 58 & 4\sqrt{3} & 6.5\sqrt{3}L \\ -4\sqrt{3} & 144 & 11L & 4\sqrt{3} & 66 & -6.5L \\ -11\sqrt{3}L & 11L & 4L^2 & -6.5\sqrt{3}L & 6.5L & -3L^2 \\ 58 & 4\sqrt{3} & -6.5\sqrt{3}L & 152 & -4\sqrt{3} & 11\sqrt{3}L \\ 4\sqrt{3} & 66 & 6.5L & -4\sqrt{3} & 144 & -11L \\ 6.5\sqrt{3}L & -6.5L & -3L^2 & 11\sqrt{3}L & -11L & 4L^2 \end{bmatrix}$$

$$[\bar{k}]_I = [L]_I^T [k]_I [L]_I = \frac{(EI)_1}{L^3} \times$$

$$\begin{bmatrix} \frac{1}{4}(\frac{L}{r_1})^2+9 & \frac{\sqrt{3}}{4}(\frac{L}{r_1})^2-3\sqrt{3} & -3\sqrt{3}L & -\frac{1}{4}(\frac{L}{r_1})^2-9 & -\frac{\sqrt{3}}{4}(\frac{L}{r_1})^2+3\sqrt{3} & -3\sqrt{3}L \\ \frac{\sqrt{3}}{4}(\frac{L}{r_1})^2-3\sqrt{3} & \frac{3}{4}(\frac{L}{r_1})^2+3 & 3L & -\frac{\sqrt{3}}{4}(\frac{L}{r_1})^2+3\sqrt{3} & -\frac{3}{4}(\frac{L}{r_1})^2-3 & 3L \\ -3\sqrt{3}L & 3L & 4L^2 & 3\sqrt{3}L & -3L & 2L^2 \\ -\frac{1}{4}(\frac{L}{r_1})^2-9 & -\frac{\sqrt{3}}{4}(\frac{L}{r_1})^2+3\sqrt{3} & 3\sqrt{3}L & \frac{1}{4}(\frac{L}{r_1})^2+9 & \frac{\sqrt{3}}{4}(\frac{L}{r_1})^2-3\sqrt{3} & 3\sqrt{3}L \\ -\frac{\sqrt{3}}{4}(\frac{L}{r_1})^2+3\sqrt{3} & -\frac{3}{4}(\frac{L}{r_1})^2-3 & -3L & \frac{\sqrt{3}}{4}(\frac{L}{r_1})^2-3\sqrt{3} & \frac{3}{4}(\frac{L}{r_1})^2+3 & -3L \\ -3\sqrt{3}L & 3L & 2L^2 & 3\sqrt{3}L & -3L & 4L^2 \end{bmatrix}$$

$$\{\bar{f}\}_I = \{\frac{1}{2} f_{1I} - \frac{\sqrt{3}}{2} f_{2I} \quad \frac{\sqrt{3}}{2} f_{1I} + \frac{1}{2} f_{2I} \quad f_{3I} \quad \frac{1}{2} f_{4I} - \frac{\sqrt{3}}{2} f_{5I}$$

$$\frac{\sqrt{3}}{2} f_{4I} + \frac{1}{2} f_{5I} \quad f_{6I}\}^T$$

and $\{\bar{u}\}_I = \{\bar{u}_1 \ \bar{u}_2 \ \bar{u}_3 \ \bar{u}_4 \ \bar{u}_5 \ \bar{u}_6\}^T$

Element II.

$$\begin{Bmatrix} u_4 \\ u_5 \\ u_6 \\ u_7 \\ u_8 \\ u_9 \end{Bmatrix}_{II} = \begin{bmatrix} 1 & 0 & 0 & 0 & 0 & 0 \\ 0 & 1 & 0 & 0 & 0 & 0 \\ 0 & 0 & 1 & 0 & 0 & 0 \\ 0 & 0 & 0 & 1 & 0 & 0 \\ 0 & 0 & 0 & 0 & 1 & 0 \\ 0 & 0 & 0 & 0 & 0 & 1 \end{bmatrix} \begin{Bmatrix} \bar{u}_4 \\ \bar{u}_5 \\ \bar{u}_6 \\ \bar{u}_7 \\ \bar{u}_8 \\ \bar{u}_9 \end{Bmatrix} = [L]_{II}\{\bar{u}\}_{II} \rightarrow [L]_{II} = [1]$$

$$[\bar{m}]_{II} = [L]_{II}^T [m]_{II} [L]_{II} = [m]_{II}, \quad [\bar{k}]_{II} = [L]_{II}^T [k]_{II} [L]_{II} = [k]_{II}$$

$$\therefore [\bar{m}]_{II} = \frac{m_2 L}{420} \begin{bmatrix} 140 & 0 & 0 & 70 & 0 & 0 \\ 0 & 156 & 22L & 0 & 54 & -13L \\ 0 & 22L & 4L^2 & 0 & 13L & -3L^2 \\ 70 & 0 & 0 & 140 & 0 & 0 \\ 0 & 54 & 13L & 0 & 156 & -22L \\ 0 & -13L & -3L^2 & 0 & -22L & 4L^2 \end{bmatrix},$$

$$[k]_{II} = \frac{(EI)_2}{L^3} \begin{bmatrix} (\frac{L}{r_2})^2 & 0 & 0 & -(\frac{L}{r_2})^2 & 0 & 0 \\ 0 & 12 & 6L & 0 & -12 & 6L \\ 0 & 6L & 4L^2 & 0 & -6L & 2L^2 \\ -(\frac{L}{r_2})^2 & 0 & 0 & (\frac{L}{r_2})^2 & 0 & 0 \\ 0 & -12 & -6L & 0 & 12 & -6L \\ 0 & 6L & 2L^2 & 0 & -6L & 4L^2 \end{bmatrix}$$

$$\{\bar{f}\}_{II} = \{f_{4II} \ f_{5II} \ f_{6II} \ f_{7II} \ f_{8II} \ f_{9II}\}^T$$

$$\{\bar{u}\}_{II} = \{\bar{u}_4 \ \bar{u}_5 \ \bar{u}_6 \ \bar{u}_7 \ \bar{u}_8 \ \bar{u}_9\}^T$$

8.5 Using the assembling process of Sec. 8.5, and considering results of Problem 8.2, the 8×8 extended mass matrices for the elements are

$$[\bar{M}]_1 = \frac{mH}{8} \begin{bmatrix} 2 & 0 & 1 & 0 & 0 & 0 & 0 & 0 \\ 0 & 2 & 0 & 1 & 0 & 0 & 0 & 0 \\ 1 & 0 & 2 & 0 & 0 & 0 & 0 & 0 \\ 0 & 1 & 0 & 2 & 0 & 0 & 0 & 0 \\ 0 & 0 & 0 & 0 & 0 & 0 & 0 & 0 \\ 0 & 0 & 0 & 0 & 0 & 0 & 0 & 0 \\ 0 & 0 & 0 & 0 & 0 & 0 & 0 & 0 \\ 0 & 0 & 0 & 0 & 0 & 0 & 0 & 0 \end{bmatrix}, \quad [\bar{M}]_2 = \frac{mH}{24} \begin{bmatrix} 0 & 0 & 0 & 0 & 0 & 0 & 0 & 0 \\ 0 & 0 & 0 & 0 & 0 & 0 & 0 & 0 \\ 0 & 0 & 10 & 0 & 5 & 0 & 0 & 0 \\ 0 & 0 & 0 & 10 & 0 & 5 & 0 & 0 \\ 0 & 0 & 5 & 0 & 10 & 0 & 0 & 0 \\ 0 & 0 & 0 & 5 & 0 & 10 & 0 & 0 \\ 0 & 0 & 0 & 0 & 0 & 0 & 0 & 0 \\ 0 & 0 & 0 & 0 & 0 & 0 & 0 & 0 \end{bmatrix}$$

$$[\bar{M}]_3 = \frac{mH}{24} \begin{bmatrix} 10 & 0 & 0 & 0 & 0 & 0 & 5 & 0 \\ 0 & 10 & 0 & 0 & 0 & 0 & 0 & 5 \\ 0 & 0 & 0 & 0 & 0 & 0 & 0 & 0 \\ 0 & 0 & 0 & 0 & 0 & 0 & 0 & 0 \\ 0 & 0 & 0 & 0 & 0 & 0 & 0 & 0 \\ 0 & 0 & 0 & 0 & 0 & 0 & 0 & 0 \\ 5 & 0 & 0 & 0 & 0 & 0 & 10 & 0 \\ 0 & 5 & 0 & 0 & 0 & 0 & 0 & 10 \end{bmatrix}, \quad [\bar{M}]_4 = \frac{mH}{8} \begin{bmatrix} 0 & 0 & 0 & 0 & 0 & 0 & 0 & 0 \\ 0 & 0 & 0 & 0 & 0 & 0 & 0 & 0 \\ 0 & 0 & 0 & 0 & 0 & 0 & 0 & 0 \\ 0 & 0 & 0 & 0 & 0 & 0 & 0 & 0 \\ 0 & 0 & 0 & 0 & 2 & 0 & 1 & 0 \\ 0 & 0 & 0 & 0 & 0 & 2 & 0 & 1 \\ 0 & 0 & 0 & 0 & 1 & 0 & 2 & 0 \\ 0 & 0 & 0 & 0 & 0 & 1 & 0 & 2 \end{bmatrix}$$

$$[\bar{M}]_5 = \frac{mH}{6} \begin{bmatrix} 0 & 0 & 0 & 0 & 0 & 0 & 0 & 0 \\ 0 & 0 & 0 & 0 & 0 & 0 & 0 & 0 \\ 0 & 0 & 2 & 0 & 0 & 0 & 1 & 0 \\ 0 & 0 & 0 & 2 & 0 & 0 & 0 & 1 \\ 0 & 0 & 0 & 0 & 0 & 0 & 0 & 0 \\ 0 & 0 & 0 & 0 & 0 & 0 & 0 & 0 \\ 0 & 0 & 1 & 0 & 0 & 0 & 2 & 0 \\ 0 & 0 & 0 & 1 & 0 & 0 & 0 & 2 \end{bmatrix}$$

Similarly, the extended stiffness matrices for the elements are

$$[\bar{K}]_1 = \frac{4EA}{3H} \begin{bmatrix} 1 & 0 & -1 & 0 & 0 & 0 & 0 & 0 \\ 0 & 0 & 0 & 0 & 0 & 0 & 0 & 0 \\ -1 & 0 & 1 & 0 & 0 & 0 & 0 & 0 \\ 0 & 0 & 0 & 0 & 0 & 0 & 0 & 0 \\ 0 & 0 & 0 & 0 & 0 & 0 & 0 & 0 \\ 0 & 0 & 0 & 0 & 0 & 0 & 0 & 0 \\ 0 & 0 & 0 & 0 & 0 & 0 & 0 & 0 \\ 0 & 0 & 0 & 0 & 0 & 0 & 0 & 0 \end{bmatrix}, \quad [\bar{K}]_2 = \frac{6EA}{125H} \begin{bmatrix} 0 & 0 & 0 & 0 & 0 & 0 & 0 & 0 \\ 0 & 0 & 0 & 0 & 0 & 0 & 0 & 0 \\ 0 & 0 & 9 & -12 & -9 & 12 & 0 & 0 \\ 0 & 0 & -12 & 16 & 12 & -16 & 0 & 0 \\ 0 & 0 & -9 & 12 & 9 & -12 & 0 & 0 \\ 0 & 0 & 12 & -16 & -12 & 16 & 0 & 0 \\ 0 & 0 & 0 & 0 & 0 & 0 & 0 & 0 \\ 0 & 0 & 0 & 0 & 0 & 0 & 0 & 0 \end{bmatrix}$$

$$[\bar{K}]_3 = \frac{6EA}{125H} \begin{bmatrix} 9 & 12 & 0 & 0 & 0 & 0 & -9 & -12 \\ 12 & 16 & 0 & 0 & 0 & 0 & -12 & -16 \\ 0 & 0 & 0 & 0 & 0 & 0 & 0 & 0 \\ 0 & 0 & 0 & 0 & 0 & 0 & 0 & 0 \\ 0 & 0 & 0 & 0 & 0 & 0 & 0 & 0 \\ 0 & 0 & 0 & 0 & 0 & 0 & 0 & 0 \\ -9 & -12 & 0 & 0 & 0 & 0 & 9 & 12 \\ -12 & -16 & 0 & 0 & 0 & 0 & 12 & 16 \end{bmatrix}, \quad [\bar{K}]_4 = \frac{4EA}{3H} \begin{bmatrix} 0 & 0 & 0 & 0 & 0 & 0 & 0 & 0 \\ 0 & 0 & 0 & 0 & 0 & 0 & 0 & 0 \\ 0 & 0 & 0 & 0 & 0 & 0 & 0 & 0 \\ 0 & 0 & 0 & 0 & 0 & 0 & 0 & 0 \\ 0 & 0 & 0 & 0 & 1 & 0 & -1 & 0 \\ 0 & 0 & 0 & 0 & 0 & 0 & 0 & 0 \\ 0 & 0 & 0 & 0 & -1 & 0 & 1 & 0 \\ 0 & 0 & 0 & 0 & 0 & 0 & 0 & 0 \end{bmatrix}$$

$$[\overline{K}]_5 = \frac{3EA}{2H} \begin{bmatrix} 0 & 0 & 0 & 0 & 0 & 0 & 0 & 0 \\ 0 & 0 & 0 & 0 & 0 & 0 & 0 & 0 \\ 0 & 0 & 0 & 0 & 0 & 0 & 0 & 0 \\ 0 & 0 & 0 & 1 & 0 & 0 & 0 & -1 \\ 0 & 0 & 0 & 0 & 0 & 0 & 0 & 0 \\ 0 & 0 & 0 & 0 & 0 & 0 & 0 & 0 \\ 0 & 0 & 0 & 0 & 0 & 0 & 0 & 0 \\ 0 & 0 & 0 & -1 & 0 & 0 & 0 & 1 \end{bmatrix}$$

To obtain the mass and stiffness matrices for the complete truss, we insert the element extended mass and stiffness matrices into Eqs. (8.56) and (8.58), respectively, with the results

$$[\overline{M}] = \sum_{e=1}^{5} [\overline{M}]_e = mH \begin{bmatrix} \frac{2}{5} & \frac{1}{5} & \frac{1}{8} & 0 & 0 & 0 & \frac{3}{40} & \frac{1}{10} \\ \frac{1}{5} & \frac{4}{15} & 0 & 0 & 0 & 0 & \frac{1}{10} & \frac{2}{15} \\ \frac{1}{8} & 0 & \frac{2}{5} & -\frac{1}{5} & \frac{3}{40} & -\frac{1}{10} & 0 & 0 \\ 0 & 0 & -\frac{1}{5} & \frac{3}{5} & -\frac{1}{10} & \frac{2}{15} & 0 & \frac{1}{6} \\ 0 & 0 & -\frac{3}{40} & -\frac{1}{10} & \frac{2}{5} & -\frac{1}{5} & \frac{1}{8} & 0 \\ 0 & 0 & -\frac{1}{10} & \frac{2}{15} & -\frac{1}{5} & \frac{4}{15} & 0 & 0 \\ \frac{3}{40} & \frac{1}{10} & 0 & 0 & \frac{1}{8} & 0 & \frac{2}{5} & \frac{1}{5} \\ \frac{1}{10} & \frac{2}{15} & 0 & \frac{1}{6} & 0 & 0 & \frac{1}{5} & \frac{3}{5} \end{bmatrix}$$

$$[\bar{K}] = \sum_{e=1}^{5} [\bar{K}]_e = \frac{EA}{H} \begin{bmatrix} \frac{662}{375} & \frac{72}{125} & -\frac{4}{3} & 0 & 0 & 0 & -\frac{54}{125} & -\frac{72}{125} \\ \frac{72}{125} & \frac{96}{125} & 0 & 0 & 0 & 0 & -\frac{72}{125} & -\frac{96}{125} \\ -\frac{4}{3} & 0 & \frac{662}{375} & -\frac{72}{125} & -\frac{54}{125} & \frac{72}{125} & 0 & 0 \\ 0 & 0 & -\frac{72}{125} & \frac{567}{250} & -\frac{72}{125} & -\frac{96}{125} & 0 & -\frac{3}{2} \\ 0 & 0 & -\frac{54}{125} & \frac{72}{125} & \frac{662}{375} & -\frac{72}{125} & -\frac{4}{3} & 0 \\ 0 & 0 & \frac{72}{125} & -\frac{96}{125} & -\frac{72}{125} & \frac{96}{125} & 0 & 0 \\ -\frac{54}{125} & -\frac{72}{125} & 0 & 0 & -\frac{4}{3} & 0 & \frac{662}{375} & \frac{72}{125} \\ -\frac{72}{125} & -\frac{96}{125} & 0 & -\frac{3}{2} & 0 & 0 & \frac{72}{125} & \frac{567}{250} \end{bmatrix}$$

$$\bar{F}_1 = \bar{f}_{11} + \bar{f}_{13} \qquad \bar{F}_5 = \bar{f}_{52} + \bar{f}_{54}$$

$$\bar{F}_2 = \bar{f}_{21} + \bar{f}_{23} \qquad \bar{F}_6 = \bar{f}_{62} + \bar{f}_{64}$$

$$\bar{F}_3 = \bar{f}_{31} + \bar{f}_{32} + \bar{f}_{35} \qquad \bar{F}_7 = \bar{f}_{73} + \bar{f}_{74} + \bar{f}_{75}$$

$$\bar{F}_4 = \bar{f}_{41} + \bar{f}_{42} + \bar{f}_{45} \qquad \bar{F}_8 = \bar{f}_{83} + \bar{f}_{84} + \bar{f}_{85}$$

Because $\bar{U}_1 = \bar{U}_2 = \bar{U}_5 + \bar{U}_6 = 0$, we can delete the rows and columns in $[\bar{M}]$ and $[\bar{K}]$ corresponding to 1, 2, 5, 6

The differential equations are

$$mH \begin{bmatrix} \frac{2}{5} & -\frac{1}{5} & 0 & 0 \\ -\frac{1}{5} & \frac{3}{5} & 0 & \frac{1}{6} \\ 0 & 0 & \frac{2}{5} & \frac{1}{5} \\ 0 & \frac{1}{6} & \frac{1}{5} & \frac{3}{5} \end{bmatrix} \begin{Bmatrix} \ddot{\bar{U}}_3 \\ \ddot{\bar{U}}_4 \\ \ddot{\bar{U}}_7 \\ \ddot{\bar{U}}_8 \end{Bmatrix} + \frac{EA}{H} \begin{bmatrix} \frac{662}{375} & -\frac{72}{125} & 0 & 0 \\ -\frac{72}{125} & \frac{567}{250} & 0 & -\frac{3}{2} \\ 0 & 0 & \frac{662}{375} & \frac{72}{125} \\ 0 & -\frac{3}{2} & \frac{72}{125} & \frac{567}{250} \end{bmatrix} \begin{Bmatrix} \bar{U}_3 \\ \bar{U}_4 \\ \bar{U}_7 \\ \bar{U}_8 \end{Bmatrix} = \begin{Bmatrix} \bar{F}_3 \\ \bar{F}_4 \\ \bar{F}_7 \\ \bar{F}_8 \end{Bmatrix}$$

The dynamic reaction forces are obtained from

$$mH \begin{bmatrix} \frac{1}{8} & 0 & \frac{3}{40} & \frac{1}{10} \\ 0 & 0 & \frac{1}{10} & \frac{2}{15} \\ \frac{3}{40} & -\frac{1}{10} & \frac{1}{8} & 0 \\ -\frac{1}{10} & \frac{2}{15} & 0 & 0 \end{bmatrix} \begin{Bmatrix} \ddot{\bar{U}}_3 \\ \ddot{\bar{U}}_4 \\ \ddot{\bar{U}}_7 \\ \ddot{\bar{U}}_8 \end{Bmatrix} + \frac{EA}{H} \begin{bmatrix} -\frac{4}{3} & 0 & -\frac{54}{125} & -\frac{72}{125} \\ 0 & 0 & -\frac{72}{125} & -\frac{96}{125} \\ -\frac{54}{125} & \frac{72}{125} & -\frac{4}{3} & 0 \\ \frac{72}{125} & -\frac{96}{125} & 0 & 0 \end{bmatrix} \begin{Bmatrix} \bar{U}_3 \\ \bar{U}_4 \\ \bar{U}_7 \\ \bar{U}_8 \end{Bmatrix} = \begin{Bmatrix} \bar{F}_1 \\ \bar{F}_2 \\ \bar{F}_5 \\ \bar{F}_6 \end{Bmatrix}$$

8.6

From Problem 8.3, we can write directly the mass and stiffness matrices for the elements in the form

$$[\bar{m}]_e = \frac{mH}{16} \begin{bmatrix} 2 & 0 & 1 & 0 \\ 0 & 2 & 0 & 1 \\ 1 & 0 & 2 & 0 \\ 0 & 1 & 0 & 2 \end{bmatrix} \quad e = 1,2,3,4$$

$$[\bar{m}]_e = \frac{mH}{12} \begin{bmatrix} 2 & 0 & 1 & 0 \\ 0 & 2 & 0 & 1 \\ 1 & 0 & 2 & 0 \\ 0 & 1 & 0 & 2 \end{bmatrix} \quad e = 5,6$$

$$[\bar{m}]_e = \frac{mH}{48} \begin{bmatrix} 10 & 0 & 5 & 0 \\ 0 & 10 & 0 & 5 \\ 5 & 0 & 10 & 0 \\ 0 & 5 & 0 & 10 \end{bmatrix} \quad e = 7,8,9,10$$

$$[\bar{k}]_e = \frac{8EA}{3H} \begin{bmatrix} 1 & 0 & -1 & 0 \\ 0 & 0 & 0 & 0 \\ -1 & 0 & 1 & 0 \\ 0 & 0 & 0 & 0 \end{bmatrix} \quad e = 1,2,3,4$$

$$[\bar{k}]_e = \frac{3EA}{H} \begin{bmatrix} 0 & 0 & 0 & 0 \\ 0 & 1 & 0 & -1 \\ 0 & 0 & 0 & 0 \\ 0 & -1 & 0 & 1 \end{bmatrix} \quad e = 5,6$$

$$[\bar{k}]_e = \frac{12EA}{125H} \begin{bmatrix} 9 & -12 & -9 & 12 \\ -12 & 16 & 12 & -16 \\ -9 & 12 & 9 & -12 \\ 12 & -16 & -12 & 16 \end{bmatrix} \quad e = 7,8$$

$$[\bar{k}]_e = \frac{12EA}{125H} \begin{bmatrix} 9 & 12 & -9 & -12 \\ 12 & 16 & -12 & -16 \\ -9 & -12 & 9 & 12 \\ -12 & -16 & 12 & 16 \end{bmatrix} \quad e = 9,10$$

The vector of nodal displacements for the complete system $\{\bar{U}\}$ has dimension 18, which is also the dimension of the extended element nodal displacement vector and the extended element nodal force vector. The extended element mass matrix and the extended element stiffness matrix are 18 x 18. For example, the extended mass matrix for element 5 has the form

$$[\bar{M}]_5 = \frac{mH}{12} \begin{bmatrix} 2 & & & 1 & & \\ & 2 & & & 1 & \\ & & & & & \\ 1 & & & 2 & & \\ & 1 & & & 2 & \end{bmatrix} \begin{matrix} \text{row} \\ 5 \\ 6 \\ \\ 13 \\ 14 \end{matrix}$$

$$\text{column} \rightarrow \quad 5 \quad 6 \qquad 13 \quad 14 \qquad 18 \times 18$$

with zeros elsewhere. The rest of the extended mass and stiffness matrices are obtained in a similar manner. To obtain the mass and stiffness matrices for the complete truss, we insert the extended mass and stiffness matrices into Eqs. (8.56) and (8.58), respectively. The equation of motion for the complete system is obtained by inserting the complete system mass and stiffness matrices as well as the complete system force vector into Eq. (8.61), or

$$[\bar{M}]\{\ddot{\bar{U}}\} + [\bar{K}]\{\bar{U}\} = \{\bar{F}\}$$

Using the partitioned scheme given by Eqs. (8.64) and 8.65), we obtain the two matrix equations

$$[\bar{M}]_{11}\{\ddot{\bar{U}}\}_1 + [\bar{K}]_{11}\{\bar{U}\}_1 = \{\bar{F}\}_1, \quad [\bar{M}]_{01}\{\ddot{\bar{U}}\}_1 + [\bar{K}]_{01}\{\bar{U}\}_1 = \{\bar{F}\}_0$$

where $\{\bar{U}\}_0 = [\bar{U}_1 \ \bar{U}_2 \ \bar{U}_7 \ \bar{U}_8]^T = [0\ 0\ 0\ 0]^T$ is the null vector corresponding to zero displacements of the supports and $\{\bar{U}\}_1 = [\bar{U}_3 \ \bar{U}_4 \ \bar{U}_5 \ \bar{U}_6 \ \bar{U}_9 \ \bar{U}_{10} \ --- \ \bar{U}_{18}]^T$ is the nonzero joint displacement vector for any given initial excitation and external excitation $\{\bar{F}\}_1$. The force vector $\{\bar{F}\}_0 = [\bar{F}_1 \ \bar{F}_2 \ \bar{F}_7 \ \bar{F}_8]^T$, represents the dynamic reaction forces due to the motion $\{\bar{U}\}_1$. The external excitation for the case at hand is zero, so that the equation of motion for the sytem is

$$[\bar{M}]_{11}\{\ddot{\bar{U}}\}_1 + [\bar{K}]_{11}\{\bar{U}\}_1 = \{0\}_1$$

and the dynamic reactions equation is

$$[\bar{M}]_{01}\{\ddot{\bar{U}}\}_1 + [\bar{K}]_{01}\{\bar{U}\}_1 = \{\bar{F}\}_0$$

8.7

$$m_1 = m_2 = m, \quad (EI)_1 = (EI)_2 = EI$$

$$(EA)_1 = (EA)_2 = EA$$

Using the assembling process of Sec. 8.5, and considering results of Problem 8.4, the 9x9 extended mass matrices for the elements are

$$[\bar{M}]_I = \frac{m_1 L}{420} \begin{bmatrix} 152 & -4\sqrt{3} & -11\sqrt{3}L & 58 & 4\sqrt{3} & 6.5\sqrt{3}L & 0 & 0 & 0 \\ -4\sqrt{3} & 144 & 11L & 4\sqrt{3} & 66 & -6.5L & 0 & 0 & 0 \\ -11\sqrt{3}L & 11L & 4L^2 & -6.5\sqrt{3}L & 6.5L & -3L^2 & 0 & 0 & 0 \\ 58 & 4\sqrt{3} & -6.5\sqrt{3}L & 152 & -4\sqrt{3} & 11\sqrt{3}L & 0 & 0 & 0 \\ 4\sqrt{3} & 66 & 6.5L & -4\sqrt{3} & 144 & -11L & 0 & 0 & 0 \\ 6.5\sqrt{3}L & -6.5L & -3L^2 & 11\sqrt{3}L & -11L & 4L^2 & 0 & 0 & 0 \\ 0 & 0 & 0 & 0 & 0 & 0 & 0 & 0 & 0 \\ 0 & 0 & 0 & 0 & 0 & 0 & 0 & 0 & 0 \\ 0 & 0 & 0 & 0 & 0 & 0 & 0 & 0 & 0 \end{bmatrix}$$

$$[\bar{M}]_{II} = \frac{m_2 L}{420} \begin{bmatrix} 0 & 0 & 0 & 0 & 0 & 0 & 0 & 0 & 0 \\ 0 & 0 & 0 & 0 & 0 & 0 & 0 & 0 & 0 \\ 0 & 0 & 0 & 0 & 0 & 0 & 0 & 0 & 0 \\ 0 & 0 & 0 & 140 & 0 & 0 & 70 & 0 & 0 \\ 0 & 0 & 0 & 0 & 156 & 22L & 0 & 54 & -13L \\ 0 & 0 & 0 & 0 & 22L & 4L^2 & 0 & 13L & -3L^2 \\ 0 & 0 & 0 & 70 & 0 & 0 & 140 & 0 & 0 \\ 0 & 0 & 0 & 0 & 54 & 13L & 0 & 156 & -22L \\ 0 & 0 & 0 & 0 & -13L & -3L^2 & 0 & -22L & 4L^2 \end{bmatrix}$$

Similarly, the extended stiffness matrices for the elements are

$$[\bar{K}]_I = \frac{(EI)_1}{L^3} \begin{bmatrix} \frac{1}{4}\left(\frac{L}{r_1}\right)^2+9 & \frac{\sqrt{3}}{4}\left(\frac{L}{r_1}\right)^2-3\sqrt{3} & -3\sqrt{3}L & -\frac{1}{4}\left(\frac{L}{r_1}\right)^2-9 & -\frac{\sqrt{3}}{4}\left(\frac{L}{r_1}\right)^2+3\sqrt{3} & -3\sqrt{3}L & 0 & 0 & 0 \\ \frac{\sqrt{3}}{4}\left(\frac{L}{r_1}\right)^2-3\sqrt{3} & \frac{3}{4}\left(\frac{L}{r_1}\right)^2+3 & 3L & -\frac{\sqrt{3}}{4}\left(\frac{L}{r_1}\right)^2+3\sqrt{3} & -\frac{3}{4}\left(\frac{L}{r_1}\right)^2-3 & 3L & 0 & 0 & 0 \\ -3\sqrt{3}L & 3L & 4L^2 & 3\sqrt{3}L & -3L & 2L^2 & 0 & 0 & 0 \\ -\frac{1}{4}\left(\frac{L}{r_1}\right)^2-9 & -\frac{\sqrt{3}}{4}\left(\frac{L}{r_1}\right)^2+3\sqrt{3} & 3\sqrt{3}L & \frac{1}{4}\left(\frac{L}{r_1}\right)^2+9 & \frac{\sqrt{3}}{4}\left(\frac{L}{r_1}\right)^2-3\sqrt{3} & 3\sqrt{3}L & 0 & 0 & 0 \\ -\frac{\sqrt{3}}{4}\left(\frac{L}{r_1}\right)^2+3\sqrt{3} & -\frac{3}{4}\left(\frac{L}{r_1}\right)^2-3 & -3L & \frac{\sqrt{3}}{4}\left(\frac{L}{r_1}\right)^2-3\sqrt{3} & \frac{3}{4}\left(\frac{L}{r_1}\right)^2+3 & -3L & 0 & 0 & 0 \\ -3\sqrt{3}L & 3L & 2L^2 & 3\sqrt{3}L & -3L & 4L^2 & 0 & 0 & 0 \\ 0 & 0 & 0 & 0 & 0 & 0 & 0 & 0 & 0 \\ 0 & 0 & 0 & 0 & 0 & 0 & 0 & 0 & 0 \\ 0 & 0 & 0 & 0 & 0 & 0 & 0 & 0 & 0 \end{bmatrix}$$

$$[\bar{K}]_{II} = \frac{(EI)_2}{L^3} \begin{bmatrix} 0 & 0 & 0 & 0 & 0 & 0 & 0 & 0 & 0 \\ 0 & 0 & 0 & 0 & 0 & 0 & 0 & 0 & 0 \\ 0 & 0 & 0 & 0 & 0 & 0 & 0 & 0 & 0 \\ 0 & 0 & 0 & (\frac{L}{r_2})^2 & 0 & 0 & -(\frac{L}{r_2})^2 & 0 & 0 \\ 0 & 0 & 0 & 0 & 12 & 6L & 0 & -12 & 6L \\ 0 & 0 & 0 & 0 & 6L & 4L^2 & 0 & -6L & 2L^2 \\ 0 & 0 & 0 & -(\frac{L}{r_2})^2 & 0 & 0 & (\frac{L}{r_2})^2 & 0 & 0 \\ 0 & 0 & 0 & 0 & -12 & -6L & 0 & 12 & -6L \\ 0 & 0 & 0 & 0 & 6L & 2L^2 & 0 & -6L & 4L^2 \end{bmatrix}$$

To obtain the mass and stiffness matrices for the complete truss, we insert the element extended mass and stiffness matrices into Eqs. (8.56) and (8.58), respectively, so that

$$[\bar{M}] = \sum_{e=1}^{2} [M]_e$$

$$= \frac{mL}{420} \begin{bmatrix} 152 & -4\sqrt{3} & -11\sqrt{3}L & 58 & 4\sqrt{3} & 6.5\sqrt{3}L & 0 & 0 & 0 \\ -4\sqrt{3} & 144 & 11L & 4\sqrt{3} & 66 & -6.5L & 0 & 0 & 0 \\ -11\sqrt{3}L & 11L & 4L^2 & -6.5\sqrt{3}L & 6.5L & -3L^2 & 0 & 0 & 0 \\ 58 & 4\sqrt{3} & -6.5\sqrt{3}L & 292 & -4\sqrt{3} & 11\sqrt{3}L & 70 & 0 & 0 \\ 4\sqrt{3} & 66 & 6.5L & -4\sqrt{3} & 300 & 11L & 0 & 54 & -13L \\ 6.5\sqrt{3}L & -6.5L & -3L^2 & 11\sqrt{3}L & 11L & 8L^2 & 0 & 13L & -3L^2 \\ 0 & 0 & 0 & 70 & 0 & 0 & 140 & 0 & 0 \\ 0 & 0 & 0 & 0 & 54 & 13L & 0 & 156 & -22L \\ 0 & 0 & 0 & 0 & -13L & -3L^2 & 0 & -22L & 4L^2 \end{bmatrix}$$

$$[\bar{K}] = \sum_{e=1}^{2} [\bar{K}]_e$$

$$= \frac{EI}{L^3} \begin{bmatrix}
\frac{1}{4}(\frac{L}{r})^2+9 & \frac{\sqrt{3}}{4}(\frac{L}{r})^2-3\sqrt{3} & -3\sqrt{3}L & -\frac{1}{4}(\frac{L}{r})^2-9 & -\frac{\sqrt{3}}{4}(\frac{L}{r})^2+3\sqrt{3} & -3\sqrt{3}L & 0 & 0 & 0 & 0 \\
\frac{\sqrt{3}}{4}(\frac{L}{r})^2-3\sqrt{3} & \frac{3}{4}(\frac{L}{r})^2+3 & 3L & -\frac{\sqrt{3}}{4}(\frac{L}{r})^2+3\sqrt{3} & -\frac{3}{4}(\frac{L}{r})^2-3 & 3L & -\frac{\sqrt{3}}{4}(\frac{L}{r})^2+3\sqrt{3} & -\frac{3}{4}(\frac{L}{r})^2-3 & 0 & 0 \\
-3\sqrt{3}L & 3L & 4L^2 & 3\sqrt{3}L & -3L & 2L^2 & -3L & 2L^2 & 0 & 0 \\
-\frac{1}{4}(\frac{L}{r})^2-9 & -\frac{\sqrt{3}}{4}(\frac{L}{r})^2+3\sqrt{3} & 3\sqrt{3}L & \frac{5}{4}(\frac{L}{r})^2+9 & \frac{\sqrt{3}}{4}(\frac{L}{r})^2-3\sqrt{3} & 3\sqrt{3}L & -(\frac{L}{r})^2 & 0 & 0 & 0 \\
-\frac{\sqrt{3}}{4}(\frac{L}{r})^2+3\sqrt{3} & -\frac{3}{4}(\frac{L}{r})^2-3 & -3L & \frac{\sqrt{3}}{4}(\frac{L}{r})^2-3\sqrt{3} & \frac{3}{4}(\frac{L}{r})^2+15 & 3L & 0 & -12 & 0 & -6L \\
-3\sqrt{3}L & 3L & 2L^2 & 3\sqrt{3}L & 3L & 8L^2 & 0 & -6L & 0 & 2L^2 \\
0 & -\frac{\sqrt{3}}{4}(\frac{L}{r})^2+3\sqrt{3} & -3L & -(\frac{L}{r})^2 & 0 & 0 & (\frac{L}{r})^2 & 0 & 0 & 0 \\
0 & -\frac{3}{4}(\frac{L}{r})^2-3 & 2L^2 & 0 & -12 & -6L & 0 & 12 & 0 & -6L \\
0 & 0 & 0 & 0 & 0 & 0 & 0 & 0 & 0 & 0 \\
0 & 0 & 0 & 0 & -6L & 2L^2 & 0 & -6L & 0 & 4L^2
\end{bmatrix}$$

173

Then the equations of motion of the free-free frame are

$$[\bar{M}]\{\ddot{\bar{U}}\} + [\bar{K}]\{\bar{U}\} = \{\bar{F}\}$$

where $\{\bar{F}\} = \{\bar{F}_1, \bar{F}_2, \bar{F}_3, \bar{F}_4, \bar{F}_5, \bar{F}_6, \bar{F}_7, \bar{F}_8, \bar{F}_9\}^T$

For the clamped-clamped frame

$$\bar{U}_1 = \bar{U}_2 = \bar{U}_3 = \bar{U}_7 = \bar{U}_8 = \bar{U}_9 = 0$$

so that

$$\frac{mL}{420}\begin{bmatrix} 292 & -4\sqrt{3} & 11\sqrt{3}L \\ -4\sqrt{3} & 300 & 11L \\ 11\sqrt{3}L & 11L & 8L^2 \end{bmatrix}\begin{Bmatrix} \ddot{\bar{U}}_4 \\ \ddot{\bar{U}}_5 \\ \ddot{\bar{U}}_6 \end{Bmatrix} + \frac{EI}{L^3}\begin{bmatrix} \frac{5}{4}(\frac{L}{r})^2+9 & \frac{\sqrt{3}}{4}(\frac{L}{r})^2-3\sqrt{3} & 3\sqrt{3}L \\ \frac{\sqrt{3}}{4}(\frac{L}{r})^2-3\sqrt{3} & \frac{3}{4}(\frac{L}{r})^2+15 & 3L \\ 3\sqrt{3}L & 3L & 8L^2 \end{bmatrix}\begin{Bmatrix} \bar{U}_4 \\ \bar{U}_5 \\ \bar{U}_6 \end{Bmatrix} = \begin{Bmatrix} \bar{F}_4 \\ \bar{F}_5 \\ \bar{F}_6 \end{Bmatrix}$$

8.8 $\bar{U}_1 = 0$

$$\therefore \frac{mL}{3360}\begin{bmatrix} 4L^2 & 26L & -3L^2 & 0 & 0 \\ 26L & 1248 & 0 & 216 & -26L \\ -3L^2 & 0 & 8L^2 & 26L & -3L^2 \\ 0 & 216 & 26L & 624 & -44L \\ 0 & -26L & -3L^2 & -44L & 4L^2 \end{bmatrix}\begin{Bmatrix} \ddot{\bar{U}}_2 \\ \ddot{\bar{U}}_3 \\ \ddot{\bar{U}}_4 \\ \ddot{\bar{U}}_5 \\ \ddot{\bar{U}}_6 \end{Bmatrix} + \frac{4EI}{L^3}\begin{bmatrix} 2L^2 & -6L & L^2 & 0 & 0 \\ -6L & 48 & 0 & -24 & 6L \\ L^2 & 0 & 4L^2 & -6L & L^2 \\ 0 & -24L & -6L & 24 & -6L \\ 0 & 6L & L^2 & -6L & 2L^2 \end{bmatrix}\begin{Bmatrix} \bar{U}_2 \\ \bar{U}_3 \\ \bar{U}_4 \\ \bar{U}_5 \\ \bar{U}_6 \end{Bmatrix} = \begin{Bmatrix} F_2 \\ F_3 \\ F_4 \\ F_5 \\ F_6 \end{Bmatrix}$$

8.9

$$\begin{bmatrix} \frac{662}{375} & -\frac{72}{125} & 0 & 0 \\ -\frac{72}{125} & \frac{567}{250} & 0 & -\frac{3}{2} \\ 0 & 0 & \frac{662}{375} & \frac{72}{125} \\ 0 & -\frac{3}{2} & \frac{72}{125} & \frac{567}{250} \end{bmatrix}\begin{Bmatrix} \bar{U}_3 \\ \bar{U}_4 \\ \bar{U}_7 \\ \bar{U}_8 \end{Bmatrix} = \omega^2 \frac{mH^2}{EA}\begin{bmatrix} \frac{2}{5} & -\frac{1}{5} & 0 & 0 \\ -\frac{1}{5} & \frac{3}{5} & 0 & \frac{1}{6} \\ 0 & 0 & \frac{2}{5} & \frac{1}{5} \\ 0 & \frac{1}{6} & \frac{1}{5} & \frac{3}{5} \end{bmatrix}\begin{Bmatrix} \bar{U}_3 \\ \bar{U}_4 \\ \bar{U}_7 \\ \bar{U}_8 \end{Bmatrix}$$

The solution is

$$\omega_1 = 0.92250\sqrt{\frac{EA}{mH^2}}, \quad \omega_2 = 2.07518\sqrt{\frac{EA}{mH^2}}, \quad \omega_3 = 2.12423\sqrt{\frac{EA}{mH^2}}, \quad \omega_4 = 3.31768\sqrt{\frac{EA}{mH^2}}$$

$$\{\overline{U}\}_1 = \begin{Bmatrix} 0.19367 \\ 0.68007 \\ -0.10367 \\ 0.68007 \end{Bmatrix}, \{\overline{U}\}_2 = \begin{Bmatrix} 0.69928 \\ -0.10489 \\ 0.69928 \\ 0.10489 \end{Bmatrix}, \{\overline{U}\}_3 = \begin{Bmatrix} 0.70196 \\ 0.08515 \\ -0.70196 \\ 0.08515 \end{Bmatrix}, \{\overline{U}\}_4 = \begin{Bmatrix} 0.37098 \\ 0.60197 \\ 0.37098 \\ -0.60197 \end{Bmatrix}$$

where the eigenvectors are normalized by setting the length equal to unity.

8.10 $[K']\{\overline{U}\} = \omega^2 [M']\{\overline{U}\}$, $r = 0.020L$

$$\begin{bmatrix} \frac{5}{4}(\frac{L}{r})^2 + 9 & \frac{\sqrt{3}}{4}(\frac{L}{r})^2 - 3\sqrt{3} & 3\sqrt{3} \\ \frac{\sqrt{3}}{4}(\frac{L}{r})^2 - 3\sqrt{3} & \frac{3}{4}(\frac{L}{r})^2 + 15 & 3 \\ 3\sqrt{3} & 3 & 8 \end{bmatrix} \begin{Bmatrix} \overline{U}_4 \\ \overline{U}_5 \\ \overline{U}_6 L \end{Bmatrix} = \omega^2 \frac{mL^4}{EI} \begin{bmatrix} \frac{292}{420} & -\frac{4\sqrt{3}}{420} & \frac{11\sqrt{3}}{420} \\ -\frac{4\sqrt{3}}{420} & \frac{300}{420} & \frac{11}{420} \\ \frac{11\sqrt{3}}{420} & \frac{11}{420} & \frac{8}{420} \end{bmatrix} \begin{Bmatrix} \overline{U}_4 \\ \overline{U}_5 \\ \overline{U}_6 L \end{Bmatrix}$$

The solution is

$$\omega_1 = 20.40153 \sqrt{\frac{EI}{mL^4}}, \quad \omega_2 = 41.85502 \sqrt{\frac{EI}{mL^4}}, \quad \omega_3 = 83.59845 \sqrt{\frac{EI}{mL^4}}$$

$$\{\overline{U}\}_1 = \frac{1}{\sqrt{mL}} \begin{Bmatrix} 0.02821 \\ 0.01629 \\ 7.15403 \end{Bmatrix}, \{\overline{U}\}_2 = \frac{1}{\sqrt{mL}} \begin{Bmatrix} 0.58770 \\ -1.01793 \\ 0.00000 \end{Bmatrix}, \{\overline{U}\}_3 = \frac{1}{\sqrt{mL}} \begin{Bmatrix} 1.17636 \\ 0.67917 \\ -3.90914 \end{Bmatrix}$$

8.11 $[K]\{\overline{U}\} = \omega^2 [M]\{\overline{U}\}$

$$\begin{bmatrix} 8 & -24 & 4 & 0 & 0 \\ -24 & 192 & 0 & -96 & 24 \\ 4 & 0 & 16 & -24 & 4 \\ 0 & -96 & -24 & 96 & -24 \\ 0 & 24 & 4 & -24 & 8 \end{bmatrix} \begin{Bmatrix} \overline{U}_2 L \\ \overline{U}_3 \\ \overline{U}_4 L \\ \overline{U}_5 \\ \overline{U}_6 L \end{Bmatrix} = \omega^2 \frac{mL^4}{EI} \cdot \frac{1}{3360} \begin{bmatrix} 4 & 26 & -3 & 0 & 0 \\ 26 & 1248 & 0 & 216 & -26 \\ -3 & 0 & 8 & 26 & -3 \\ 0 & 216 & 26 & 624 & -44 \\ 0 & -26 & -3 & -44 & 4 \end{bmatrix} \begin{Bmatrix} \overline{U}_2 L \\ \overline{U}_3 \\ \overline{U}_4 L \\ \overline{U}_5 \\ \overline{U}_6 L \end{Bmatrix}$$

If $\{\overline{U}\}_1 = \{\overline{U}_2 L, \overline{U}_3, \overline{U}_4 L \; L, \overline{U}_5, \overline{U}_6 L\}_1^T = U_0 \{2, 1, 2, 2, 2\}^T$

Then $[K]\{\bar{U}\}_1 = \{0\}$

The orthogonality condition is

$$\{\bar{U}\}_1^T [M]\{\bar{U}\} = mL \cdot \frac{U_0}{3360} \begin{Bmatrix} 2 \\ 1 \\ 2 \\ 2 \\ 2 \end{Bmatrix}^T \begin{bmatrix} 4 & 26 & -3 & 0 & 0 \\ 26 & 1248 & 0 & 216 & -26 \\ -3 & 0 & 8 & 26 & -3 \\ 0 & 216 & 26 & 624 & -44 \\ 0 & -26 & -3 & -44 & 4 \end{bmatrix} \begin{Bmatrix} \bar{U}_2 L \\ \bar{U}_3 \\ \bar{U}_4 L \\ \bar{U}_5 \\ \bar{U}_6 L \end{Bmatrix} = 0$$

gives $28\bar{U}_2 L + 1680\bar{U}_3 + 56\bar{U}_4 L + 1428\bar{U}_5 - 112\bar{U}_6 L = 0$

$\therefore\ \bar{U}_2 L = -60\bar{U}_3 - 2\bar{U}_4 L - 51\bar{U}_5 + 4\bar{U}_6 L$

$$\therefore \begin{Bmatrix} \bar{U}_2 L \\ \bar{U}_3 \\ \bar{U}_4 L \\ \bar{U}_5 \\ \bar{U}_6 L \end{Bmatrix} = \begin{bmatrix} -60 & -2 & -51 & 4 \\ 1 & 0 & 0 & 0 \\ 0 & 1 & 0 & 0 \\ 0 & 0 & 1 & 0 \\ 0 & 0 & 0 & 1 \end{bmatrix} \begin{Bmatrix} \bar{U}_3 \\ \bar{U}_4 L \\ \bar{U}_5 \\ \bar{U}_6 L \end{Bmatrix} = [C]\{\bar{U}\}$$

From $[M'] = [C]^T [M][C]$ and $[K'] = [C]^T [K][C]$ we have

$$[M'] = \frac{1}{3360} \begin{bmatrix} 12528 & 608 & 11130 & -882 \\ 608 & 36 & 587 & -47 \\ 11130 & 587 & 11028 & -860 \\ -882 & -47 & -860 & 68 \end{bmatrix} ,\quad [K'] = \begin{bmatrix} 31872 & 768 & 25608 & -1992 \\ 768 & 32 & 588 & -44 \\ 25608 & 588 & 20904 & -1656 \\ -1992 & -44 & -1656 & 136 \end{bmatrix}$$

The eigenvalue problem becomes

$[K']\{\bar{U}\} = \omega^2 [M']\{\bar{U}\}$ where $\{\bar{U}\} = \{\bar{U}_3\ \ \bar{U}_4 L\ \ \bar{U}_5\ \ \bar{U}_6 L\}^T$

The eigenvalue and normal vectors corresponding to the <u>elastic</u> modes are

$$\omega_2 = 15.51421 \sqrt{\frac{EI}{mL^4}} \quad,\quad \omega_3 = 55.82287 \sqrt{\frac{EI}{mL^4}}$$

$$\{\overline{U}\}_{2e} = \frac{1}{\sqrt{mL}} \begin{Bmatrix} 1.18710 \\ -2.70475 \\ -2.02255 \\ -7.96883 \end{Bmatrix}, \quad \{\overline{U}\}_{3e} = \frac{1}{\sqrt{mL}} \begin{Bmatrix} 0.48483 \\ 11.87110 \\ -2.04466 \\ -16.19375 \end{Bmatrix}$$

$$\omega_4 = 135.55941 \sqrt{\frac{EI}{mL^4}}, \quad \omega_5 = 249.23059 \sqrt{\frac{EI}{mL^4}}$$

$$\{\overline{U}\}_{4e} = \frac{1}{\sqrt{mL}} \begin{Bmatrix} 1.12846 \\ -10.73060 \\ 2.27211 \\ 33.20700 \end{Bmatrix}, \quad \{\overline{U}\}_{5e} = \frac{1}{\sqrt{mL}} \begin{Bmatrix} 0.43528 \\ 28.37326 \\ 3.37985 \\ 69.37169 \end{Bmatrix}$$

Now, from

$$\{\overline{U}\} = \begin{Bmatrix} \overline{U}_2 L \\ \overline{U}_3 \\ \overline{U}_4 L \\ \overline{U}_5 \\ \overline{U}_6 L \end{Bmatrix} = [C]\{\overline{U}\}_e = \begin{bmatrix} -60 & -2 & -51 & 4 \\ 1 & 0 & 0 & 0 \\ 0 & 1 & 0 & 0 \\ 0 & 0 & 1 & 0 \\ 0 & 0 & 0 & 1 \end{bmatrix} \{\overline{U}\}_e$$

We can obtain $\{\overline{U}\}_i$, from the above ($i = 2,3,4,5$). Together with $\{\overline{U}\}_1$, we have a complete set of eigenvectors

$$\begin{Bmatrix} 2.00000 \\ 1.00000 \\ 2.00000 \\ 2.00000 \\ 2.00000 \end{Bmatrix}, \begin{Bmatrix} 5.45823 \\ 1.18710 \\ -2.70475 \\ -2.02255 \\ -7.96883 \end{Bmatrix}, \begin{Bmatrix} -13.32934 \\ 0.48483 \\ 1.87110 \\ -2.04466 \\ -16.19375 \end{Bmatrix}, \begin{Bmatrix} -29.29601 \\ 1.12846 \\ -10.73060 \\ 2.27211 \\ 33.20700 \end{Bmatrix}, \begin{Bmatrix} 22.25109 \\ 0.43528 \\ 28.37326 \\ 3.37985 \\ 69.37169 \end{Bmatrix}$$

If we normalize each eigenvector such that

$$\{\overline{U}\}_i^T [\overline{M}] \{\overline{U}\}_s = \delta_{is}, \text{ then we have}$$

$$[\bar{U}] = [\{\bar{U}\}_1 \{\bar{U}\}_2 \ldots \{\bar{U}\}_5] = \frac{1}{\sqrt{mL}} \begin{bmatrix} 1.73205 & 5.45822 & -13.32938 & -29.29605 & 22.25112 \\ 0.86603 & 1.18710 & 0.48483 & 1.12846 & 0.43528 \\ 1.73205 & -2.70474 & 11.87113 & -10.73061 & 28.37329 \\ 1.73205 & -2.02255 & -2.04467 & 2.27211 & 3.37985 \\ 1.73205 & -7.96881 & -16.19379 & 33.20704 & 69.37177 \end{bmatrix}$$

8.12 $\bar{U}_1 = \bar{U}_2 = \bar{U}_5 = 0$

$$\therefore \frac{mL}{3360} \begin{bmatrix} 1248 & 0 & -26 \\ 0 & 8 & -3 \\ -26 & -3 & 4 \end{bmatrix} \begin{Bmatrix} \ddot{\bar{U}}_3 \\ \ddot{\bar{U}}_4 L \\ \ddot{\bar{U}}_6 L \end{Bmatrix} + \frac{4EI}{L^3} \begin{bmatrix} 48 & 0 & 6 \\ 0 & 4 & 1 \\ 6 & 1 & 2 \end{bmatrix} \begin{Bmatrix} \bar{U}_3 \\ \bar{U}_4 L \\ \bar{U}_6 L \end{Bmatrix} = \begin{Bmatrix} \bar{F}_3 \\ \bar{F}_4/L \\ \bar{F}_6/L \end{Bmatrix}$$

The eigenvalue problem is

$$\begin{bmatrix} 192 & 0 & 24 \\ 0 & 16 & 4 \\ 24 & 4 & 8 \end{bmatrix} \begin{Bmatrix} \bar{U}_3 \\ \bar{U}_4 L \\ \bar{U}_6 L \end{Bmatrix} = \omega^2 \frac{mL^4}{EI} \begin{bmatrix} \frac{1248}{3360} & 0 & -\frac{26}{3360} \\ 0 & \frac{8}{3360} & -\frac{3}{3360} \\ -\frac{26}{3360} & -\frac{3}{3360} & \frac{4}{3360} \end{bmatrix} \begin{Bmatrix} \bar{U}_3 \\ \bar{U}_4 L \\ \bar{U}_6 L \end{Bmatrix}$$

The solution is

$$\omega_1 = 15.56082 \sqrt{\frac{EI}{mL^4}}, \quad \omega_2 = 58.40602 \sqrt{\frac{EI}{mL^4}}, \quad \omega_3 = 155.63907 \sqrt{\frac{EI}{mL^4}}$$

$$\{\bar{U}\}_1 = \frac{1}{\sqrt{mL}} \begin{Bmatrix} 1.47224 \\ 1.58754 \\ -5.80746 \end{Bmatrix}, \quad \{\bar{U}\}_2 = \frac{1}{\sqrt{mL}} \begin{Bmatrix} 0.67785 \\ -12.93224 \\ 14.45965 \end{Bmatrix}, \quad \{\bar{U}\}_3 = \frac{1}{\sqrt{mL}} \begin{Bmatrix} 0.83087 \\ 21.27761 \\ 34.60047 \end{Bmatrix}$$

8.13

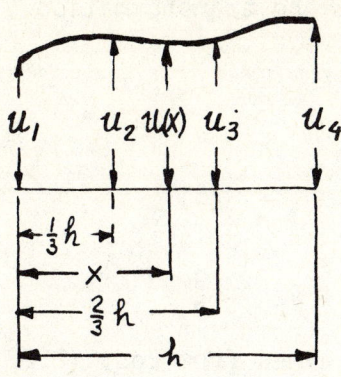

Using the approach of Sec. 8.7, we approximate the displacement of the system by a cubic function of the form

$$u(x) = a + bx + cx^2 + dx^3$$

where a,b,c and d are constant coefficients. To determine the four coefficients, we need two internal nodes in addition to the two nodal coordinates. For simplicity, we take the internal nodes at $x = 1/3\ h$ and $x = 2/3\ h$. Then, we determine the coefficients a,b,c and d by solving the equations

$$u(0) = u_1 = a$$

$$u(\tfrac{1}{3}h) = u_2 = a + \tfrac{1}{3}hb + \tfrac{1}{9}h^2c + \tfrac{1}{27}h^3d$$

$$u(\tfrac{2}{3}h) = u_3 = a + \tfrac{2}{3}hb + \tfrac{4}{9}h^2c + \tfrac{8}{27}h^3d$$

$$u(h) = u_4 = a + hb + h^2c + h^3d$$

with the result

$$a = u_1,\quad b = -\tfrac{1}{h}\left(\tfrac{11}{2}u_1 - 9u_2 + \tfrac{9}{2}u_3 - u_4\right)$$

$$c = \tfrac{9}{2h^2}(2u_1 - 5u_2 + 4u_3 - u_4),\quad d = -\tfrac{9}{2h^3}(u_1 - 3u_2 + 3u_3 - u_4)$$

Inserting the coefficients into the displacement function $u(x)$, we obtain

$$u(x) = L_1(x)u_1 + L_2(x)u_2 + L_3(x)u_3 + L_4(x)u_4$$

where

$$L_1(x) = 1 - \tfrac{11}{2}\left(\tfrac{x}{h}\right) + 9\left(\tfrac{x}{h}\right)^2 - \tfrac{9}{2}\left(\tfrac{x}{h}\right)^2$$

$$L_2(x) = \tfrac{9}{2}\left(\tfrac{x}{h}\right)\left[2 - 5\left(\tfrac{x}{h}\right) + 3\left(\tfrac{x}{h}\right)^2\right]$$

$$L_3(x) = -\tfrac{9}{2}\left(\tfrac{x}{h}\right)\left[1 - 4\left(\tfrac{x}{h}\right) + 3\left(\tfrac{x}{h}\right)^2\right]$$

$$L_4(x) = \tfrac{1}{2}\left(\tfrac{x}{h}\right)\left[2 - 9\left(\tfrac{x}{h}\right) + 9\left(\tfrac{x}{h}\right)^2\right]$$

are the desired cubic interpolation functions. They can be expressed in terms of a nondimensional coordinate ξ by introducing the transformation

$$1 - \frac{x}{h} = \xi, \quad \frac{x}{h} = 1-\xi$$

which results in

$$L_1(\xi) = \frac{1}{2}\xi(2 - 9\xi + 9\xi^2), \quad L_2(\xi) = -\frac{9}{2}\xi(1 - 4\xi + 3\xi^2)$$

$$L_3(\xi) = \frac{9}{2}\xi(2 - 5\xi + 3\xi^2), \quad L_4(\xi) = 1 - \frac{11}{2}\xi + 9\xi^2 - \frac{9}{2}\xi^3$$

The element mass and stiffness matrices are obtained from Eqs. (8.28) and (8.30), respectively. Changing the variable x to the nondimensional coordainte ξ, where $dx = -h d\xi$, we must adjust the limits of integration as follows: $x = h$, $\xi = 0$ and $x = 0$, $\xi = 1$. Then, for I = const and GJ = const,

$$[m] = I \int_0^h \{L(x)\}\{L(x)\}^T dx = Ih \int_0^1 \{L(\xi)\}\{L(\xi)\}^T d\xi$$

where $\{L(\xi)\} = [L_1(\xi) \; L_2(\xi) \; L_3(\xi) \; L_4(\xi)]^T$

$$[k] = GJ \int_0^h \{L'(x)\}\{L'(x)\}^T dx$$

$$\{L'(x)\} = \frac{d\{L(x)\}}{dx} = \frac{d\{L(\xi)\}}{d\xi}\frac{d\xi}{dx} = -\frac{1}{h}\frac{d}{d\xi}\{L(\xi)\}$$

$$[k] = \frac{GJ}{h} \int_0^1 \frac{d\{L(\xi)\}}{d\xi} \cdot \frac{d\{L(\xi)\}^T}{d\xi} d\xi$$

Substituting the interpolation functions, the mass matrix is

$$[m] = Ih \int_0^1 \begin{Bmatrix} \frac{1}{2}\xi(2 - 9\xi + 9\xi^2) \\ -\frac{9}{2}\xi(1 - 4\xi + 3\xi^2) \\ \frac{9}{2}\xi(2 - 5\xi + 3\xi^2) \\ 1 - \frac{11}{2}\xi + 9\xi^2 - \frac{9}{2}\xi^3 \end{Bmatrix} \begin{Bmatrix} \frac{1}{2}\xi(2 - 9\xi + 9\xi^2) \\ -\frac{9}{2}\xi(1 - 4\xi + 3\xi^2) \\ \frac{9}{2}\xi(2 - 5\xi + 3\xi^2) \\ 1 - \frac{11}{2}\xi + 9\xi^2 - \frac{9}{2}\xi^3 \end{Bmatrix}^T d\xi$$

$$m_{11} = Ih \int_0^1 (\xi^2 - 9\xi^3 + \frac{117}{4}\xi^4 - \frac{81}{2}\xi^5 + \frac{81}{4}\xi^6) d\xi = \frac{32}{420} Ih$$

$$m_{12} = Ih \int_0^1 (-\frac{9}{2}\xi^2 + \frac{153}{4}\xi^3 - \frac{459}{4}\xi^4 + \frac{567}{4}\xi^5 - \frac{243}{4}\xi^6) d\xi = \frac{99}{1680} Ih$$

$$m_{13} = Ih \int_0^1 (9\xi^2 - 63\xi^3 + \frac{621}{4}\xi^4 - 162\xi^5 + \frac{243}{4}\xi^6) d\xi = -\frac{9}{420} Ih$$

$$m_{14} = Ih \int_0^1 (\xi - 10\xi^2 + \frac{153}{4}\xi^3 - \frac{279}{4}\xi^4 + \frac{243}{4}\xi^5 - \frac{81}{2}\xi^6)d\xi = \frac{19}{1680} Ih$$

$$m_{22} = Ih \int_0^1 (\frac{81}{4}\xi^2 - 162\xi^3 + \frac{891}{2}\xi^4 - 486\xi^5 + \frac{729}{4}\xi^6)d\xi = \frac{162}{420} Ih$$

$$m_{23} = Ih \int_0^1 (-\frac{81}{2}\xi^2 + \frac{1053}{4}\xi^3 - \frac{2349}{4}\xi^4 + \frac{2187}{4}\xi^5 - \frac{729}{4}\xi^6)d\xi = -\frac{81}{1680} Ih$$

$$m_{24} = Ih \int_0^1 (-\frac{9}{2}\xi + \frac{171}{4}\xi^2 - 153\xi^3 + \frac{513}{2}\xi^4 - \frac{405}{2}\xi^5 + \frac{243}{4}\xi^6)d\xi = -\frac{9}{420} Ih$$

$$m_{33} = Ih \int_0^1 (81\xi^2 - 405\xi^3 + \frac{2997}{4}\xi^4 - \frac{1215}{2}\xi^5 + \frac{729}{4}\xi^6)d\xi = \frac{162}{420} Ih$$

$$m_{34} = Ih \int_0^1 (9\xi - 72\xi^2 + \frac{873}{4}\xi^3 - \frac{1269}{4}\xi^4 + \frac{891}{4}\xi^5 - \frac{243}{4}\xi^6)d\xi = \frac{99}{1680} Ih$$

$$m_{44} = Ih \int_0^1 (1 - 11\xi + \frac{193}{4}\xi^2 - 108\xi^3 + \frac{522}{4}\xi^4 - 81\xi^5 + \frac{81}{4}\xi^6)d\xi = \frac{32}{420} Ih$$

$$[k] = \frac{GJ}{h} \int_0^1 \begin{Bmatrix} 1 - 9\xi + \frac{27}{2}\xi^2 \\ -\frac{9}{2} + 36\xi - \frac{81}{2}\xi^2 \\ 9 - 45\xi + \frac{81}{2}\xi^2 \\ -\frac{11}{2} + 18\xi - \frac{27}{2}\xi^2 \end{Bmatrix} \begin{Bmatrix} 1 - 9\xi + \frac{27}{2}\xi^2 \\ -\frac{9}{2} + 36\xi - \frac{81}{2}\xi^2 \\ 9 - 45\xi + \frac{81}{2}\xi^2 \\ -\frac{11}{2} + 18\xi - \frac{27}{2}\xi^2 \end{Bmatrix}^T d\xi$$

$$k_{11} = \frac{GJ}{h} \int_0^1 (1 - 18\xi + 108\xi^2 - 243\xi^3 + \frac{729}{4}\xi^4)d\xi = \frac{74}{20} \frac{GJ}{h}$$

$$k_{12} = \frac{GJ}{h} \int_0^1 (-\frac{9}{2} + \frac{153}{2}\xi - \frac{1701}{4}\xi^2 + \frac{1701}{2}\xi^3 - \frac{2187}{4}\xi^4)d\xi = -\frac{567}{120} \frac{GJ}{h}$$

$$k_{13} = \frac{GJ}{h} \int_0^1 (9 - 125\xi + 567\xi^2 - 972\xi^3 + \frac{2187}{4}\xi^4)d\xi = \frac{27}{20} \frac{GJ}{h}$$

$$k_{14} = \frac{GJ}{h} \int_0^1 (-\frac{11}{2} + \frac{135}{2}\xi - \frac{999}{4}\xi^2 + \frac{729}{4}\xi^3 - \frac{729}{4}\xi^4)d\xi = -\frac{78}{240} \frac{GJ}{h}$$

$$k_{22} = \frac{GJ}{h} \int_0^1 \left(\frac{81}{4} - 324\xi + \frac{3321}{2}\xi^2 - 2916\xi^3 + \frac{6561}{4}\xi^4\right)d\xi = \frac{216}{20}\frac{GJ}{h}$$

$$k_{23} = \frac{GJ}{h} \int_0^1 \left(-\frac{81}{2} + \frac{1053}{2}\xi - \frac{8667}{4}\xi^2 + \frac{6561}{2}\xi^3 + \frac{6561}{4}\xi^4\right)d\xi = -\frac{891}{120}\frac{GJ}{h}$$

$$k_{24} = \frac{GJ}{h} \int_0^1 \left(\frac{99}{4} - 279\xi + \frac{1863}{2}\xi^2 - 1215\xi^3 + \frac{2187}{4}\xi^4\right)d\xi = \frac{27}{20}\frac{GJ}{h}$$

$$k_{33} = \frac{GJ}{h} \int_0^1 \left(81 - 810\xi + 2754\xi^2 - 3645\xi^3 + \frac{6561}{4}\xi^4\right)d\xi = \frac{216}{20}\frac{GJ}{h}$$

$$k_{34} = \frac{GJ}{h} \int_0^1 \left(-\frac{99}{2} + \frac{819}{2}\xi - \frac{4617}{4}\xi^2 + \frac{2673}{2}\xi^3 - \frac{2187}{4}\xi^4\right)d\xi = -\frac{189}{40}\frac{GJ}{h}$$

$$k_{44} = \frac{GJ}{h} \int_0^1 \left(\frac{121}{4} - 198\xi + \frac{945}{2}\xi^2 - 486\xi^3 + \frac{729}{4}\xi^4\right)d\xi = \frac{74}{20}\frac{GJ}{h}$$

$$[m] = \frac{Ih}{1680}\begin{bmatrix} 128 & 99 & -36 & 19 \\ & 648 & -81 & -36 \\ \text{Symm} & & 648 & 99 \\ & & & 128 \end{bmatrix}$$

$$[k] = \frac{GJ}{240h}\begin{bmatrix} 888 & -1134 & 324 & -78 \\ & 2592 & -1782 & 324 \\ & & 2592 & -1134 \\ \text{Symm} & & & 888 \end{bmatrix}$$

8.14

1. We use eight finite elements in conjunction with linear interpolation functions, $h = L/8$, so that from Example 8.1, the element mass and stiffness matrices are

$$[m]_e = \frac{mL}{48}\begin{bmatrix} 2 & 1 \\ 1 & 2 \end{bmatrix}, \quad [k]_e = \frac{8EA}{L}\begin{bmatrix} 1 & -1 \\ -1 & 1 \end{bmatrix}$$

Hence, using the assembling technique described in Sec. 8.5, the mass and stiffness matrices for the complete system are

$$[M] = \frac{mL}{48} \begin{bmatrix} 2 & 1 & 0 & 0 & 0 & 0 & 0 & 0 & 0 \\ 1 & 4 & 1 & 0 & 0 & 0 & 0 & 0 & 0 \\ 0 & 1 & 4 & 1 & 0 & 0 & 0 & 0 & 0 \\ 0 & 0 & 1 & 4 & 1 & 0 & 0 & 0 & 0 \\ 0 & 0 & 0 & 1 & 4 & 1 & 0 & 0 & 0 \\ 0 & 0 & 0 & 0 & 1 & 4 & 1 & 0 & 0 \\ 0 & 0 & 0 & 0 & 0 & 1 & 4 & 1 & 0 \\ 0 & 0 & 0 & 0 & 0 & 0 & 1 & 4 & 1 \\ 0 & 0 & 0 & 0 & 0 & 0 & 0 & 1 & 2 \end{bmatrix}$$

$$[K] = \frac{8EA}{L} \begin{bmatrix} 1 & -1 & 0 & 0 & 0 & 0 & 0 & 0 & 0 \\ -1 & 2 & -1 & 0 & 0 & 0 & 0 & 0 & 0 \\ 0 & -1 & 2 & -1 & 0 & 0 & 0 & 0 & 0 \\ 0 & 0 & -1 & 2 & -1 & 0 & 0 & 0 & 0 \\ 0 & 0 & 0 & -1 & 2 & -1 & 0 & 0 & 0 \\ 0 & 0 & 0 & 0 & -1 & 2 & -1 & 0 & 0 \\ 0 & 0 & 0 & 0 & 0 & -1 & 2 & -1 & 0 \\ 0 & 0 & 0 & 0 & 0 & 0 & -1 & 2 & -1 \\ 0 & 0 & 0 & 0 & 0 & 0 & 0 & -1 & 1 \end{bmatrix}$$

The eigensolution is

$\Lambda_1 = 0$

$\{U\}_1 = [1.0 \quad 1.0 \quad 1.0 \quad 1.0 \quad 1.0 \quad 1.0 \quad 1.0 \quad 1.0 \quad 1.0]^T$

$\Lambda_2 = 9.9971 \frac{EA}{mL^2}$

$\{U\}_2 = [1.0 \quad 0.9239 \quad 0.7071 \quad 0.3827 \quad 0.0 \quad -0.3827 \quad -0.7071 \quad -0.9239 \quad -1.0]^T$

$\Lambda_3 = 41.5466 \frac{EA}{mL^2}$

$\{U\}_3 = [1.0 \quad 0.7071 \quad 0.0 \quad -0.7071 \quad -1.0 \quad -0.7071 \quad 0.0 \quad 0.7071 \quad 1.0]^T$

$\Lambda_4 = 99.4885 \frac{EA}{mL^2}$

$\{U\}_4 = [1.0 \quad 0.3827 \quad -0.7071 \quad -0.9239 \quad 0.0 \quad 0.9239 \quad 0.7071 \quad -0.3827 \quad -1.0]^T$

$\Lambda_5 = 192.0000 \frac{EA}{mL^2}$

$\{U\}_5 = [1.0 \quad 0.0 \quad -1.0 \quad 0.0 \quad 1.0 \quad 0.0 \quad -1.0 \quad 0.0 \quad 1.0]^T$

$\Lambda_6 = 328.2908 \frac{EA}{mL^2}$

$\{U\}_6 = [-1.0 \quad 0.3827 \quad 0.7071 \quad -0.9239 \quad 0.0 \quad 0.9239 \quad -0.7071 \quad -0.3827 \quad 1.0]^T$

$\Lambda_7 = 507.0247 \dfrac{EA}{mL^2}$

$\{U\}_7 = [1.0 \quad -0.7071 \quad 0.0 \quad 0.7071 \quad -1.0 \quad 0.7071 \quad 0.0 \quad -0.7071 \quad 1.0]^T$

$\Lambda_8 = 686.5121 \dfrac{EA}{mL^2}$

$\{U\}_8 = [-1.0 \quad 0.9239 \quad -0.7071 \quad 0.3827 \quad 0.0 \quad -0.3827 \quad 0.7071 \quad -0.9239 \quad 1.0]^T$

$\Lambda_9 = 768.0000 \dfrac{EA}{mL^2}$

$\{U\}_9 = [1.0 \quad -1.0 \quad 1.0 \quad -1.0 \quad 1.0 \quad -1.0 \quad 1.0 \quad -1.0 \quad 1.0]^T$

The above eigenvectors can be used in conjunction with the linear interpolation functions to generate the approximate modes $u_r(x)$ $(r = 1,2,\ldots,9)$

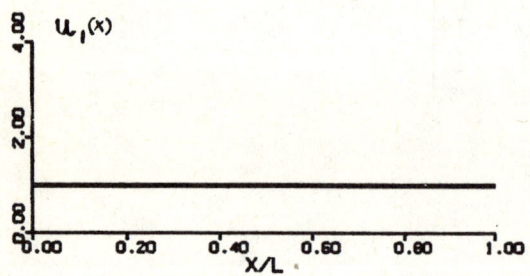
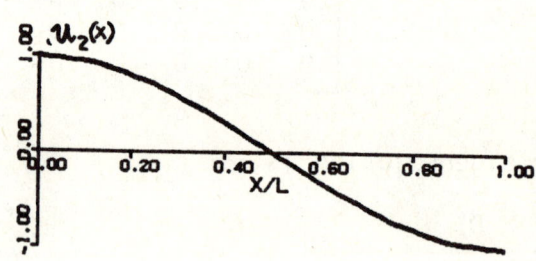
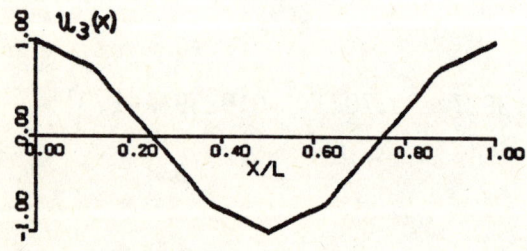
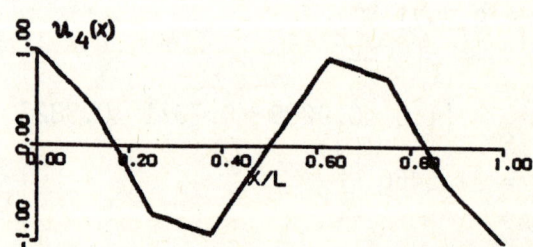
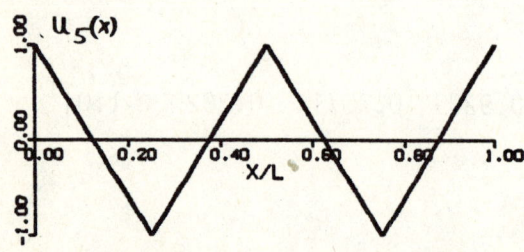
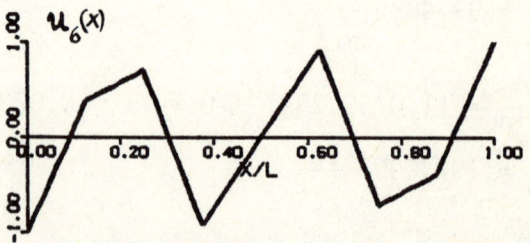

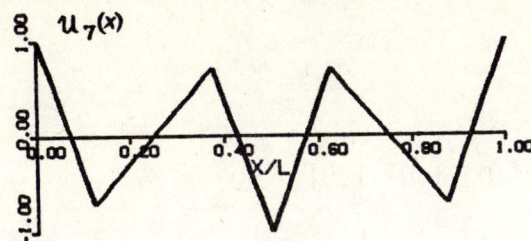
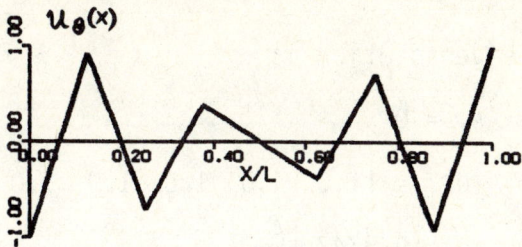
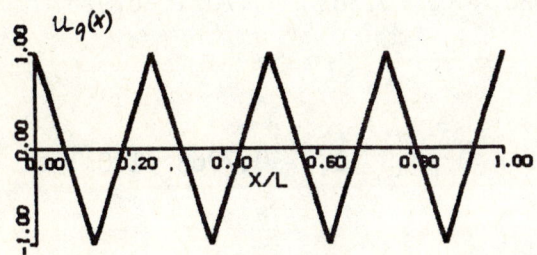

2. We use four finite elements in conjunction with quadratic interpolation function, h = L/4, so that from Example 8.7, the element mass and stiffness matrices are

$$[m]_e = \frac{mL}{120} \begin{bmatrix} 4 & 2 & -1 \\ 2 & 16 & 2 \\ -1 & 2 & 4 \end{bmatrix}, \quad [k]_e = \frac{4EA}{3L} \begin{bmatrix} 7 & -8 & 1 \\ -8 & 16 & -8 \\ 1 & -8 & 7 \end{bmatrix}$$

Using again the assembling technique described in Sec. 8.5, the mass and stiffness matrices for the complete system are

$$[M] = \frac{mL}{120} \begin{bmatrix} 4 & 2 & -1 & 0 & 0 & 0 & 0 & 0 & 0 \\ 2 & 16 & 2 & 0 & 0 & 0 & 0 & 0 & 0 \\ -1 & 2 & 8 & 2 & -1 & 0 & 0 & 0 & 0 \\ 0 & 0 & 2 & 16 & 2 & 0 & 0 & 0 & 0 \\ 0 & 0 & -1 & 2 & 8 & 2 & -1 & 0 & 0 \\ 0 & 0 & 0 & 0 & 2 & 16 & 2 & 0 & 0 \\ 0 & 0 & 0 & 0 & -1 & 2 & 8 & 2 & -1 \\ 0 & 0 & 0 & 0 & 0 & 0 & 2 & 16 & 2 \\ 0 & 0 & 0 & 0 & 0 & 0 & -1 & 2 & 4 \end{bmatrix}$$

$$[K] = \frac{4EA}{3L} \begin{bmatrix} 7 & -8 & 1 & 0 & 0 & 0 & 0 & 0 & 0 \\ -8 & 16 & -8 & 0 & 0 & 0 & 0 & 0 & 0 \\ 1 & -8 & 14 & -8 & 1 & 0 & 0 & 0 & 0 \\ 0 & 0 & -8 & 16 & -8 & 1 & 0 & 0 & 0 \\ 0 & 0 & 1 & -8 & 14 & -8 & 1 & 0 & 0 \\ 0 & 0 & 0 & 0 & -8 & 16 & -8 & 0 & 0 \\ 0 & 0 & 0 & 0 & 1 & -8 & 14 & -8 & 1 \\ 0 & 0 & 0 & 0 & 0 & 0 & -8 & 16 & -8 \\ 0 & 0 & 0 & 0 & 0 & 0 & 1 & -8 & 7 \end{bmatrix}$$

The eigensolution is

$\Lambda_1 = 0$

$\{U\}_1 = [1.0 \quad 1.0 \quad 1.0 \quad 1.0 \quad 1.0 \quad 1.0 \quad 1.0 \quad 1.0 \quad 1.0]^T$

$\Lambda_2 = 9.8747 \frac{EA}{mL^2}$

$\{U\}_2 = [-1.0 \quad -0.9237 \quad -0.7071 \quad -0.3826 \quad 0.0 \quad 0.3826 \quad 0.7071 \quad 0.9237 \quad 1.0]^T$

$\Lambda_3 = 39.7754 \frac{EA}{mL^2}$

$\{U\}_3 = [1.0 \quad 0.7068 \quad 0.0 \quad -0.7068 \quad -1.0 \quad -0.7068 \quad 0.0 \quad 0.7068 \quad 1.0]^T$

$\Lambda_4 = 91.7847 \frac{EA}{mL^2}$

$\{U\}_4 = [1.0 \quad 0.3928 \quad -0.7071 \quad -0.9482 \quad 0.0 \quad 0.9482 \quad 0.7071 \quad -0.3928 \quad -1.0]^T$

$\Lambda_5 = 192.0000 \frac{EA}{mL^2}$

$\{U\}_5 = [1.0 \quad 0.0 \quad -1.0 \quad 0.0 \quad 1.0 \quad 0.0 \quad -1.0 \quad 0.0 \quad 1.0]^T$

$\Lambda_6 = 308.2524 \frac{EA}{mL^2}$

$\{U\}_6 = [1.0 \quad -0.2342 \quad -0.7071 \quad 0.5653 \quad 0.0 \quad -0.5653 \quad 0.7071 \quad 0.2342 \quad -1.0]^T$

$\Lambda_7 = 514.8911 \frac{EA}{mL^2}$

$\{U\}_7 = [1.0 \quad -0.4068 \quad 0.0 \quad 0.4068 \quad -1 \quad 0.4068 \quad 0.0 \quad -0.4068 \quad 1.0]^T$

$\Lambda_8 = 794.7940 \frac{EA}{mL^2}$

$\{U\}_8 = [-1.0 \quad 0.4823 \quad -0.7071 \quad 0.1998 \quad 0.0 \quad -0.1998 \quad 0.7071 \quad -0.4823 \quad 1.0]^T$

$\Lambda_9 = 960.0000 \frac{EA}{mL^2}$

$\{U\}_9 = [1.0 \quad -0.5 \quad 1.0 \quad -0.5 \quad 1.0 \quad -0.5 \quad 1.0 \quad -0.5 \quad 1.0]^T$

The above eigenvectors can be used in conjunction with the quadratic interpolation functions to generate the approximate modes $u_r(x)$ ($r = 1, 2, \ldots, 9$)

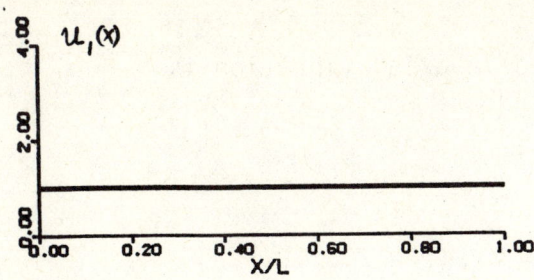
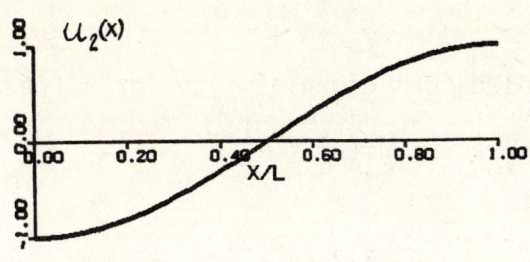
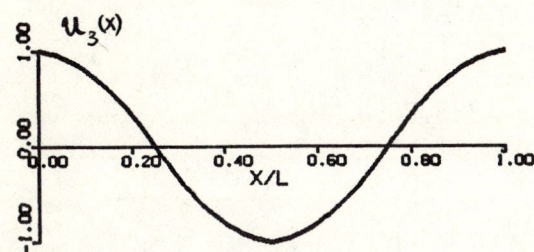
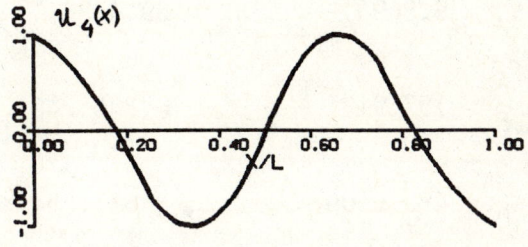
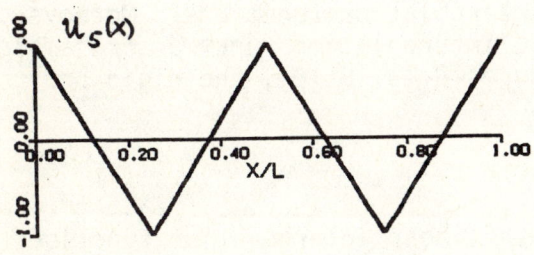
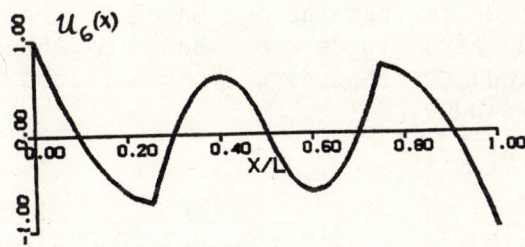
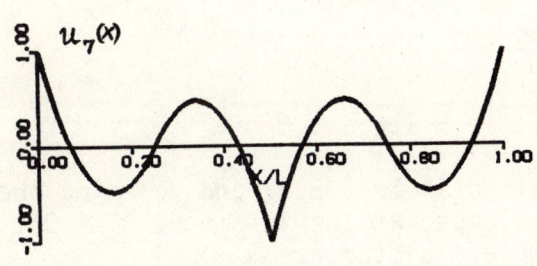
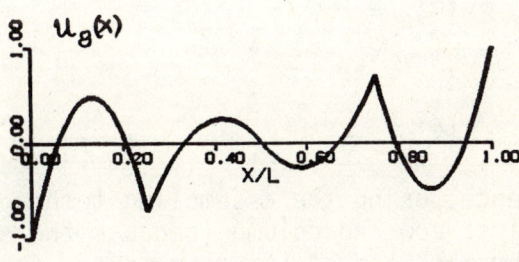
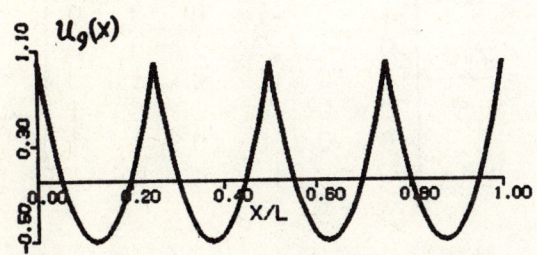

The closed-form eigensolution for a free-free rod in axial vibration is

$$\Lambda_1 = 0, \quad u_1(x) = \frac{1}{\sqrt{mL}}$$

$$\Lambda_r = (r-1)^2 \pi^2 \frac{EA}{mL^2}, \quad u_r(x) = \frac{2}{\sqrt{mL}} \cos \frac{(r-1)\pi x}{L} \quad (r = 2,3,\ldots)$$

$$\Lambda_2 = 9.8696 \frac{EA}{mL^2}, \quad \Lambda_3 = 39.4784 \frac{EA}{mL^2}, \quad \Lambda_4 = 88.8264 \frac{EA}{mL^2}$$

$$\Lambda_5 = 157.9137 \frac{EA}{mL^2}, \quad \Lambda_6 = 246.7401 \frac{EA}{mL^2}, \quad \Lambda_7 = 355.3058 \frac{EA}{mL^2}$$

$$\Lambda_8 = 483.6106 \frac{EA}{mL^2}, \quad \Lambda_9 = 631.6547 \frac{EA}{mL^2}$$

As can be concluded from both cases, only the first two eigenvalues are close to the actual values, where the solution based on the quadratic interpolation functions is more accurate than the one based on the linear interpolation functions. Moreover, only the first three modes based on the quadratic interpolation functions resemble the actual corresponding eigenfunctions (see Figures 8.15, 8.16), the rigid-body mode excluded.

8.15

1. Using six finite elements in conjunction with linear interpolation functions, the element mass and stiffness matrices for $h = L/6$ are (see Example 8.4)

$$[m]_e = \frac{Ih}{6} \begin{bmatrix} 2 & 1 \\ 1 & 2 \end{bmatrix} = \frac{IL}{36} \begin{bmatrix} 2 & 1 \\ 1 & 2 \end{bmatrix}, \quad e = 1,2,\ldots,6$$

$$[k]_e = \frac{GJ}{h} \begin{bmatrix} 1 & -1 \\ -1 & 1 \end{bmatrix} = \frac{6GJ}{L} \begin{bmatrix} 1 & -1 \\ -1 & 1 \end{bmatrix}, \quad e = 1,2,\ldots,6$$

Hence, using the assembling technique described in Sec. 8.5, and deleting the first row and column (because the shaft is clamped at the left end, $U_1 = 0$), the mass and stiffness matrices for the complete system are

$$[M] = \frac{IL}{36} \begin{bmatrix} 4 & 1 & 0 & 0 & 0 & 0 \\ 1 & 4 & 1 & 0 & 0 & 0 \\ 0 & 1 & 4 & 1 & 0 & 0 \\ 0 & 0 & 1 & 4 & 1 & 0 \\ 0 & 0 & 0 & 1 & 4 & 1 \\ 0 & 0 & 0 & 0 & 1 & 2 \end{bmatrix}, \quad [K] = \frac{6EA}{L} \begin{bmatrix} 2 & -1 & 0 & 0 & 0 & 0 \\ -1 & 2 & -1 & 0 & 0 & 0 \\ 0 & -1 & 2 & -1 & 0 & 0 \\ 0 & 0 & -1 & 2 & -1 & 0 \\ 0 & 0 & 0 & -1 & 2 & -1 \\ 0 & 0 & 0 & 0 & -1 & 1 \end{bmatrix}$$

The eigensolution is

$\Lambda_1 = 2.4815 \frac{GJ}{IL^2}$, $\{U\}_1 = [0.2588 \quad 0.5 \quad 0.7071 \quad 0.8660 \quad 0.9659 \quad 1.0]^T$

$\Lambda_2 = 23.3699 \frac{GJ}{IL^2}$, $\{U\}_2 = [-0.7071 \quad -1.0 \quad -0.7071 \quad 0.0 \quad 0.7071 \quad 1.0]^T$

$\Lambda_3 = 70.8756 \frac{GJ}{IL^2}$, $\{U\}_3 = [0.9659 \quad 0.5 \quad -0.7071 \quad -0.8660 \quad 0.2588 \quad 1.0]^T$

$\Lambda_4 = 156.1612 \frac{GJ}{IL^2}$, $\{U\}_4 = [-0.9659 \quad 0.5 \quad 0.7071 \quad -0.8660 \quad -0.2588 \quad 1.0]^T$

$\Lambda_5 = 285.2015 \frac{GJ}{IL^2}$, $\{U\}_5 = [0.7071 \quad -1.0 \quad 0.7071 \quad 0.0 \quad -0.7071 \quad 1.0]^T$

$\Lambda_6 = 410.6475 \frac{GJ}{IL^2}$, $\{U\}_6 = [-0.2588 \quad 0.5 \quad -0.7071 \quad 0.8660 \quad -0.9659 \quad 1.0]^T$

The above eigenvectors can be used in conjunction with the linear interpolation function to generate the approximate modes $u_r(x)$ ($r = 1, 2, \ldots, 6$)

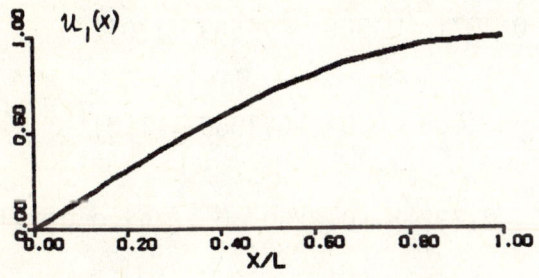
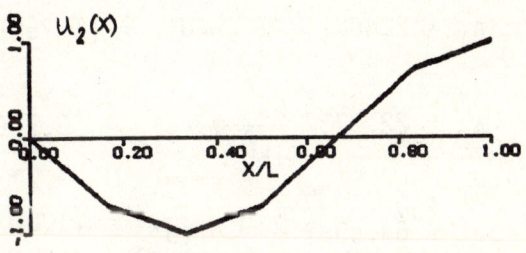
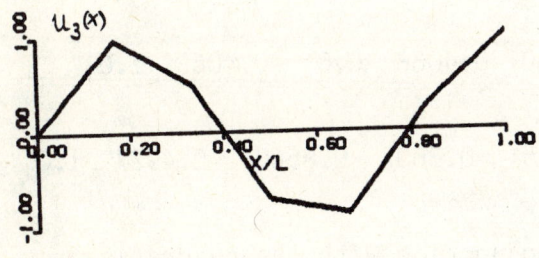
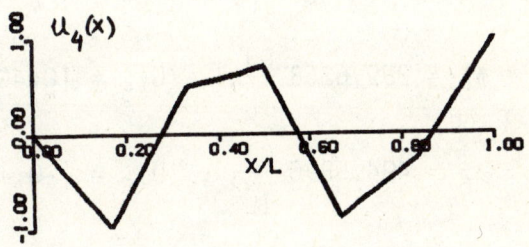
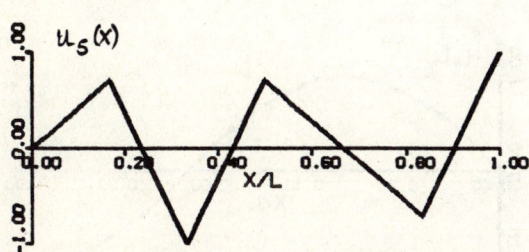
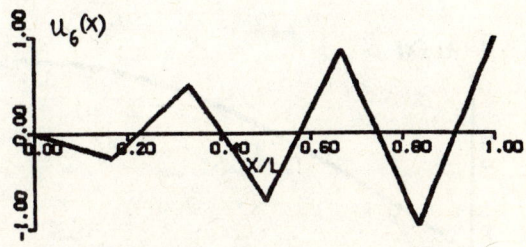

2. Using three finite elements in conjunction with quadratic interpolation functions, the element mass and stiffness matrices for h = L/3 are (see Example 8.7)

$$[m]_e = \frac{Ih}{30} \begin{bmatrix} 4 & 2 & -1 \\ 2 & 16 & 2 \\ -1 & 2 & 4 \end{bmatrix} = \frac{IL}{90} \begin{bmatrix} 4 & 2 & -1 \\ 2 & 16 & 2 \\ -1 & 2 & 4 \end{bmatrix}$$

$$[k]_e = \frac{GJ}{3h} \begin{bmatrix} 7 & -8 & 1 \\ -8 & 16 & -8 \\ 1 & -2 & 7 \end{bmatrix} = \frac{GJ}{L} \begin{bmatrix} 7 & -8 & 1 \\ -8 & 16 & -8 \\ 1 & -2 & 7 \end{bmatrix}$$

Using the assembling technique described in Sec. 8.5 and deleting the first row and column, the mass and stiffness matrices for the complete system are

$$[M] = \frac{IL}{90} \begin{bmatrix} 16 & 2 & 0 & 0 & 0 & 0 \\ 2 & 8 & 2 & -1 & 0 & 0 \\ 0 & 2 & 16 & 2 & 0 & 0 \\ 0 & -1 & 2 & 8 & 2 & -1 \\ 0 & 0 & 0 & 2 & 16 & 2 \\ 0 & 0 & 0 & -1 & 2 & 4 \end{bmatrix}, [K] = \frac{GJ}{L} \begin{bmatrix} 16 & -8 & 0 & 0 & 0 & 0 \\ -8 & 14 & -8 & 1 & 0 & 0 \\ 0 & -8 & 16 & -8 & 0 & 0 \\ 0 & 1 & -8 & 14 & -8 & 1 \\ 0 & 0 & 0 & -8 & 16 & -8 \\ 0 & 0 & 0 & 1 & -8 & 7 \end{bmatrix}$$

The eigensolution is

$$\Lambda_1 = 2.4677 \frac{GJ}{IL^2}, \{U\}_1 = [0.2588 \quad 0.5 \quad 0.7071 \quad 0.866 \quad 0.9659 \quad 1.0]^T$$

$$\Lambda_2 = 22.3737 \frac{GJ}{IL^2}, \{U\}_2 = [0.7068 \quad 1.0 \quad 0.7068 \quad 0.0 \quad -0.7068 \quad -1.0]^T$$

$$\Lambda_3 = 64.5987 \frac{GJ}{IL^2}, \{U\}_3 = [1.0 \quad 0.4786 \quad -0.7321 \quad -0.8290 \quad 0.2679 \quad 0.9572]^T$$

$$\Lambda_4 = 145.2531 \frac{GJ}{IL^2}, \{U\}_4 = [-0.5715 \quad 0.5 \quad 0.4183 \quad -0.8660 \quad -0.1531 \quad 1.0]^T$$

$$\Lambda_5 = 289.6263 \frac{GJ}{IL^2}, \{U\}_5 = [0.4068 \quad -1.0 \quad 0.4068 \quad 0.0 \quad -0.4068 \quad 1.0]^T$$

$$\Lambda_6 = 494.5896 \frac{GJ}{IL^2}, \{U\}_6 = [-0.1320 \quad 0.5 \quad -0.3607 \quad 0.8660 \quad -0.4927 \quad 1.0]^T$$

The above eigenvectors can be used in conjunction with the quadratic interpolation functions to generate the approximate modes $u_r(x)$ (r = 1,2,...,6)

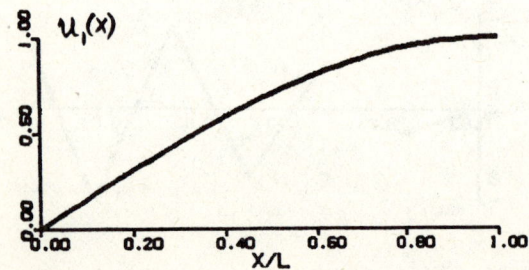
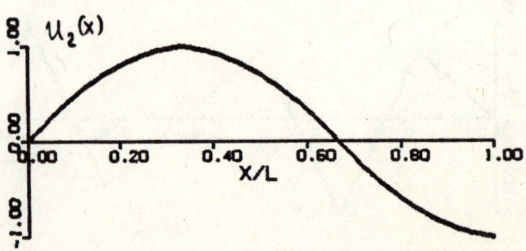

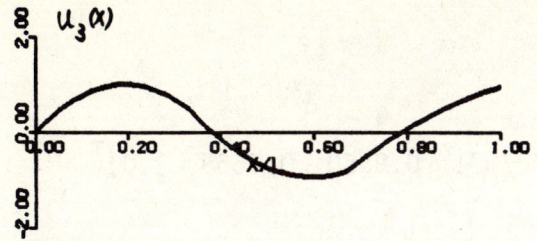
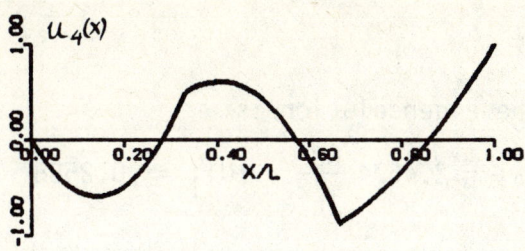
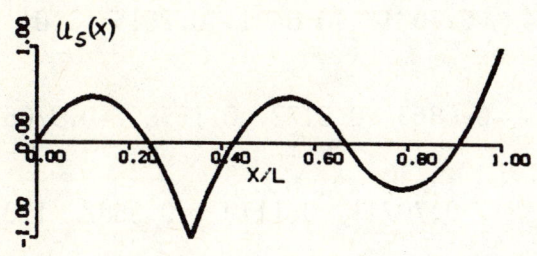
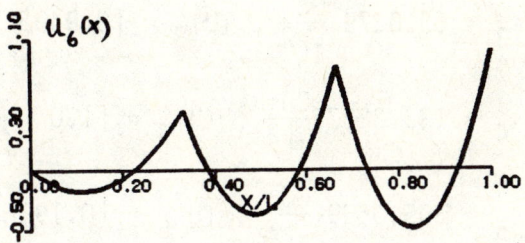

3. Using two finite elements in conjunction with cubic interpolation functions, the element mass and stiffness matrices for h = L/2 are (see Problem 8.13)

$$[m] = \frac{Ih}{1680}\begin{bmatrix} 128 & 99 & -36 & 19 \\ 99 & 648 & -81 & -36 \\ -36 & -81 & 648 & 99 \\ 19 & -36 & 99 & 128 \end{bmatrix} = \frac{IL}{3360}\begin{bmatrix} 128 & 99 & -36 & 19 \\ 99 & 648 & -81 & -36 \\ -36 & -81 & 648 & 99 \\ 19 & -36 & 99 & 128 \end{bmatrix}$$

$$[k] = \frac{GJ}{240h}\begin{bmatrix} 888 & -1134 & 324 & -78 \\ -1134 & 2592 & -1782 & 324 \\ 324 & -1782 & 2592 & -1134 \\ -78 & 324 & -1134 & 888 \end{bmatrix} = \frac{GJ}{120L}\begin{bmatrix} 888 & -1134 & 324 & -78 \\ -1134 & 2592 & -1782 & 324 \\ 324 & -1782 & 2592 & -1134 \\ -78 & 324 & -1134 & 888 \end{bmatrix}$$

Using the assembling technique described in Sec. 8.5 and deleting the first row and column, the mass and stiffness matrices for the complete system are

$$[M] = \frac{IL}{3360}\begin{bmatrix} 648 & -81 & -36 & 0 & 0 & 0 \\ -81 & 648 & 99 & 0 & 0 & 0 \\ -36 & 99 & 256 & 99 & -36 & 19 \\ 0 & 0 & 99 & 648 & -81 & -36 \\ 0 & 0 & -36 & -81 & 648 & 99 \\ 0 & 0 & 19 & -36 & 99 & 128 \end{bmatrix}$$

$$[K] = \frac{GJ}{120L}\begin{bmatrix} 2592 & -1782 & 324 & 0 & 0 & 0 \\ -1782 & 2592 & -1134 & 0 & 0 & 0 \\ 324 & -1134 & 1776 & -1134 & 324 & -78 \\ 0 & 0 & -1134 & 2592 & -1782 & 324 \\ 0 & 0 & 324 & -1782 & 2592 & -1134 \\ 0 & 0 & -78 & 324 & -1134 & 888 \end{bmatrix}$$

The eigensolution is

$$\Lambda_1 = 2.4674 \frac{GJ}{IL^2}, \quad \{U\}_1 = [0.2588 \quad 0.5 \quad 0.7071 \quad 0.8660 \quad 0.9658 \quad 1.0]^T$$

$$\Lambda_2 = 22.2376 \frac{GJ}{IL^2}, \quad \{U\}_2 = [-0.6995 \quad -0.9912 \quad -0.7071 \quad -0.0019 \quad 0.7022 \quad 1.0]^T$$

$$\Lambda_3 = 63.0379 \frac{GJ}{IL^2}, \quad \{U\}_3 = [0.9493 \quad 0.4934 \quad -0.7071 \quad -0.8491 \quad 0.2515 \quad 1.0]^T$$

$$\Lambda_4 = 133.3227 \frac{GJ}{IL^2}, \quad \{U\}_4 = [1.0 \quad -0.5969 \quad -0.6863 \quad 0.8173 \quad 0.1558 \quad -0.9706]^T$$

$$\Lambda_5 = 305.0639 \frac{GJ}{IL^2}, \quad \{U\}_5 = [0.1916 \quad -0.3887 \quad 0.7071 \quad -0.1178 \quad -0.3582 \quad 1.0]^T$$

$$\Lambda_6 = 596.4512 \frac{GJ}{IL^2}, \quad \{U\}_6 = [-0.0698 \quad 0.2049 \quad -0.7071 \quad 0.3036 \quad -0.3596 \quad 1.0]^T$$

The above eigenvectors can be used in conjunction with the cubic interpolation functions to generate the approximate modes $u_r(x)$ $(r = 1, 2, \ldots, 6)$

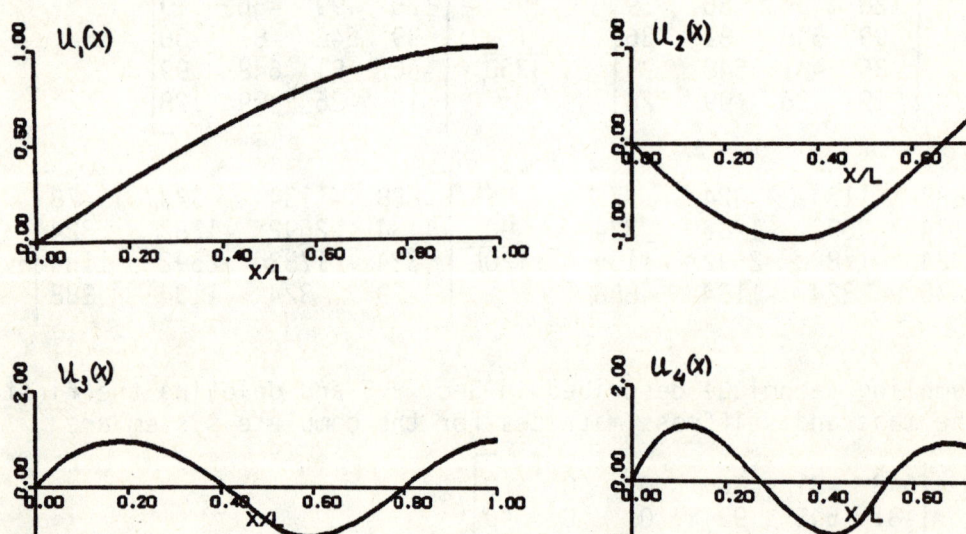

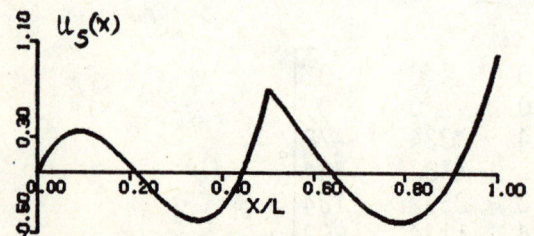

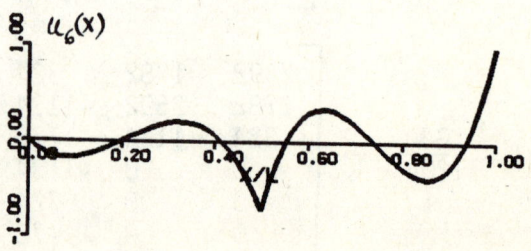

The closed form eigensolution for a clamped-free shaft in torsional vibration is

$$\Lambda_r = (2r-1)\frac{\pi^2}{4}\frac{GJ}{IL^2}, \quad \theta_r(x) = C \sin\frac{(2r-1)\pi x}{2L} \quad (r = 1,2,\ldots)$$

$$\Lambda_1 = 2.4674\frac{GJ}{IL^2}, \quad \Lambda_2 = 22.2066\frac{GJ}{IL^2}, \quad \Lambda_3 = 61.6850\frac{GJ}{IL^2}$$

$$\Lambda_4 = 120.9027\frac{GJ}{IL^2}, \quad \Lambda_5 = 199.8595\frac{GJ}{IL^2}, \quad \Lambda_6 = 298.5555\frac{GJ}{IL^2}$$

As can be concluded from the first case (linear), only the first eigenvalue is close to the actual value, in the second case (quadratic) and the third case (cubic), the first two are close to the actual value, where the solution based on the cubic interpolation functjions is more accurate than the others. Moreover, only the first mode in the first case, the first three modes in the second case and the first four modes in the third case resemble the actual corresponding eigenfunctions.

8.16

1. Using four elements in conjunction with linear interpolation functions, the element mass and stiffness matrices for $h = L/4$ are (see Example 8.4)

$$[m]_e = \frac{mh}{6}\begin{bmatrix} 2 & 1 \\ 1 & 2 \end{bmatrix} = \frac{mL}{24}\begin{bmatrix} 2 & 1 \\ 1 & 2 \end{bmatrix}, \quad e = 1,2,3,4$$

$$[k]_e = \frac{EA}{h}\begin{bmatrix} 1 & -1 \\ -1 & 1 \end{bmatrix} = \frac{4EA}{L}\begin{bmatrix} 1 & -1 \\ -1 & 1 \end{bmatrix}, \quad e = 1,2,3,4$$

Hence, using the assembling technique described in Sec. 8.5, and deleting the first row and column (because the rod is clamped at the left end, $U_1 = 0$), the mass and stiffness matrices for the complete system are

$$M = \frac{mL}{24}\begin{bmatrix} 4 & 1 & 0 & 0 \\ 1 & 4 & 1 & 0 \\ 0 & 1 & 4 & 1 \\ 0 & 0 & 1 & 2 \end{bmatrix}, \quad [K] = \frac{4EI}{L}\begin{bmatrix} 2 & -1 & 0 & 0 \\ -1 & 2 & -1 & 0 \\ 0 & -1 & 2 & -1 \\ 0 & 0 & -1 & 1 \end{bmatrix}$$

The eigensolution is

$$\Lambda_1 = 2.4993\frac{EA}{mL^2}, \quad \{U\}_1 = [0.3827 \quad 0.7071 \quad 0.9239 \quad 1.0]^T$$

$$\Lambda_2 = 24.8721\frac{EA}{mL^2}, \quad \{U\}_2 = [-0.9239 \quad -0.7071 \quad 0.3827 \quad 1.0]^T$$

$$\Lambda_3 = 82.0727\frac{EA}{mL^2}, \quad \{U\}_3 = [0.9239 \quad -0.7071 \quad -0.3827 \quad 1.0]^T$$

$$\Lambda_4 = 171.6280 \frac{EA}{mL^2}, \quad \{U\}_4 = [-0.3827 \quad 0.7071 \quad -0.9239 \quad 1.0]^T$$

Adding the hierarchical function $L_3(\xi) = \xi(1-\xi)$, the linear element mass and stiffness matrices are

$$[m] = mh \int_0^1 \begin{Bmatrix} \xi \\ \xi(1-\xi) \\ 1-\xi \end{Bmatrix} \begin{Bmatrix} \xi \\ \xi(1-\xi) \\ 1-\xi \end{Bmatrix}^T d\xi = mh \int_0^1 \begin{bmatrix} \xi^2 & \xi^2(1-\xi) & \xi(1-\xi) \\ & \xi^2(1-\xi)^2 & \xi(1-\xi)^2 \\ \text{symm} & & (1-\xi) \end{bmatrix} d\xi$$

$$= \frac{mh}{60} \begin{bmatrix} 20 & 5 & 10 \\ 5 & 2 & 5 \\ 10 & 5 & 20 \end{bmatrix}$$

Before evaluating the element stiffness matrix, we write

$$L'(x) = -\frac{1}{h} \frac{d}{d\xi} \{L(\xi)\} = -\frac{1}{h} \begin{Bmatrix} 1 \\ 1-2\xi \\ -1 \end{Bmatrix}$$

so that

$$[k] = \frac{EA}{h} \int_0^1 \begin{Bmatrix} 1 \\ 1-2\xi \\ -1 \end{Bmatrix} \begin{Bmatrix} 1 \\ 1-2\xi \\ -1 \end{Bmatrix}^T d\xi = \frac{EA}{h} \int_0^1 \begin{bmatrix} 1 & 1-2\xi & -1 \\ & (1-2\xi)^2 & -1+2\xi \\ \text{symm} & & 1 \end{bmatrix} d\xi =$$

$$= \frac{EA}{3h} \begin{bmatrix} 3 & 0 & -3 \\ 0 & 3 & 0 \\ -3 & 0 & 3 \end{bmatrix}$$

2. Adding a hierarchical function to element 1, the mass and stiffness matrices for the complete system are

$$[M] = \frac{mL}{240} \begin{bmatrix} 2 & 5 & 0 & 0 & 0 \\ 5 & 40 & 10 & 0 & 0 \\ 0 & 10 & 40 & 10 & 0 \\ 0 & 0 & 10 & 40 & 10 \\ 0 & 0 & 0 & 10 & 20 \end{bmatrix}, \quad [K] = \frac{4EA}{3L} \begin{bmatrix} 1 & 0 & 0 & 0 & 0 \\ 0 & 6 & -3 & 0 & 0 \\ 0 & -3 & 6 & -3 & 0 \\ 0 & 0 & -3 & 6 & -3 \\ 0 & 0 & 0 & -3 & 3 \end{bmatrix}$$

The eigensolution is

$$\Lambda_1 = 2.4986 \frac{EA}{mL^2}, \quad \{U\}_1 = [0.0152 \quad 0.3828 \quad 0.7072 \quad 0.9239 \quad 1.0]^T$$

$$\Lambda_2 = 24.3764 \frac{EA}{mL^2}, \quad \{U\}_2 = [-0.4204 \quad -0.9356 \quad -0.6919 \quad 0.3925 \quad 1.0]^T$$

$$\Lambda_3 = 73.0975 \frac{EA}{mL^2}, \quad \{U\}_3 = [1.0 \quad 0.4755 \quad -0.4985 \quad -0.1796 \quad 0.6051]^T$$

$$\Lambda_4 = 158.2367 \frac{EA}{mL^2}, \quad \{U\}_4 = [1.0 \quad 0.0045 \quad -0.3189 \quad 0.5487 \quad -0.6327]^T$$

$$\Lambda_5 = 299.0622 \frac{EA}{mL^2}, \quad \{U\}_5 = [1.0 \quad -0.1860 \quad 0.0943 \quad -0.0537 \quad 0.0423]^T$$

3. Adding a hierarchical function to elements 1 and 2, the mass and stiffness matrices for the complete system are

$$[M] = \frac{mL}{240} \begin{bmatrix} 2 & 5 & 0 & 0 & 0 & 0 \\ 5 & 40 & 5 & 10 & 0 & 0 \\ 0 & 5 & 2 & 5 & 0 & 0 \\ 0 & 10 & 5 & 40 & 10 & 0 \\ 0 & 0 & 0 & 10 & 40 & 10 \\ 0 & 0 & 0 & 0 & 10 & 20 \end{bmatrix}, \quad [K] = \frac{4EA}{3L} \begin{bmatrix} 1 & 0 & 0 & 0 & 0 & 0 \\ 0 & 6 & 0 & -3 & 0 & 0 \\ 0 & 0 & 1 & 0 & 0 & 0 \\ 0 & -3 & 0 & 6 & -3 & 0 \\ 0 & 0 & 0 & -3 & 6 & -3 \\ 0 & 0 & 0 & 0 & -3 & 3 \end{bmatrix}$$

The eigensolution is

$$\Lambda_1 = 2.4936 \frac{EA}{mL^2}, \quad \{U\}_1 = [0.0152 \quad 0.3833 \quad 0.0432 \quad 0.7077 \quad 0.9240 \quad 1.0]^T$$

$$\Lambda_2 = 23.1105 \frac{EA}{mL^2}, \quad \{U\}_2 = [-0.3792 \quad -0.8984 \quad -0.6538 \quad -0.6507 \quad 0.4179 \quad 1.0]^T$$

$$\Lambda_3 = 73.0880 \frac{EA}{mL^2}, \quad \{U\}_3 = [1.0 \quad 0.4757 \quad -0.0329 \quad -0.4913 \quad -0.1770 \quad 0.5963]^T$$

$$\Lambda_4 = 140.1776 \frac{EA}{mL^2}, \quad \{U\}_4 = [1.0 \quad 0.0566 \quad -0.9297 \quad -0.1092 \quad 0.3898 \quad -0.4993]^T$$

$$\Lambda_5 = 250.0635 \frac{EA}{mL^2}, \quad \{U\}_5 = [1.0 \quad -0.1441 \quad -0.7775 \quad 0.2561 \quad -0.1731 \quad 0.1482]^T$$

$$\Lambda_6 = 578.9391 \frac{EA}{mL^2}, \quad \{U\}_6 = [0.7244 \quad -0.2097 \quad 1.0 \quad -0.0797 \quad 0.0318 \quad -0.0202]^T$$

4. Adding a hierarchical function to elements 1,2 and 3, the mass and stiffness matrices for the complete system are

$$[M] = \frac{mL}{240} \begin{bmatrix} 2 & 5 & 0 & 0 & 0 & 0 & 0 \\ 5 & 40 & 5 & 10 & 0 & 0 & 0 \\ 0 & 5 & 2 & 5 & 0 & 0 & 0 \\ 0 & 10 & 5 & 40 & 5 & 10 & 0 \\ 0 & 0 & 0 & 5 & 2 & 5 & 0 \\ 0 & 0 & 0 & 10 & 5 & 40 & 10 \\ 0 & 0 & 0 & 0 & 0 & 10 & 20 \end{bmatrix}, \quad [K] = \frac{4EA}{3L} \begin{bmatrix} 1 & 0 & 0 & 0 & 0 & 0 & 0 \\ 0 & 6 & 0 & -3 & 0 & 0 & 0 \\ 0 & 0 & 1 & 0 & 0 & 0 & 0 \\ 0 & -3 & 0 & 6 & 0 & -3 & 0 \\ 0 & 0 & 0 & 0 & 1 & 0 & 0 \\ 0 & 0 & 0 & -3 & 0 & 6 & -3 \\ 0 & 0 & 0 & 0 & 0 & -3 & 3 \end{bmatrix}$$

The eigensolution is

$$\Lambda_1 = 2.4826 \frac{EA}{mL^2}$$

$$\{U\}_1 = [0.0151 \quad 0.3834 \quad 0.0430 \quad 0.7081 \quad 0.0643 \quad 0.9244 \quad 1.0]^T$$

$$\Lambda_2 = 23.0864 \frac{EA}{mL^2}$$

$$\{U\}_2 = [-0.3723 \quad -0.8833 \quad -0.6425 \quad -0.6408 \quad -0.0937 \quad 0.4184 \quad 1.0]^T$$

$$\Lambda_3 = 65.4538 \frac{EA}{mL^2}$$

$$\{U\}_3 = [-0.8813 \quad -0.5092 \quad -0.1414 \quad 0.4275 \quad 1.0 \quad 0.1503 \quad -0.6952]^T$$

$$\Lambda_4 = 128.7335 \frac{EA}{mL^2}$$

$$\{U\}_4 = [1.0 \quad 0.0972 \quad -0.8574 \quad -0.1804 \quad 0.5925 \quad 0.2380 \quad -0.3313]^T$$

$$\Lambda_5 = 237.7763 \frac{EA}{mL^2}$$

$$\{U\}_5 = [1.0 \quad -0.1308 \quad -0.8407 \quad 0.2408 \quad 0.5476 \quad -0.3125 \quad 0.2748]^T$$

$$\Lambda_6 = 425.5734 \frac{EA}{mL^2}$$

$$\{U\}_6 = [-0.8050 \quad 0.2009 \quad -0.3315 \quad -0.1182 \quad 1.0 \quad -0.1314 \quad 0.0908]^T$$

$$\Lambda_7 = 737.2435 \frac{EA}{mL^2}$$

$$\{U\}_7 = [0.4603 \quad -0.1442 \quad 1.0 \quad -0.1690 \quad 0.7120 \quad -0.0540 \quad 0.0326]^T$$

5. Adding a hierarchical function to all four elements, the mass and stiffness matrices for the complete system are

$$[M] = \frac{mL}{240} \begin{bmatrix} 2 & 5 & 0 & 0 & 0 & 0 & 0 & 0 \\ 5 & 40 & 5 & 10 & 0 & 0 & 0 & 0 \\ 0 & 5 & 2 & 5 & 0 & 0 & 0 & 0 \\ 0 & 10 & 5 & 40 & 5 & 10 & 0 & 0 \\ 0 & 0 & 0 & 5 & 2 & 5 & 0 & 0 \\ 0 & 0 & 0 & 10 & 5 & 40 & 5 & 10 \\ 0 & 0 & 0 & 0 & 0 & 5 & 2 & 5 \\ 0 & 0 & 0 & 0 & 0 & 10 & 5 & 20 \end{bmatrix}, \quad [K] = \frac{4EA}{3L} \begin{bmatrix} 1 & 0 & 0 & 0 & 0 & 0 & 0 & 0 \\ 0 & 6 & 0 & -3 & 0 & 0 & 0 & 0 \\ 0 & 0 & 1 & 0 & 0 & 0 & 0 & 0 \\ 0 & -3 & 0 & 6 & 0 & -3 & 0 & 0 \\ 0 & 0 & 0 & 0 & 1 & 0 & 0 & 0 \\ 0 & 0 & 0 & -3 & 0 & 6 & 0 & -3 \\ 0 & 0 & 0 & 0 & 0 & 0 & 1 & 0 \\ 0 & 0 & 0 & 0 & 0 & -3 & 0 & 3 \end{bmatrix}$$

The eigensolution is

$$\Lambda_1 = 2.4675 \frac{EA}{mL^2}$$

$\{U\}_1 = [0.0150 \quad 0.3827 \quad 0.0427 \quad 0.7071 \quad 0.0639 \quad 0.9239 \quad 0.0753 \quad 1.0]^T$

$\Lambda_2 = 22.2621 \dfrac{EA}{mL^2}$

$\{U\}_2 = [-0.3733 \quad -0.9239 \quad -0.6590 \quad -0.7071 \quad -0.1311 \quad 0.3827 \quad 0.5587 \quad 1.0]^T$

$\Lambda_3 = 62.7526 \dfrac{EA}{mL^2}$

$\{U\}_3 = [-0.8478 \quad -0.5255 \quad -0.1989 \quad 0.4022 \quad 1.0 \quad 0.2177 \quad -0.5665 \quad -0.5688]^T$

$\Lambda_4 = 127.4676 \dfrac{EA}{mL^2}$

$\{U\}_4 = [1.0 \quad 0.1021 \quad -0.8478 \quad -0.1886 \quad 0.5665 \quad 0.2465 \quad -0.1989 \quad -0.2668]^T$

$\Lambda_5 = 236.3272 \dfrac{EA}{mL^2}$

$\{U\}_5 = [1.0 \quad -0.1292 \quad -0.8478 \quad 0.2387 \quad 0.5665 \quad -0.3119 \quad -0.1989 \quad 0.3376]^T$

$\Lambda_6 = 400.2032 \dfrac{EA}{mL^2}$

$\{U\}_6 = [-0.8478 \quad 0.2035 \quad -0.1989 \quad -0.1558 \quad 1.0 \quad -0.0843 \quad -0.5665 \quad 0.2203]^T$

$\Lambda_7 = 650.9339 \dfrac{EA}{mL^2}$

$\{U\}_7 = [0.5665 \quad -0.1709 \quad 1.0 \quad -0.1308 \quad 0.1989 \quad 0.0708 \quad -0.8478 \quad 0.1850]^T$

$\Lambda_8 = 912.9482 \dfrac{EA}{mL^2}$

$\{U\}_8 = [0.1989 \quad -0.0656 \quad 0.5665 \quad -0.1213 \quad 0.8478 \quad -0.1584 \quad 1.0 \quad -0.1715]^T$

Substituting the eigenvalues obtained in cases 1 to 5 in Eq. (7.53), the inclusion principle is verified. The eigenvalues are summarized below.

Case	$\omega_r ML^2/EA$							
1			2.4993	24.8721	82.0727	171.6280		
2			2.4986	24.3764	73.0975	158.2367	200.0622	
3		2.4936	23.1105	73.0880	140.1776	250.0635	578.9391	
4		2.4826	23.0864	65.4538	128.7335	237.7763	425.5734	737.2435
5	2.4675	22.2621	62.7526	127.4676	236.3272	400.2032	650.9339	912.9482

8.17 $f(x,t) = f_0 \sin \omega t$, $r = \sqrt{\frac{I}{A}} = 0.02L$

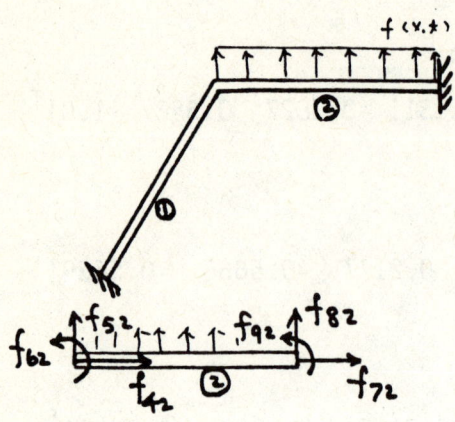

$$f_{42} = f_{42}^*$$

$$f_{52} = \int_0^L f_0 \sin \omega t (1 - 3\frac{x^2}{L^2} + 2\frac{x^3}{L^3})dx + f_{52}^*$$

$$= \frac{1}{2} f_0 L \sin \omega t + f_{52}^*(t)$$

$$f_{62} = \int_0^L f_0 \sin \omega t (\frac{x}{L} - 2\frac{x^2}{L^2} + \frac{x^3}{L^3})L\,dx + f_{62}^*$$

$$= \frac{1}{12} f_0 L^2 \sin \omega t + f_{62}^*(t)$$

$$f_{72} = F_7 + f_{72}^*$$

$$f_{82} = F_8 + \int_0^L f_0 \sin \omega t (3\frac{x^2}{L^2} - 2\frac{x^3}{L^3})\,dx + f_{82}^*$$

$$= F_8 + \frac{1}{2} f_0 L \sin \omega t + f_{82}^*$$

$$f_{92} = F_9 \int_0^L f_0 \sin \omega t (\frac{x^2}{L^2} - \frac{x^3}{L^3})L\,dx + f_{92}^*$$

$$= F_9 - \frac{1}{12} f_0 L^2 \sin \omega t + f_{92}^*$$

$[L]_2 = [1]$ $\therefore$ $\{\bar{f}\}_2 = [L]_2^T \{f\}_2 = \{f\}_2$

$f_{11} = F_1 + f_{11}^*$, $f_{21} = F_2 + f_{21}^*$, $f_{31} = F_3 + f_{31}^*$

$f_{41} = f_{41}^*$ $f_{51} = f_{51}^*$ $f_{61} = f_{61}^*$

$$\{\overline{f}\}_1 = [L]_1^T \{f\}_1$$

$$\therefore \{\overline{f}\}_1 = \{\tfrac{1}{2}(F_1 + f_{11}^*) - \tfrac{\sqrt{3}}{2}(F_1 + f_{21}^*), \tfrac{\sqrt{3}}{2}(F_1 + f_{11}^*) + \tfrac{1}{2}(F_2 + f_{31}^*), F_3 + f_{31}^*,$$

$$\tfrac{1}{2} f_{41}^* - \tfrac{\sqrt{3}}{2} f_{51}^*, \tfrac{\sqrt{3}}{2} f_{41}^* + \tfrac{1}{2} f_{51}^*, f_{61}^* \}^T$$

$$\overline{f}_{11}^* = \overline{f}_{21}^* = \overline{f}_{31}^* = 0, \quad \overline{f}_{41}^* + \overline{f}_{42}^* = 0, \quad \overline{f}_{51}^* + \overline{f}_{52}^* = 0, \quad \overline{f}_{61}^* + \overline{f}_{62}^* = 0$$

$$\overline{f}_{72}^* = \overline{f}_{82}^* = \overline{f}_{92}^* = 0$$

$$\{\overline{F}\} = [A]_1^T \{\overline{f}\}_1 + [A]_2^T \{\overline{f}\}_2$$

$$= \begin{Bmatrix} \tfrac{1}{2}(F_1 + f_{11}^*) - \tfrac{\sqrt{3}}{2}(F_2 + f_{21}^*) \\ \tfrac{\sqrt{3}}{2}(F_1 + f_{11}^*) + \tfrac{1}{2}(F_2 + f_{21}^*) \\ F_3 + f_{31}^* \\ \tfrac{1}{2} f_{41}^* - \tfrac{\sqrt{3}}{2} f_{51}^* + f_{42}^* \\ \tfrac{\sqrt{3}}{2} f_{41}^* + \tfrac{1}{2} f_{51}^* + f_{52}^* + \tfrac{1}{2} f_0 L \sin \omega t \\ f_{61}^* + f_{62}^* + \tfrac{1}{12} f_0 L^2 \sin \omega t \\ F_7 + f_{72}^* \\ F_8 + \tfrac{1}{2} f_0 L \sin \omega t + f_{82}^* \\ F_9 - \tfrac{1}{12} f_0 L^2 \sin \omega t + f_{92}^* \end{Bmatrix} = \begin{Bmatrix} \overline{F}_1 \\ \overline{F}_2 \\ \overline{F}_3 \\ 0 \\ \tfrac{1}{2} f_0 L \sin \omega t \\ \tfrac{1}{12} f_0 L^2 \sin \omega t \\ \overline{F}_7 \\ \overline{F}_8 + \tfrac{1}{2} f_0 L \sin \omega t \\ \overline{F}_9 - \tfrac{1}{12} f_0 L^2 \sin \omega t \end{Bmatrix}$$

$[M']\{\ddot{\overline{U}}(t)\}_1 + [K']\{\overline{U}(t)\}_1 = \{\overline{F}(t)\}_1$ becomes (see Problem 8.10)

$$\frac{mL}{420} \begin{bmatrix} 292 & -4\sqrt{3} & 11\sqrt{3} \\ -4\sqrt{3} & 300 & 11 \\ 11\sqrt{3} & 11 & 8 \end{bmatrix} \begin{Bmatrix} \ddot{U}_4 \\ \ddot{U}_5 \\ \ddot{U}_6 L \end{Bmatrix}$$

$$+ \frac{EI}{L^3} \begin{bmatrix} \frac{5}{4}(\frac{L}{4})^2+9 & \frac{\sqrt{3}}{4}(\frac{L}{r})^2-3\sqrt{3} & 3\sqrt{3} \\ \frac{\sqrt{3}}{4}(\frac{L}{r})^2-3\sqrt{3} & \frac{3}{4}(\frac{L}{r})^2+15 & 3 \\ 3\sqrt{3} & 3 & 8 \end{bmatrix} \begin{Bmatrix} \bar{U}_4 \\ \bar{U}_5 \\ \bar{U}_6 L \end{Bmatrix} = \begin{Bmatrix} 0 \\ 6 \\ 1 \end{Bmatrix} \frac{f_0 L}{12} \sin \omega t$$

Let

$$\{\bar{U}(t)\} = [\bar{U}]\{q(t)\} = \frac{1}{\sqrt{mL}} \begin{bmatrix} 0.02821 & 0.58770 & 1.17636 \\ 0.01629 & -1.01793 & 0.67917 \\ 7.15403 & 0.00000 & -3.90914 \end{bmatrix} \begin{Bmatrix} q_4(t) \\ q_5(t) \\ q_6(t) \end{Bmatrix}$$

Premultiplying both sides of the differential equations by $[\bar{U}]^T$, we obtain

$$[\bar{U}]^T[M'][\bar{U}]\{\ddot{q}(t)\} + [\bar{U}]^T[K'][\bar{U}]\{q(t)\} = [\bar{U}]^T\{\bar{F}\}$$

since $[\bar{U}]^T[M'][\bar{U}] = [1]$; $[\bar{U}]^T[K'][\bar{U}] = [\omega^2]$

The differential equations in terms of the new coordinates are

$$\ddot{q}_r(t) + \omega_r^2 q_r(t) = Q_r(t) \qquad r = 4,5,6$$

where

$$\omega_4 = 20.40153 \sqrt{\frac{EI}{mL^4}} \qquad \omega_5 = 41.85502 \sqrt{\frac{EI}{mL^4}} \qquad \omega_6 = 83.59845 \sqrt{\frac{EI}{mL^4}}$$

$$\begin{Bmatrix} Q_4 \\ Q_5 \\ Q_6 \end{Bmatrix} = [\bar{U}]^T\{\bar{F}\} = \frac{1}{\sqrt{mL}} \begin{bmatrix} 0.02821 & 0.58770 & 1.17636 \\ 0.01629 & -1.01793 & 0.67917 \\ 7.15403 & 0.00000 & -3.90914 \end{bmatrix}^T \begin{Bmatrix} 0 \\ 6 \\ 1 \end{Bmatrix} \frac{1}{12} f_0 L \sin \omega t$$

$$= \begin{Bmatrix} 7.25177 \\ -6.10758 \\ 0.16588 \end{Bmatrix} \frac{f_0 L \sin \omega t}{12\sqrt{mL}}$$

The generalized coordinates are

$$q_4 = \frac{7.25177 f_0 L}{12\sqrt{mL}\,\omega_4} \int_0^t \sin\omega\tau \sin\omega_4(t-\tau)d\tau$$

$$= \frac{f_0 L}{12\sqrt{mL}(\omega^2 - \omega_4^2)} \frac{7.25177}{\omega_4} (\omega \sin\omega_4 t - \omega_4 \sin\omega t)$$

$$q_5 = \frac{-6.10758 f_0 L}{12\sqrt{mL}\,\omega_5} \int_0^t \sin\omega\tau \sin\omega_5(t-\tau)d\tau$$

$$= -\frac{f_0 L}{12\sqrt{mL}(\omega^2 - \omega_5^2)} \frac{6.10758}{\omega_5} (\omega \sin\omega_5 t - \omega_5 \sin\omega t)$$

$$q_6 = \frac{0.16588 f_0 L}{12\sqrt{mL}\,\omega_6} \int_0^t \sin\omega\tau \sin\omega_6(t-\tau)d\tau$$

$$\frac{f_0 L}{12\sqrt{mL}(\omega^2 - \omega_6^2)} \frac{0.16588}{\omega_6} (\omega \sin\omega_6 t - \omega_6 \sin\omega t)$$

$$\therefore \{\bar{U}(t)\} = [\bar{U}]\{q(t)\}$$

$$\therefore \begin{Bmatrix} \bar{U}_4(t) \\ \bar{U}_5(t) \\ \bar{U}_6(t)L \end{Bmatrix} = \frac{f_0 L}{12mL} \begin{bmatrix} 0.02821 & 0.58770 & 1.17636 \\ 0.01629 & -1.01793 & 0.67917 \\ 7.15403 & 0.00000 & -3.90914 \end{bmatrix}$$

$$\times \begin{Bmatrix} \dfrac{7.25177}{\omega_4(\omega^2-\omega_4^2)} (\omega \sin\omega_4 t - \omega_4 \sin\omega t) \\[6pt] -\dfrac{6.10758}{\omega_5(\omega^2-\omega_5^2)} (\omega \sin\omega_5 t - \omega_5 \sin\omega t) \\[6pt] \dfrac{0.16588}{\omega_6(\omega^2-\omega_6^2)} (\omega \sin\omega_6 t - \omega_6 \sin\omega t) \end{Bmatrix}$$

$$\begin{Bmatrix} \bar{U}_4(t) \\ \bar{U}_5(t) \\ \bar{U}_6(t) \end{Bmatrix} = \frac{f_0}{12m} \begin{Bmatrix} 0.20457 \dfrac{\omega \sin\omega_4 t - \omega_4 \sin\omega t}{\omega_4(\omega^2 - \omega_4^2)} - 3.58942 \dfrac{\omega \sin\omega_5 t - \omega_5 \sin\omega t}{\omega_5(\omega^2 - \omega_5^2)} + 0.19513 \dfrac{\omega \sin\omega_6 t - \omega_6 \sin\omega t}{\omega_6(\omega^2 - \omega_6^2)} \\ 0.11813 \dfrac{\omega \sin\omega_4 t - \omega_4 \sin\omega t}{\omega_4(\omega^2 - \omega_4^2)} + 6.21709 \dfrac{\omega \sin\omega_5 t - \omega_5 \sin\omega t}{\omega_5(\omega^2 - \omega_5^2)} + 0.11266 \dfrac{\omega \sin\omega_6 t - \omega_6 \sin\omega t}{\omega_6(\omega^2 - \omega_6^2)} \\ 51.87938 \dfrac{\omega \sin\omega_4 t - \omega_4 \sin\omega t}{\omega_4(\omega^2 - \omega_4^2)} - 0.64845 \dfrac{\omega \sin\omega_6 t - \omega_6 \sin\omega t}{\omega_6(\omega^2 - \omega_6^2)} \cdot \end{Bmatrix}$$

8.18 $\quad f(x,t) = f_0\delta(x - L)\delta(t)$

$$f_{11} = F_1, \; f_{21} = 0, \; f_{31} = f^*_{31}, \; f_{41} = f^*_{41}$$

$$f_{32} = \int_0^L f_0\delta(x - L)\delta(t)(1 - 3\frac{x^2}{L^2} + 2\frac{x^3}{L^3})\,dx + f^*_{32} = 0 + f^*_{32} = f^*_{32}$$

$$f_{42} = \int_0^L f_0\delta(x - L)\delta(t)(\frac{x}{L} - 2\frac{x^2}{L^2} + \frac{x^3}{L^3})L\,dx + f^*_{42} = 0 + f^*_{42} = f^*_{42}$$

$$f_{52} = \int_0^L f_0\delta(x - L)\delta(t)(3\frac{x^2}{L^2} - 2\frac{x^3}{L^3})\,dx + f^*_{52} = f_0\delta(t) + f^*_{52}$$

$$f_{62} = -\int_0^L f_0\delta(x - L)\delta(t)(\frac{x^2}{L^2} - \frac{x^3}{L^3})L\,dx + f^*_{62} = f^*_{62}$$

$$f^*_{31} + f^*_{32} = 0, \quad f^*_{41} + f^*_{42} = 0, \quad f^*_{52} = f^*_{62} = 0$$

$$\{\bar{F}\} = \{F_1 \quad 0 \quad 0 \quad 0 \quad f_0\delta(t) \quad 0\}^T$$

The differential equations are

$$\frac{mL}{3360}\begin{bmatrix} 4 & 26 & -3 & 0 & 0 \\ 26 & 1248 & 0 & 216 & -26 \\ -3 & 0 & 8 & 26 & -3 \\ 0 & 216 & 26 & 624 & -44 \\ 0 & -26 & -3 & -44 & 4 \end{bmatrix}\begin{Bmatrix} \ddot{\bar{U}}_2 L \\ \ddot{\bar{U}}_3 \\ \ddot{\bar{U}}_4 L \\ \ddot{\bar{U}}_5 \\ \ddot{\bar{U}}_6 L \end{Bmatrix} + \frac{4EI}{L^3}\begin{bmatrix} 2 & -6 & 1 & 0 & 0 \\ -6 & 48 & 0 & -24 & 6 \\ 1 & 0 & 4 & -6 & 1 \\ 0 & -24 & -6 & 24 & -6 \\ 0 & 6 & 1 & -6 & 2 \end{bmatrix}\begin{Bmatrix} \bar{U}_2 L \\ \bar{U}_3 \\ \bar{U}_4 L \\ \bar{U}_5 \\ \bar{U}_6 L \end{Bmatrix} = \begin{Bmatrix} 0 \\ 0 \\ 0 \\ f_0\delta(t) \\ 0 \end{Bmatrix}$$

Let

$$\{\overline{U}(t)\} = [\overline{U}]\{q(t)\} = \frac{1}{\sqrt{mL}} \begin{bmatrix} 1.73205 & 5.45822 & -13.32938 & -29.29605 & 22.25112 \\ 0.86603 & 1.18710 & 0.48483 & 1.12846 & 0.43528 \\ 1.73205 & -2.70474 & 11.87113 & -10.73060 & 28.37329 \\ 1.73205 & -2.02255 & -2.04467 & 2.27211 & 3.37985 \\ 1.73205 & -7.96881 & -16.19379 & 33.20704 & 69.37177 \end{bmatrix} \begin{Bmatrix} q_2 \\ q_3 \\ q_4 \\ q_5 \\ q_6 \end{Bmatrix}$$

The differential equations in term of new coordinates are

$$\{\ddot{q}(t)\} + [\omega_r^2]\{q(t)\} = \{Q\}$$

where

$$\{Q(t)\} = [\overline{U}]^T\{\overline{F}\} = \{1.73205, -2.02255, -2.04466, 2.27211, 3.37985\}^T \frac{f_0 \delta(t)}{\sqrt{mL}}$$

The generalized coordinates are

$$\begin{Bmatrix} q_2(t) \\ q_3(t) \\ q_4(t) \\ q_5(t) \\ q_6(t) \end{Bmatrix} = \frac{f_0}{\sqrt{mL}} \begin{Bmatrix} 1.73205\, t \\ -2.02255\, \dfrac{\sin \omega_3 t}{\omega_3} \\ -2.04466\, \dfrac{\sin \omega_4 t}{\omega_4} \\ 2.27211\, \dfrac{\sin \omega_5 t}{\omega_5} \\ 3.37985\, \dfrac{\sin \omega_6 t}{\omega_6} \end{Bmatrix} \qquad \begin{aligned} \omega_2 &= 0 \\ \omega_3 &= 15.51421 \sqrt{\frac{EI}{mL^4}} \\ \omega_4 &= 555.82287 \sqrt{\frac{EI}{mL^4}} \\ \omega_5 &= 135.55941 \sqrt{\frac{EI}{mL^4}} \\ \omega_6 &= 249.23059 \sqrt{\frac{EI}{mL^4}} \end{aligned}$$

From $\{U(t)\} = [U]\{q(t)\}$ we have

$$\begin{Bmatrix} \bar{U}_2 \\ \bar{U}_3 \\ \bar{U}_4 \\ \bar{U}_5 \\ \bar{U}_6 \end{Bmatrix} = \frac{f_0}{mL} \begin{Bmatrix} 3.00000t - 11.03954 \frac{\sin \omega_3 t}{\omega_3} + 27.25397 \frac{\sin \omega_4 t}{\omega_4} - 66.56385 \frac{\sin \omega_5 t}{\omega_5} + 75.20545 \frac{\sin \omega_6 t}{\omega_6} \\ 1.50001t - 2.40097 \frac{\sin \omega_3 t}{\omega_3} - 0.99131 \frac{\sin \omega_4 t}{\omega_4} + 2.56399 \frac{\sin \omega_5 t}{\omega_5} + 1.47118 \frac{\sin \omega_6 t}{\omega_6} \\ 3.00000t + 5.47049 \frac{\sin \omega_3 t}{\omega_3} - 24.27236 \frac{\sin \omega_4 t}{\omega_4} - 24.38110 \frac{\sin \omega_5 t}{\omega_5} + 95.89746 \frac{\sin \omega_6 t}{\omega_6} \\ 3.00000t + 4.09071 \frac{\sin \omega_3 t}{\omega_3} + 4.18063 \frac{\sin \omega_4 t}{\omega_4} + 5.16248 \frac{\sin \omega_5 t}{\omega_5} + 11.42339 \frac{\sin \omega_6 t}{\omega_6} \\ 3.00000t + 16.11736 \frac{\sin \omega_3 t}{\omega_3} + 33.11071 \frac{\sin \omega_4 t}{\omega_4} + 75.45005 \frac{\sin \omega_5 t}{\omega_5} + 234.46618 \frac{\sin \omega_6 t}{\omega_6} \end{Bmatrix}$$

The dynamic reaction is

$$\overline{F}_1 = \frac{mL}{3360} \{44 \quad 216 \quad -26 \quad 0 \quad 0\} \begin{Bmatrix} \ddot{\overline{U}}_2 L \\ \ddot{\overline{U}}_3 \\ \ddot{\overline{U}}_4 L \\ \ddot{\overline{U}}_5 \\ \ddot{\overline{U}}_6 L \end{Bmatrix} + \frac{4EI}{L^3} \{6 \quad -24 \quad 6 \quad 0 \quad 0\} \begin{Bmatrix} \overline{U}_2 L \\ \overline{U}_3 \\ \overline{U}_4 L \\ \overline{U}_5 \\ \overline{U}_6 L \end{Bmatrix}$$

Chapter 9

9.1 $\ddot{\theta} + 2\zeta\omega\dot{\theta} + \omega^2 \sin\theta = 0$

Let $\theta = x_1$, $\dot{\theta} = x_2$. Then, $\dot{x}_1 = x_2$, $\dot{x}_2 = -2\zeta\omega x_2 - \omega^2 \sin x_1$

The equilibrium points satisfy $x_2 = 0$, $-2\zeta\omega x_2 - \omega^2 \sin x_1 = 0$

$x_1 = \pm j\pi$, $j = 0,1,2,\ldots$; $x_2 = 0$

There are only two distinct equilibrium points,

E_1: $x_1 = x_2 = 0$, E_2: $x_1 = \pi$, $x_2 = 0$.

The presence of damping does not affect the position of the equilibrium points.

9.2 $\ddot{x} + x - \frac{\pi}{2}\sin x = 0$

Let $x = x_1$, $\dot{x} = x_2$. Then, $\dot{x}_1 = x_2$, $\dot{x}_2 = -x_1 + \frac{\pi}{2}\sin x_1$

The equilibrium points satisfy $x_2 = 0$, $-x_1 + \frac{\pi}{2}\sin x_1 = 0$

There are only two distinct equilibrium points,

E_1: $x_1 = 0$, $x_2 = 0$, E_2: $x_1 = \pi/2$, $x_2 = 0$.

9.3

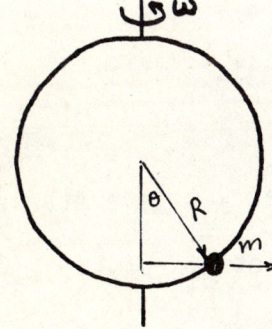

$T = \frac{1}{2}m(\omega R \sin\theta)^2 + \frac{1}{2}mR^2\dot{\theta}^2$

$V = mgR(1 - \cos\theta)$

$\frac{\partial T}{\partial \dot{\theta}} = mR^2\dot{\theta}$, $\frac{\partial T}{\partial \theta} = mR^2\omega^2 \cos\theta \sin\theta$, $\frac{\partial V}{\partial \theta} = mgR \sin\theta$

$\therefore \ddot{\theta} - (\omega^2 \cos\theta - \frac{g}{R})\sin\theta = 0$

Let $\theta = x_1$, $\dot{\theta} = x_2$. Then, $\dot{x}_1 = x_2$, $\dot{x}_2 = (\omega^2 \cos x_1 - \frac{g}{R})\sin x_1$

The equilibrium points satisfy $x_2 = 0$, $(\omega^2 \cos x_1 - g/R)\sin x_1 = 0$

$\therefore x_1 = \pm j\pi$, $j = 0, 1, 2, \ldots$; $x_1 = \cos^{-1}\frac{g}{R\omega^2}$, $x_2 = 0$

207

There are only three distinct equilibrium points,

E_1: $x_1 = x_2 = 0$, E_2: $x_1 = \cos^{-1} g/R\omega^2$, $x_2 = 0$, E_3: $x_1 = \pi$, $x_2 = 0$.

9.4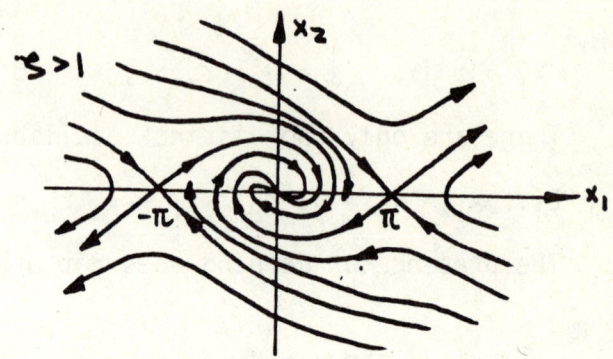

To determine the direction of the trajectories, we consider

$0 < \zeta < 1$	$\zeta > 1$
For small positive values of x_1 and x_2	For small positive values of x_1 and x_2
$\dfrac{dx_1}{dt} = x_2 > 0,$	$\dfrac{dx_1}{dt} = x_2 > 0,$
$\dfrac{dx_2}{dt} = -2\zeta\omega x_2 - \omega^2 \sin x_1 < 0$	$\dfrac{dx_2}{dt} = -2\zeta\omega x_2 - \omega^2 \sin x_1 < 0$
$\therefore$ direction is	$\therefore$ direction is
The point $x_1 = x_2 = 0$ is a stable focus and the point $x_1 = \pi$, $x_2 = 0$ is a saddle point.	The point $x_1 = x_2 = 0$ is a stable node and the point $x_1 = \pi$, $x_2 = 0$ is a saddle point.

9.5 $\ddot{x} + x - \dfrac{\pi}{2} \sin x = 0$

$\ddot{x}\dot{x} + x\dot{x} - \dfrac{\pi}{2}(\sin x)\dot{x} = 0 \rightarrow \dfrac{1}{2}\dot{x}^2 + \dfrac{1}{2}x^2 + \dfrac{\pi}{2}\cos x = E + \dfrac{\pi}{2}$

Let $x = x_1$, $\dot{x} = x_2$ $\therefore$ $\frac{1}{2}(x_2)^2 + \frac{1}{2}(x_1)^2 + \frac{\pi}{2}(\cos x_1 - 1) = E$

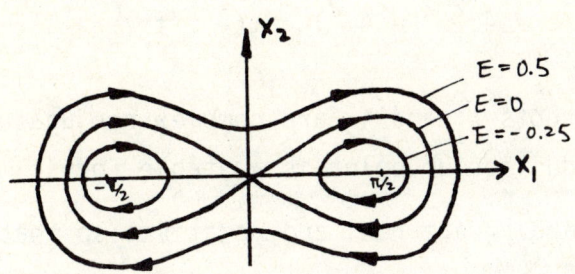

$E = -0.25$ → Periodic motion around one center or the other.

$E = 0$ → Motion along separatrix. Limiting case of two types of motion.

$E = 0.5$ → Periodic motion around two centers and one saddle point.

9.6 $\dot{u}_1 = \lambda_1 u_1 + u_2$

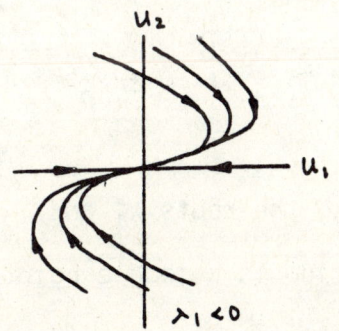

$\dot{u}_2 = \lambda_1 u_2$

$\dfrac{du_2}{du_1} = \dfrac{\lambda_1 u_2}{\lambda_1 u_1 + u_2}$

9.7 In the neighborhood of $x_1 = 0$, we have $\sin x_1 \approx x_1$ so that the differential equations are

$\dot{x}_1 = x_2$, $\dot{x}_2 = -\omega^2 x_1 - 2\zeta\omega x_2$

Hence, the elements of the matrix $[a]$ are

$a_{11} = 0$, $a_{12} = 0$, $a_{21} = -\omega^2$, $a_{22} = -2\zeta\omega$

so that

209

$$p = \text{tr}[a] = a_{11} + a_{22} = -2\zeta\omega$$

$$q = \det[a] = a_{11}a_{22} - a_{12}a_{21} = \omega^2$$

$$\therefore \begin{matrix}\lambda_1\\\lambda_2\end{matrix} = \frac{1}{2}\left(-2\zeta\omega \pm \sqrt{4\zeta^2\omega^2 - 4\omega^2}\right) = \omega(-\zeta \pm \sqrt{\zeta^2-1})$$

For $0 < \zeta < 1$, the roots λ_1 and λ_2 are complex conjugates with negative real part. Hence, the equilibrium point is a stable focus

For $1 < \zeta$, both λ_1 and λ_2 are real and negative, so that the equilibrium point is a stable node.

In the neighborhood of $x_1 = \pi$, we can write $\sin(\pi + x_1) \approx -x_1$ so that the differential equations are

$$\dot{x}_1 = x_2, \quad \dot{x}_2 = \omega^2 x_1 - 2\zeta\omega x_2$$

It follows that $p = -2\zeta\omega$ and $q = -\omega^2$, so that

$$\begin{matrix}\lambda_1\\\lambda_2\end{matrix} = \frac{1}{2}\left(-2\zeta\omega \pm \sqrt{4\zeta^2\omega^2 + 4\omega^2}\right) = \omega(-\zeta \pm \sqrt{\zeta^2 + 1})$$

For any positive value of ζ, the roots λ_1 and λ_2 are real and of opposite signs. Hence, the equilibrium is a saddle point.

Conclusion: Significant behavior at every equilibrium point.

9.8 $\ddot{x} + x - \frac{\pi}{2}\sin x = 0$

Let $x = x_1$, $\dot{x} = x_2$ Then,

$$\dot{x}_1 = x_2, \quad \dot{x}_2 = -x_1 + \frac{\pi}{2}\sin x_1$$

$\therefore$ The equilibrium points are $x_1 = 0, \pm\frac{\pi}{2}$; $x_2 = 0$

In the neighborhood of $x_1 = x_2 = 0$,

$$\dot{x}_1 = x_2$$
$$\dot{x}_2 = -x_1 + \frac{\pi}{2}x_1 = (\frac{\pi}{2} - 1)x_1$$

$\rightarrow \quad a_{11} = 0 \quad a_{12} = 1$
$\quad a_{21} = \frac{\pi}{2} - 1, \quad a_{22} = 0$

so that $p = 0$ and $q = -(\frac{\pi}{2} - 1)$. The eigenvalues of $[a]$ are

$$\begin{matrix}\lambda_1 \\ \lambda_2\end{matrix} = \pm \frac{1}{2}\sqrt{4(\frac{\pi}{2} - 1)} = \pm\sqrt{\frac{\pi}{2} - 1}$$

∴ The point $x_1 = x_2 = 0$ is a saddle point. Hence, it possesses significant behavior.

In the neighborhood of $x_1 = \frac{\pi}{2}$, $x_2 = 0$,

$$\dot{x}_1 = x_2$$
$$\dot{x}_2 = -x_1 + \frac{\pi}{2}$$

$\rightarrow \quad a_{11} = 0 \quad a_{12} = 1$
$\quad a_{21} = -1 \quad a_{22} = 0$

so that $p = 0$ and $q = 1$. The eigenvalues are

$$\begin{matrix}\lambda_1 \\ \lambda_2\end{matrix} = \pm \frac{1}{2}\sqrt{-4 \times 1} = \pm i$$

∴ The point $x_1 = \frac{\pi}{2}$, $x_2 = 0$ is a center. Hence, it possesses critical behavior.

9.9 In the neighborhood of $x_1 = 0$, $x_2 = 0$,

$$\dot{x}_1 = x_2$$
$$\dot{x}_2 = (\omega^2 - \frac{g}{R})x_1$$

$\rightarrow \quad a_{11} = 0 \quad a_{12} = 1$
$\quad a_{21} = \omega^2 - \frac{g}{R} \quad a_{22} = 0$

so that $p = 0$ and $q = -(\omega^2 - \frac{g}{R})$ and the eigenvalues are

$$\begin{matrix}\lambda_1 \\ \lambda_2\end{matrix} = \frac{1}{2}(\pm\sqrt{4(\omega^2 - \frac{g}{R})}) = \pm\sqrt{\omega^2 - \frac{g}{R}}$$

For $\omega^2 > \frac{g}{R}$, the equilibrium is a saddle point (significant behavior)

For $\omega^2 < \frac{g}{R}$, the equilibrium is a center (critical behavior)

In the neighborhood of $x_1 = \pi$, $x_2 = 0$,

$$\dot{x}_1 = x_2 \qquad\qquad a_{11} = 0 \qquad a_{12} = 1$$
$$\dot{x}_2 = -(-\omega^2 - \frac{g}{R})x_1 \qquad a_{21} = \omega^2 + \frac{g}{R} \qquad a_{22} = 0$$

so that $p = 0$ and $q = -(\omega^2 + \frac{g}{R})$. The eigenvalues are

$$\lambda_1, \lambda_2 = \pm\sqrt{\omega^2 + \frac{g}{R}}$$

The equilibrium point is a saddle point (significant behavior) for any ω.

In the neighborhood of $x_1 = \cos^{-1}\frac{g}{R\omega^2}$, $x_2 = 0$,

$$\dot{x}_1 = x_2 \qquad\qquad a_{11} = 0 \qquad a_{12} = 1$$
$$\dot{x}_2 = -\omega^2(1 - \frac{g^2}{R^2\omega^4})x_1 \qquad a_{21} = -\omega^2(1 - \frac{g^2}{R^2\omega^4}) \qquad a_{22} = 0$$

so that $p = 0$ and $q = \omega^2(1 - \frac{g^2}{R^2\omega^4})$. The eigenvalues are

$$\lambda_1, \lambda_2 = \pm i\omega\sqrt{1 - g^2/R^2\omega^4} = \pm i\omega\sqrt{1 - (g/R\omega^2)^2}$$

For $\omega^2 > \frac{g}{R}$, the equilibrium point is a center (critical behavior)

For $\omega^2 < \frac{g}{R}$, no equilibrium point exists at $x_1 = \cos^{-1}\frac{g}{R\omega^2}$, because in this case $\cos x_1 > 1$, which is impossible.

9.10

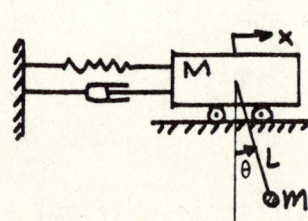

$$T = \tfrac{1}{2} M\dot{x}^2 + \tfrac{1}{2} m(L^2\dot{\theta}^2 + \dot{x}^2 + 2L\dot{\theta}\dot{x}\cos\theta)$$

$$V = k(\tfrac{1}{2} x^2 + \tfrac{\pi}{2}\cos x) + mgL(1 - \cos\theta)$$

$$F = \frac{1}{2}c\dot{x}^2$$

Lagrange's equations of motion are

$$\frac{d}{dt}\left(\frac{\partial T}{\partial \dot{q}_i}\right) - \frac{\partial T}{\partial q_i} + \frac{\partial V}{\partial q_i} + \frac{\partial F}{\partial \dot{q}_i} = 0 \,, \quad q_1 = x, \; q_2 = \theta$$

In explicit form,

$$(M + m)\ddot{x} + mL\ddot{\theta}\cos\theta + c\dot{x} - mL\dot{\theta}^2 \sin\theta + k(x - \frac{\pi}{2}\sin x) = 0$$

$$mL\ddot{x}\cos\theta + mL^2\ddot{\theta} + mgL\sin\theta = 0$$

Let $x = x_1$, $\theta = x_2$, $\dot{x} = x_3$, $\dot{\theta} = x_4$. Then,

$$\dot{x}_1 = x_3, \quad \dot{x}_2 = x_4$$

$$(M + m)\dot{x}_3 + mL\dot{x}_4 \cos x_2 = -k(x_1 - \frac{\pi}{2}\sin x_1) + mLx_4^2 \sin x_2 - cx_3$$

$$mL\dot{x}_3 \cos x_2 + mL^2 \dot{x}_4 = -mgL \sin x_2$$

For equilibrium, set $\dot{x}_1 = \dot{x}_2 = \dot{x}_3 = \dot{x}_4 = 0$.

$$\therefore \; x_1 = 0, \pm\frac{\pi}{2} \,; \quad x_2 = \pm j\pi, \quad j = 0,1,2,\ldots \,; \quad x_3 = 0 \,; \quad x_4 = 0$$

(i) In the neighborhood of $x_1 = 0$, $x_2 = 0$, $x_3 = 0$, $x_4 = 0$,

$$\dot{x}_1 = x_3 \,, \quad \dot{x}_2 = x_4$$

$$\dot{x}_3 = \frac{1}{M}\left[(\frac{\pi}{2} - 1)kx_1 - cx_3 + mgx_2\right]$$

$$\dot{x}_4 = -\frac{1}{ML}\left[(\frac{\pi}{2} - 1)kx_1 - cx_3 + (M + m)gx_2\right]$$

Hence,

$$a_{11} = 0 \qquad a_{12} = 0 \qquad a_{13} = 1 \qquad a_{14} = 0$$

$$a_{21} = 0 \qquad a_{22} = 0 \qquad a_{23} = 0 \qquad a_{24} = 1$$

$$a_{31} = -\frac{k}{M}(1 - \frac{\pi}{2}) \quad a_{32} = \frac{m}{M}g \quad a_{33} = \frac{-c}{M} \quad a_{34} = 0$$

$$a_{41} = \frac{k}{ML}(1 - \frac{\pi}{2}) \quad a_{42} = -\frac{M+m}{ML}g \quad a_{43} = \frac{c}{ML} \quad a_{44} = 0$$

$$\det([a] - \lambda[I]) = \begin{vmatrix} -\lambda & 0 & 1 & 0 \\ 0 & -\lambda & 0 & 1 \\ -\frac{k}{M}(1-\frac{\pi}{2}) & \frac{m}{M}g & -\frac{c}{M}-\lambda & 0 \\ \frac{k}{ML}(1-\frac{\pi}{2}) & -\frac{M+m}{ML} & \frac{c}{ML} & -\lambda \end{vmatrix} = 0$$

$$\therefore \quad \lambda^4 + \frac{c}{M}\lambda^3 + [\frac{M+m}{ML}g + \frac{k}{M}(1-\frac{\pi}{2})]\lambda^2 + \frac{cg}{ML}\lambda + \frac{kg}{ML}(1-\frac{\pi}{2}) = 0$$

Form the array

$$\begin{array}{cccc} \frac{c}{M} & 1 & 0 & 0 \\[6pt] \frac{cg}{ML} & \frac{M+m}{ML}g + \frac{K}{M}(1-\frac{\pi}{2}) & \frac{c}{M} & 1 \\[6pt] 0 & \frac{kg}{ML}(1-\frac{\pi}{2}) & \frac{cg}{ML} & \frac{M+m}{mL}g + \frac{k}{M}(1-\frac{\pi}{2}) \\[6pt] 0 & 0 & 0 & \frac{kg}{ML}(1-\frac{\pi}{2}) \end{array}$$

so that

$$\Delta_1 = a_1 = \frac{c}{M} > 0$$

$$\Delta_2 = \frac{c}{M}[\frac{M+m}{ML}g + \frac{k}{M}(1-\frac{\pi}{2}) - \frac{g}{L}] = \frac{c}{M}[\frac{mg}{ML} + \frac{k}{M}(1-\frac{\pi}{2})] > 0$$

$$\text{if } mg > kL(\frac{\pi}{2} - 1)$$

$$\Delta_3 = \frac{c^2g}{M^2L}[\frac{M+m}{ML}g + \frac{k}{M}(1-\frac{\pi}{2})] - \frac{c^2kg}{M^3L}(1-\frac{\pi}{2}) - \frac{c^2g^2}{M^2L^2} = \frac{c^2mg^2}{M^3L^2} > 0$$

$$\Delta_4 = -\frac{kg}{ML}(\frac{\pi}{2}-1)\Delta_3 < 0$$

∴ $x_i = 0$, $i = 1,2,3,4$ is unstable.

(ii) In the neighborhood of $x_1 = \frac{\pi}{2}$, $x_2 = 0$, $x_3 = 0$, $x_4 = 0$,

$$a_{11} = a_{12} = 0 \quad a_{13} = 1 \quad a_{14} = 0$$

$$a_{21} = a_{22} = a_{23} = 0 \quad a_{24} = 1$$

$$a_{31} = -\frac{k}{M} \quad a_{32} = \frac{m}{M}g \quad a_{33} = -\frac{c}{M} \quad a_{34} = 0$$

$$a_{41} = \frac{k}{ML} \quad a_{42} = -\frac{M+m}{ML}g \quad a_{43} = \frac{c}{ML} \quad a_{44} = 0$$

$$\det([a] - \lambda[I]) = \begin{vmatrix} -\lambda & 0 & 1 & 0 \\ 0 & -\lambda & 0 & 1 \\ -\frac{k}{M} & \frac{m}{M}g & -\frac{c}{M}-\lambda & 0 \\ \frac{k}{ML} & -\frac{M+m}{ML}g & \frac{c}{ML} & -\lambda \end{vmatrix} = 0$$

$$\lambda^4 + \frac{c}{M}\lambda^3 + \left(\frac{M+m}{ML}g + \frac{k}{M}\right)\lambda^2 + \frac{cg}{ML}\lambda + \frac{kg}{ML} = 0$$

Form the array

$\frac{c}{M}$	1	0	0
$\frac{cg}{ML}$	$\frac{M+m}{ML}g + \frac{k}{M}$	$\frac{c}{M}$	1
0	$\frac{kg}{ML}$	$\frac{cg}{ML}$	$\frac{M+m}{ML}g + \frac{k}{M}$
0	0	0	$\frac{kg}{nL}$

Hence,

$$\Delta_1 = \frac{c}{M} > 0$$

215

$$\Delta_2 = \frac{c}{M}\left[\frac{M+m}{ML}g + \frac{k}{M} - \frac{g}{L}\right] = \frac{c}{M}\left[\frac{mg}{ML} + \frac{k}{M}\right] > 0$$

$$\Delta_3 = \frac{c^2 g}{M^2 L}\left[\frac{M+m}{ML}g + \frac{k}{M}\right] - \frac{kc^2 g}{M^3 L} - \frac{c^2 g^2}{M^2 L^2} = \frac{c^2 g^2}{M^2 L^2}\frac{m}{M} > 0$$

$$\Delta_4 = \frac{kg}{ML}\Delta_3 > 0$$

$$\therefore x_1 = \frac{\pi}{2},\ x_i = 0,\ i = 2,3,4 \text{ is stable.}$$

Other equilibrium points are

x_1	x_2	x_3	x_4
0	π	0	0
$\frac{\pi}{2}$	π	0	0

Using the same procedure, it can be verified that these two equilibrium points are unstable.

9.11 $\ddot{x} + x - \frac{\pi}{2}\sin x = 0$

$$\ddot{x} = \frac{\pi}{2}\sin x - x = f(x),\quad V(x) = \int_x^0 f(x)dx = \frac{1}{2}x^2 + \frac{\pi}{2}(\cos x - 1)$$

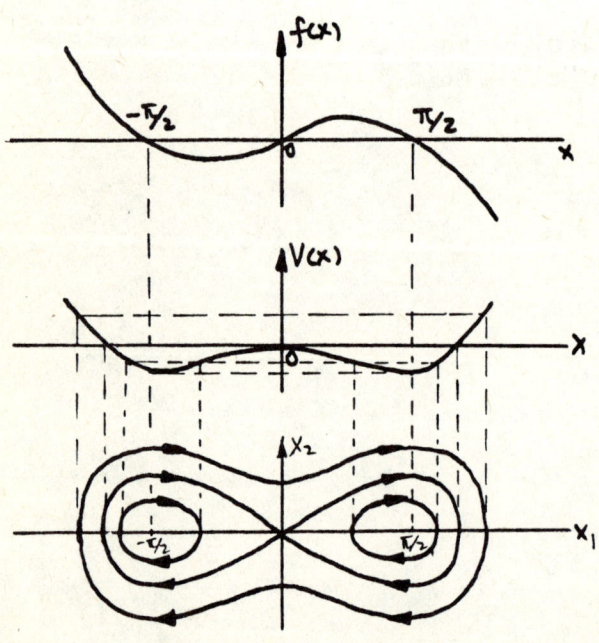

The energy level corresponding to the separatrix is

$$V(x)|_{x=0} = \left[\frac{1}{2}x^2 + \frac{\pi}{2}(\cos x - 1)\right]_{x=0} = 0$$

The shape of level curves for large E:

$$\frac{1}{2}x_2^2 + \frac{1}{2}x_1^2 + \frac{\pi}{2}\cos x_1 = E + \frac{\pi}{2},\ E \gg \frac{\pi}{2}$$

$$|\cos x_1| \leq 1,\quad \left|\frac{\pi}{2}\cos x_1\right| \leq \frac{\pi}{2}$$

$$\therefore x_2^2 + x_1^2 \approx (\sqrt{2E})^2$$

It is a family of circles.

9.12 $\dot{x}_1 = x_2 + x_1(1 - x_1^2 - x_2^2)$

$\dot{x}_2 = -x_1 + x_2(1 - x_1^2 - x_2^2)$

Let $x_1 = r\cos\theta$, $x_2 = r\sin\theta$, $\dot{x}_1 = \dot{r}\cos\theta - r\sin\theta\,\dot{\theta}$, $\dot{x}_2 = \dot{r}\sin\theta + r\cos\theta\,\dot{\theta}$.

The equations become

$\dot{r}\cos\theta - r\dot{\theta}\sin\theta = r\sin\theta + r\cos\theta(1 - r^2)$

$\dot{r}\sin\theta + r\dot{\theta}\cos\theta = -r\cos\theta + r\sin\theta(1 - r^2)$

or

$\dot{r} = r(1 - r^2)$

$\dot{\theta} = -1$

The equation of the trajectory is

$$\frac{dr}{d\theta} = \frac{\dot{r}}{\dot{\theta}} = -r(1 - r^2)$$

which can be integrated as follows:

$$\frac{dr}{r(1-r^2)} = \frac{dr}{r} + \frac{1}{2}\frac{dr}{1-r} - \frac{1}{2}\frac{dr}{1+r} = -d\theta \rightarrow \frac{r}{(1-r^2)^{1/2}} = ce^{-\theta}$$

$\therefore r = \dfrac{1}{(1 + c_1 e^{2\theta})^{1/2}}$ where $c_1 = \dfrac{1}{c^2}$, c is an integration constant

For $r < 1$, $\dfrac{dr}{d\theta} = -r(1 - r^2) < 1$ and for $r > 1$, $\dfrac{dr}{d\theta} > 1$. Moreover, as $r \to 1$, $\dfrac{dr}{d\theta} \to 0$. Hence, $r = 1$ is a stable limit cycle, as it is approached both from the inside and from the outside.

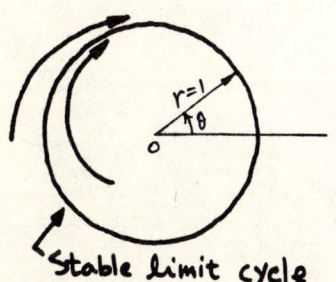

Stable limit cycle

In the neighborhood of the origin

$\dot{x}_1 = x_1 + x_2$
$\dot{x}_2 = -x_1 + x_2$

$\rightarrow \begin{vmatrix} 1-\lambda & 1 \\ -1 & 1-\lambda \end{vmatrix} = (1-\lambda)^2 + 1 = 0$

$\therefore \lambda_1 = 1 + i$, $\lambda_2 = 1 - i$

The origin is an unstable focus.

9.13 $\ddot{x} + x - \frac{\pi}{2} \sin x = 0$

$$U = E = \frac{1}{2} \dot{x}^2 + \frac{1}{2} x^2 + \frac{\pi}{2} (\cos x - 1) \rightarrow \dot{U} = \dot{E} = 0$$

(i) In the neighborhood of $\dot{x} = x = 0$,

$$V = \frac{1}{2} x^2 + \frac{\pi}{2} (\cos x - 1) \cong \frac{1}{2} x^2 + \frac{\pi}{2} (1 - \frac{x^2}{2} \ldots - 1) = \frac{1}{2} x^2 (1 - \frac{\pi}{2})$$

which is negative definite.

$\therefore U = E = T + V = \frac{1}{2} \dot{x}^2 + \frac{1}{2} x^2 (1 - \frac{\pi}{2})$ is indefinite

Hence, the analysis is inconclusive. If there is slight damping, such that $\dot{U} = \dot{E} \leq 0$, then the point $x = \dot{x} = 0$ can be judged as unstable.

(ii) In the neighborhood of $x = \frac{\pi}{2}$, $\dot{x} = 0$, if we let

$$x = \frac{\pi}{2} + \xi, \quad \dot{x} = \dot{\xi},$$

$$U = E = \frac{1}{2} \dot{\xi}^2 + \frac{1}{2} (\frac{\pi}{2} + \xi)^2 + \frac{\pi}{2} [\cos(\frac{\pi}{2} + \xi) - 1]$$

$$= \frac{1}{2} \dot{\xi}^2 + \frac{1}{2} (\frac{\pi}{2} + \xi)^2 + \frac{\pi}{2} (-\sin \xi - 1)$$

$$\dot{U} = (\ddot{\xi} + \frac{\pi}{2} + \xi - \frac{\pi}{2} \cos \xi) \dot{\xi} = 0$$

$$V = \frac{1}{2} (\frac{\pi}{2} + \xi)^2 - \frac{\pi}{2} (\sin \xi + 1) = \frac{1}{2} (\frac{\pi^2}{4} + \pi\xi + \xi^2 - \pi\xi - \pi)$$

$$= \frac{1}{2} (\frac{\pi^2}{4} - \pi + \xi^2)$$

which is positive definite.

$\therefore U = E = T + V$ is positive definite

$\therefore$ The equilibrium point is stable.

9.14 Integrating the equation of motion, we obtain

$$U = \tfrac{1}{2} mR^2 \dot\theta^2 - \tfrac{1}{2} mR^2\omega^2 \sin^2\theta + mgR(1 - \cos\theta) = \text{constant}$$

(i) In the neighborhood of $\theta = \dot\theta = 0$,

$$\dot U = (mR^2\ddot\theta - mR^2\omega^2 \sin\theta \cos\theta + mgR \sin\theta)\dot\theta = 0$$

$$U = \tfrac{1}{2} mR^2\dot\theta^2 - \tfrac{1}{2} mR^2\omega^2 \sin^2\theta + mgR(1 - \cos\theta)$$

$$= \tfrac{1}{2} mR^2\dot\theta^2 - 2mR^2(\tfrac{\theta}{2})^2(\omega^2 - \tfrac{g}{R}) \quad \text{when } \theta \text{ is small}$$

For $\omega^2 > \tfrac{g}{R}$, U is indefinite. The analysis is inconclusive. Slight damping, however, would render the equilibrium unstable.

For $\omega^2 < \tfrac{g}{R}$, U is positive definite. Hence, the equilibrium is stable.

(ii) In the neighborhood of $\theta = \pi$, $\dot\theta = 0$, we have $\dot U = 0$. Letting $\theta = \pi + \alpha$,

$$\therefore U = \tfrac{1}{2} mR^2\dot\alpha^2 - \tfrac{1}{2} mR^2\omega^2 \sin^2(\pi + \alpha) + mgR[1 - \cos(\pi + \alpha)]$$

$$\approx \tfrac{1}{2} mR^2\dot\alpha^2 - 2mR^2[-\tfrac{g}{R} + (\omega^2 + \tfrac{g}{R})(\tfrac{\alpha}{2})^2]$$

$\therefore$ U is indefinite. The analysis is inconclusive. Slight damping, however, would render the equilibrium unstable.

(iii) In the neighborhood of $\theta_0 = \cos^{-1} \tfrac{g}{R\omega^2}$, $\dot\theta = 0$, we have $\dot U = 0$. Letting $\theta = \theta_0 + \beta$,

$$U = \tfrac{1}{2} mR^2\dot\theta^2 - \tfrac{1}{2} mR^2\omega^2 \sin^2(\theta_0 + \beta) + mgR[1 - \cos(\theta_0 + \beta)]$$

$$= \tfrac{1}{2} mR^2\dot\beta^2 - \tfrac{1}{2} mR^2\omega^2 \sin^2\theta_0 + mgR(1 - \cos\theta_0) + \tfrac{1}{2} \tfrac{mR^2}{\omega^2}(\omega^4 - \tfrac{g^2}{R^2})\beta^2$$

For $\omega^2 > g/R$, U is positive definite. Hence, the equilibrium is stable.
For $\omega^2 < g/R$, no equilibrium point exists at $\theta_0 = \cos^{-1} \tfrac{g}{R\omega^2}$ because in

this case $\cos\theta_0 > 1$, which is impossible.

9.15 $T = \frac{1}{2} M\dot{x}^2 + \frac{1}{2} m(L^2\dot{\theta}^2 + \dot{x}^2 + 2L\dot{\theta}\dot{x} \cos\theta)$

$V = k(\frac{1}{2} x^2 + \frac{\pi}{2} \cos x) + mgL(1 - \cos\theta)$

$F = \frac{1}{2} c\dot{x}^2$

Consider $U = T + V$ as a Liapunov function, and note that

$\dot{U} = M\dot{x}\ddot{x} + m[L^2\ddot{\theta}\dot{\theta} + \ddot{x}\dot{x} + L\dot{\theta}\ddot{x} \cos\theta + L\ddot{\theta}\dot{x} \cos\theta - L\dot{\theta}^2\dot{x} \sin\theta]$

$+ k[x - \frac{\pi}{2} \sin x]\dot{x} + mgL \sin\theta\dot{\theta} = [(M + m)\ddot{x} + m(L\ddot{\theta} \cos\theta - L\dot{\theta}^2 \sin\theta)$

$+ k(x - \frac{\pi}{2} \sin x)]\dot{x} + m[L^2\ddot{\theta} + L\ddot{x} \cos\theta + gL \sin\theta]\dot{\theta} = - c\dot{x}^2 = - 2F \leq 0$

Hence, the system is asymptotically stable if U is positive definite and unstable if U can take negative values in the neighborhood of the origin.

(i) In the neighborhood of $x = \theta = 0$, $\dot{x} = \dot{\theta} = 0$,

$U = \frac{1}{2} [(M + m)\dot{x}^2 + 2mL\dot{x}\dot{\theta} + mL^2\dot{\theta}^2] + \frac{1}{2} k[x^2 + \pi(1 - \frac{1}{2} x^2)] + \frac{1}{2} mgL\theta^2$

which is positive definite. ∴ The equilibrium is asymptotically stable.

(ii) In the neighborhood of $x = \frac{\pi}{2}$, $\theta = 0$, $\dot{x} = \dot{\theta} = 0$,

$U = \frac{1}{2} [(M + m)\dot{x}^2 + 2mL\dot{x}\dot{\theta} + mL^2\dot{\theta}^2] + \frac{1}{2} k(x^2 + \pi) + \frac{1}{2} mL\theta^2$

which is positive definite. Hence, the equilibrium is asymptotically stable.

The other two equiliblrium points can be shown to be unstable.

Chapter 10

10.1 $\ddot{x} + 2\epsilon\omega_0\dot{x} + \omega_0^2 x = 0$

Let $x(t) = x_0(t) + \epsilon x_1(t) + \epsilon^2 x_2(t) + \ldots$

$\therefore (\ddot{x}_0 + \epsilon\ddot{x}_1 + \epsilon^2\ddot{x}_2 + \ldots) + \omega_0^2(x_0 + \epsilon x_1 + \epsilon^2 x_2 + \ldots)$

$= -2\epsilon\omega_0(\dot{x}_0 + \epsilon\dot{x}_1 + \epsilon^2\dot{x}_2 + \ldots)$

$\ddot{x}_0 + \omega_0^2 x_0 = 0$ \hfill (1)

$\ddot{x}_1 + \omega_0^2 x_1 = -2\omega_0\dot{x}_0$ \hfill (2)

$\ddot{x}_2 + \omega_0^2 x_2 = -2\omega_0\dot{x}_1$ \hfill (3)

From (1) : $x_0 = A\cos(\omega_0 t - \phi)$

From (2) : $\ddot{x}_1 + \omega_0^2 x_1 = 2\omega_0^2 A \sin(\omega_0 t - \phi)$

$\therefore x_1 = -\omega_0 A t \cos(\omega_0 t - \phi)$

From (3) : $\ddot{x}_2 + \omega_0^2 x_2 = 2\omega_0^2 A \cos(\omega_0 t - \phi) - 2\omega_0^3 A t \sin(\omega_0 t - \phi)$

$\therefore x_2 = \frac{1}{2}\omega_0 A t \sin(\omega_0 t - \phi) + \frac{1}{2}\omega_0^2 A t^2 \cos(\omega_0 t - \phi)$

$\therefore x(t) = A\cos(\omega_0 t - \phi) - \epsilon\omega_0 A t \cos(\omega_0 t - \phi)$

$+ \epsilon^2 \frac{1}{2}\omega_0 A t[\sin(\omega_0 t - \phi) + \omega_0 t \cos(\omega_0 t - \phi)] + \ldots$

$x(t) = A(1 - \epsilon\omega_0 t + \frac{1}{2}\epsilon^2\omega_0^2 t^2 - \ldots)\cos(\omega_0 t - \phi)$

$$+ A(\tfrac{1}{2} \varepsilon^2 \omega_0 t - \ldots) \sin(\omega_0 t - \phi)$$

From Eq. (1.54)

$$x(t) = A e^{-\varepsilon \omega_0 t} \cos[\omega_0(1 - \varepsilon^2)^{1/2} t - \phi]$$

$$= A(1 - \varepsilon \omega_0 t + \tfrac{1}{2} \varepsilon^2 \omega_0^2 t^2 + \ldots)[\cos(\omega_0 t - \phi) + \tfrac{1}{2} \varepsilon^2 \omega_0 t \sin(\omega_0 t - \phi) + \ldots]$$

$$= A(1 - \varepsilon \omega_0 t + \tfrac{1}{2} \varepsilon^2 \omega_0^2 t^2 + \ldots)\cos(\omega_0 t - \phi) + A(\tfrac{1}{2} \varepsilon^2 \omega_0 t + \ldots)\sin(\omega_0 t - \phi)$$

10.2 $\ddot{x} + x = \varepsilon x^2$, $x(0) = A_0$, $\dot{x}(0) = 0$

Let $x(t) = x_0(t) + \varepsilon x_1(t) + \varepsilon^2 x_2(t) + \ldots$

$$\omega = 1 + \varepsilon \omega_1 + \varepsilon^2 \omega_2 + \ldots, \quad \tau = \omega t, \quad \frac{d}{dt} = \omega \frac{d}{d\tau}$$

$\therefore \omega^2 x'' + x = \varepsilon x^2$ where primes represent differentiations w.r. to τ

$$(1 + \varepsilon \omega_1 + \varepsilon^2 \omega_2 + \ldots)^2 (x_0'' + \varepsilon x_1'' + \varepsilon^2 x_2'' + \ldots) + (x_0 + \varepsilon x_1 + \varepsilon^2 x_2 + \ldots)$$

$$= \varepsilon[x_0 + \varepsilon x_1 + \varepsilon^2 x_2 + \ldots]^2$$

$\therefore$
$$x_0'' + x_0 = 0 \tag{1}$$
$$x_1'' + x_1 = x_0^2 - 2\omega_1 x_0'' \tag{2}$$
$$x_2'' + x_2 = 2 x_0 x_1 - 2\omega_1 x_1'' - (\omega_1^2 + 2\omega_2) x_0'' \tag{3}$$
- -

which are subject to $x_i(\tau + 2\pi) = x_i(\tau)$, $x_i'(0) = 0$, $i = 1, 2, 3, \ldots$

From (1): $x_0 = A \cos \tau$

From (2): $x_1'' + x_1 = A^2 \cos^2 \tau + 2\omega_1 A \cos \tau = \tfrac{1}{2} A^2 (1 + \cos 2\tau) + 2\omega_1 A \cos \tau$

To satisfy $x_1(\tau + 2\pi) = x_1(\tau)$, we must set $\omega_1 = 0$, so that

$$x_1'' + x_1 = \tfrac{1}{2} A^2 (1 + \cos 2\tau)$$

$$x_1 = \tfrac{1}{2} A^2 (1 - \tfrac{1}{3} \cos 2\tau)$$

From (3): $x_2'' + x_2 = A^3 \cos \tau (1 - \tfrac{1}{3} \cos 2\tau) + 2\omega_2 A \cos \tau$

$$= A(\tfrac{5}{6} A^2 + 2\omega_2) \cos \tau - \tfrac{1}{6} A^3 \cos 3\tau$$

To satisfy $x_2(2\pi + \tau) = x_2(\tau)$, we must set $\omega_2 = -\tfrac{5}{12} A^2$, so that

$$x_2'' + x_2 = -\tfrac{1}{6} A^3 \cos 3\tau$$

$$x_2 = \tfrac{1}{48} A^3 \cos 3\tau$$

Hence,

$$x(t) = A \cos \tau + \tfrac{1}{2} \varepsilon A^2 (1 - \tfrac{1}{3} \cos 2\tau) + \tfrac{1}{48} \varepsilon^2 A^3 \cos 3\tau + \ldots$$

or $\quad x(t) = A \cos \omega t + \tfrac{1}{2} \varepsilon A^2 (1 - \tfrac{1}{3} \cos 2\omega t + \tfrac{1}{48} \varepsilon^2 A^3 \cos 3\omega t + \ldots)$

Next let $A = A_0 + \varepsilon A_1 + \varepsilon^2 A_2 + \ldots$

$$x(0) = A + \tfrac{1}{3} \varepsilon A^2 + \tfrac{1}{48} \varepsilon^2 A^3 + \ldots = A_0$$

$$(A_0 + \varepsilon A_1 + \varepsilon^2 A_2 + \ldots) + \tfrac{1}{3} \varepsilon (A_0^2 + 2\varepsilon A_0 A_1 + \ldots) + \tfrac{1}{48} \varepsilon^2 (A_0^3 + \ldots) = A_0$$

$\therefore \quad A_1 + \tfrac{1}{3} A_0^2 = 0 \rightarrow A_1 = -\tfrac{1}{3} A_0^2$

$$A_2 + \frac{2}{3} A_0 A_1 + \frac{1}{48} A_0^3 = 0 \rightarrow A_2 = \frac{29}{144} A_0^3$$

$$A = A_0 - \frac{1}{3} \varepsilon A_0^2 + \frac{29}{144} \varepsilon^2 A_0^3 + \ldots$$

$$x(t) = A_0 \cos \omega t + \varepsilon A_0^2 \left(\frac{1}{2} - \frac{1}{3} \cos \omega t - \frac{1}{6} \cos 2\omega t\right)$$

$$+ \varepsilon^2 A_0^3 \left(-\frac{1}{3} + \frac{29}{144} \cos \omega t + \frac{1}{9} \cos 2\omega t + \frac{1}{48} \cos 3\omega t\right) + \ldots$$

$$\omega = 1 - \frac{5}{12} \varepsilon^2 A^2 + \ldots = 1 - \frac{5}{12} \varepsilon^2 A_0^2 + \ldots$$

10.3 $\ddot{x} + x = \varepsilon(1 - x^2)\dot{x}$ $\varepsilon \ll 1$

Let $x = x_0 + \varepsilon x_1 + \ldots$, $\omega = 1 + \varepsilon \omega_1 + \ldots$, $\tau = \omega t$, $\frac{d}{dt} = \omega \frac{d}{d\tau}$

$\therefore \omega^2 x'' + x = \varepsilon \omega (1 - x^2) x'$

$(1 + \varepsilon \omega_1 + \ldots)^2 (x_0'' + \varepsilon x_1'' + \ldots) + (x_0 + \varepsilon x_1 + \ldots)$

$\qquad = \varepsilon(1 + \varepsilon \omega_1 + \ldots)[1 - (x_0 + \varepsilon x_1 + \ldots)^2](x_0' + \varepsilon x_1' + \ldots)$

$\quad x_0'' + x_0 = 0$
$\therefore \quad x_1'' + x_1 = (1 - x_0^2) x_0' - 2\omega_1 x_0''$

$- - - - - - - - - - - - - - - - -$

which are subject to $x_i(\tau + 2\pi) = x_i(\tau)$, $x_i'(0) = 0$, $i = 1, 2$.

$x_0 = \cos \tau$

$x_1'' + x_1 = (1 - A^2 \cos^2 \tau)(-A \sin \tau) + 2\omega_1 A \cos \tau$

$\qquad = -(A - \frac{1}{4} A^3) \sin \tau + 2\omega_1 A \cos \tau + \frac{A^3}{4} \sin 3\tau$

224

To satisfy $x_1(\tau + 2\pi) = x_1(\tau)$, we must set $A = 2$ and $\omega_1 = 0$, so that

$$x_1'' + x_1 = 2 \sin 3\tau \rightarrow x_1 = -\frac{1}{4} \sin 3\tau$$

$$\therefore x(\tau) = 2 \cos \tau - \frac{1}{4} \varepsilon \sin 3\tau + \ldots$$

$$\omega = 1 + O(\varepsilon^2)$$

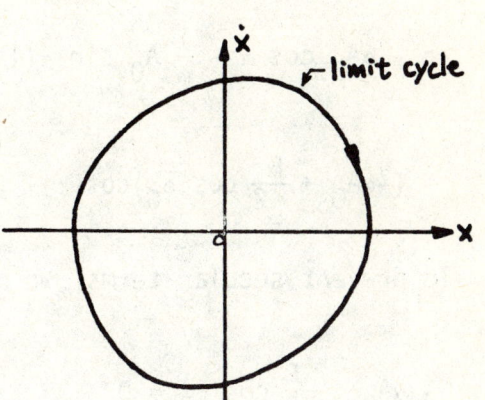

Let $\varepsilon = 0.2$. Then,

$$x(t) = 2 \cos t - 0.05 \sin 3t + \ldots$$

$$\dot{x}(t) = -2 \sin t - 0.15 \cos 3t + \ldots$$

10.4 $\ddot{x} + \omega^2 x = \varepsilon[-\omega^2 \alpha x + \dot{x}(1 - x^2) + F \cos \Omega t]$, $\varepsilon \ll 1$

Let $\Omega t = \tau + \phi$, $\frac{d}{dt} = \Omega \frac{d}{d\tau}$, so that

$$\therefore \Omega^2 x'' + \omega^2 x = \varepsilon[-\omega^2 \alpha x + \Omega x'(1 - x^2) + F \cos(\tau + \phi)]$$

Let $x(\tau) = x_0(\tau) + \varepsilon x_1(\tau) + \varepsilon x_2(\tau) + \ldots$, $\phi = \phi_0 + \varepsilon \phi_1 + \varepsilon \phi_2 + \ldots$,

where $x_i(\tau + 2\pi) = x_i(\tau)$, $x_i'(0) = 0$, $i = 0, 1, 2, \ldots$

$$\Omega^2(x_0'' + \varepsilon x_1'' + \varepsilon^2 x_2'' + \ldots) + \omega^2(x_0 + \varepsilon x_1 + \varepsilon^2 x_2 + \ldots)$$

$$= \varepsilon[-\omega^2 \alpha(x_0 + \varepsilon x_1 + \varepsilon^2 x_2 + \ldots) + \Omega(x_0' + \varepsilon x_1' + \ldots)(1 - x_0 - 2\varepsilon x_0 x_1)$$

$$+ F \cos(\tau + \phi_0 + \varepsilon \phi_1 + \ldots)]$$

$$\therefore \Omega^2 x_0'' + \omega^2 x_0 = 0 \tag{1}$$

$$\Omega^2 x_1'' + \omega^2 x_1 = -\omega^2 \alpha x_0 + \Omega x_0'(1 - x_0^2) + F \cos(\tau + \phi_0) \tag{2}$$

$$\Omega^2 x_2'' + \omega^2 x_2 = -\omega^2 \alpha x_1 + \Omega x_1'(1 - x_0^2) - 2\Omega x_0 x_1 x_0' - F\phi_1 \sin(\tau + \phi_0) \tag{3}$$

From (1), $x_0 = A_0 \cos \frac{\omega}{\Omega} \tau$. The periodicity condition requires that $\omega = \Omega$, so that

$$x_1'' + x_1 = -\alpha x_0 + \frac{1}{\omega} x_0'(1 - x_0^2) + \frac{F}{\omega^2} \cos(\tau + \phi_0)$$

$$= -\alpha A_0 \cos \tau - \frac{1}{\omega} A_0 \sin \tau (1 - A_0^2 \cos^2 \tau) + \frac{F}{\omega^2} \cos \phi_0 \cos \tau - \frac{F}{\omega^2} \sin \phi_0 \sin \tau$$

$$= (-\alpha A_0 + \frac{F}{\omega^2} \cos \phi_0) \cos \tau + (-\frac{1}{\omega} A_0 - \frac{F}{\omega^2} \sin \phi_0 + \frac{A_0^3}{4\omega}) \sin \tau + \frac{A_0^3}{4\omega} \sin 3\tau$$

To prevent secular terms, we must set

$$-\alpha A_0 + \frac{F}{\omega^2} \cos \phi_0 = 0$$

$$-\frac{1}{\omega} A_0 - \frac{F}{\omega^2} \sin \phi_0 + \frac{A_0^3}{4\omega} = A \tag{4}$$

which can be solved for A_0, ϕ_0.

$$x_1'' + x_1 = \frac{A_0^3}{4\omega} \sin 3\tau \rightarrow x_1 = A_1 \cos \tau - \frac{A_0^3}{32\omega} \sin 3\tau$$

$$x_2'' + x_2 = -\alpha(A_1 \cos \tau - \frac{A_0^3}{32\omega} \sin 3\tau)$$

$$+ \frac{1}{\omega}(-A_1 \sin \tau - \frac{3A_0^3}{32\omega} \cos 3\tau)(1 - A_0^2 \cos^2 \tau)$$

$$- \frac{2}{\omega} A_0 \cos \tau (A_1 \cos \tau - \frac{A_0^3}{32\omega} \sin 3\tau)(-A_0 \sin \tau) - \frac{F\phi_1}{\omega^2} \cos \phi_0 \sin \tau$$

$$- \frac{F\phi_1}{\omega^2} \sin \phi_0 \cos \tau = (-\alpha A_1 + \frac{A_0^5}{128\omega^2} - \frac{F\phi_1}{\omega^2} \sin \phi_0) \cos \tau$$

$$+ [-\frac{A_1}{\omega}(1 - \frac{3A_0^2}{4}) - \frac{F\phi_1}{\omega^2} \cos \phi_0] \sin \tau$$

$$+ [-\frac{3A_0^3}{32\omega}(1 - \frac{A_0^2}{2})] \cos 3\tau + (\frac{\alpha A_0^3}{32\omega} + \frac{3A_0^2 A_1}{4\omega}) \sin 3\tau + \frac{5A_0^5}{128\omega^2} \cos 5\tau$$

To prevent secular terms, we must set

$$-\alpha A_1 + \frac{A_0^5}{128\omega^2} - \frac{F\phi_1}{\omega^2}\sin\phi_0 = 0$$

$$-\frac{A_1}{\omega}(1 - \frac{3A_0^2}{4}) - \frac{F\phi_1}{\omega^2}\cos\phi_0 = 0$$

(5)

which can be solved for A_1 and ϕ_1. The solution is

$$x = x_0 + \varepsilon x_1 + \ldots = A_0\cos\tau + \varepsilon(A_1\cos\tau - \frac{A_0^3}{32\omega}\sin 3\tau) + \ldots$$

$$x(t) = A_0\cos(\omega t - \phi) + \varepsilon[A_1\cos(\omega t - \phi) - \frac{A_0^3}{32\omega}\sin 3(\omega t - \phi)] + \ldots$$

$$\phi = \phi_0 + \varepsilon\phi_1 + \ldots$$

where A_0, ϕ_0, A_1, ϕ_1 are obtained from (4) and (5)

10.5 $\ddot{x} = \omega^2 x = \varepsilon[-2\zeta\omega\dot{x} - \omega^2(\alpha x + \beta x^3) + F\cos\Omega t]$

Let $\Omega t = \tau + \phi$, $d/dt = \Omega\, d/d\tau$

$$\Omega^2 x'' + \omega^2 x = \varepsilon[-2\zeta\omega\Omega x' - \omega^2(\alpha x + \beta x^3) + F\cos(\tau + \phi)]$$

Let $x(\tau) = x_0 + \varepsilon x_1 + \varepsilon^2 x_2 + \ldots$, $\phi = \phi_0 + \varepsilon\phi_1 + \varepsilon^2\phi_2 + \ldots$

$$\Omega^2(x_0'' + \varepsilon x_1'' + \varepsilon^2 x_2'' + \ldots) + \omega^2(x_0 + \varepsilon x_1 + \varepsilon^2 x_2 + \ldots)$$

$$= \varepsilon[-2\zeta\omega\Omega(x_0' + \varepsilon x_1' + \varepsilon^2 x_2' + \ldots) - \omega^2(\alpha x_0 + \varepsilon\alpha x_1 + \varepsilon^2\alpha x_2$$

$$+ \beta x_0^3 + 3\varepsilon x_0^2 x_1 + \ldots) + F\cos(\tau + \phi_0 + \varepsilon\phi_1 + \varepsilon^2\phi_2 + \ldots)]$$

$$\Omega^2 x_0'' + \omega^2 x_0 = 0 \tag{1}$$

$$\Omega^2 x_1'' + \omega^2 x_1 = -2\zeta\omega\Omega x_0' - \omega^2(\alpha x_0 + \beta x_0^3) + F\cos(\tau + \phi_0) \tag{2}$$

$$\Omega^2 x_2'' + \omega^2 x_2 = -2\zeta\omega\Omega x_1' - \omega^2(\alpha x_1 + 3x_0^2 x_1) - F\phi_1\sin(\tau + \phi_0) \tag{3}$$

From (1), $x_0 = A_0 \cos \frac{\omega}{\Omega} \tau = A_0 \cos \tau$.

The periodicity condition requires that $\omega = \Omega$, so that

From (2),

$$x_1'' + x_1 = -2\zeta x_0' - (\alpha x_0 + \beta x_0^3) + \frac{F}{\omega^2} \cos(\tau + \varepsilon_0) = (2\zeta A_0 - \frac{F}{\omega^2} \sin \phi_0) \sin \tau$$

$$+ (-\alpha A_0 - \frac{3}{4} \beta A_0^3 + \frac{F}{\omega^2} \cos \phi_0) \cos \tau - \frac{1}{4} \beta A_0^3 \cos 3\tau$$

To prevent secular terms, we must have

$$2\zeta A_0 - \frac{F}{\omega^2} \sin \phi_0 = 0$$

$$(\alpha + \frac{3}{4} \beta A_0^2) A_0 - \frac{F}{\omega^2} \cos \phi_0 = 0$$

which represent Eqs. (10.66) from the text. Solving the equations,

$$\sin \phi_0 = 2\zeta A_0 \omega^2 / F \quad , \quad \cos \phi_0 = (\alpha + \frac{3}{4} \beta A_0^2) A_0 \omega^2 / F$$

$$\therefore \phi_0 = \tan^{-1} \frac{2\zeta}{\alpha + \frac{3}{4} \beta A_0^2}$$

Let $\omega_0^2 = (1 + \varepsilon\alpha)\omega^2$, $\omega^2 = \omega_0^2/(1 + \varepsilon\alpha)$, $\omega_0^2 - \omega^2 = \varepsilon\alpha\omega^2$

From Eq. (10.66),

$$2\varepsilon\zeta\omega^2 = \frac{\varepsilon F}{A_0} \sin \phi_0$$

$$(\varepsilon\alpha + \frac{3}{4} \varepsilon \beta A_0^2)\omega^2 = \frac{\varepsilon F}{A_0} \cos \phi_0$$

$$\rightarrow (\varepsilon\alpha\omega^2 + \frac{3}{4} \varepsilon \beta A_0^2 \omega^2)^2 + (2\varepsilon\zeta\omega^2)^2 = (\frac{\varepsilon F}{A_0})^2$$

228

But, $\omega_0^2 = (1 + \varepsilon\alpha)\omega^2 = \omega^2 + \varepsilon\alpha\omega^2 \rightarrow \varepsilon\alpha\omega^2 = \omega_0^2 - \omega^2$ and $\varepsilon\omega_0^2 = \varepsilon\omega^2 + \varepsilon^2\alpha\omega^2 \approx \varepsilon\omega^2$

$$\therefore [\omega_0^2(1 + \tfrac{3}{4}\varepsilon\beta A_0^2) - \omega^2]^2 + (2\varepsilon\zeta\omega_0^2)^2 = (\varepsilon F/A_0)^2$$

which is used to plot $|A_0|$ versus ω, as shown.

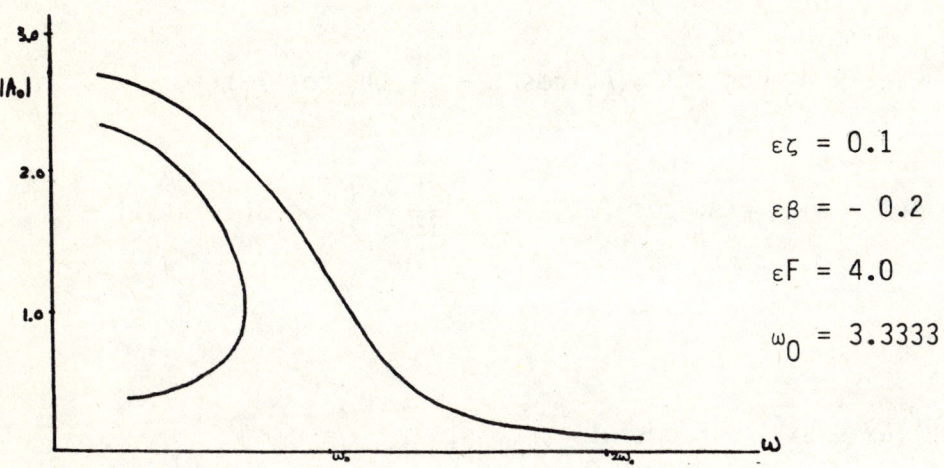

$\varepsilon\zeta = 0.1$

$\varepsilon\beta = -0.2$

$\varepsilon F = 4.0$

$\omega_0 = 3.3333$

Then, $x_1'' + x_1 = -\tfrac{1}{4}\beta A_0^3 \cos 3\tau \rightarrow x_1 = A_1 \cos \tau + \tfrac{1}{32}\beta A_0^3 \cos 3\tau$

From (3),

$x_2'' + x_2 = -2\zeta(-A_1 \sin \tau - \tfrac{3}{32}\beta A_0^3 \sin 3\tau) - [\alpha(A_1 \cos \tau + \tfrac{1}{32}\beta A_0^3 \cos 3\tau)$

$+ 3A_0^2 \cos^2 \tau (A_1 \cos \tau + \tfrac{1}{32}\beta A_0^3 \cos 3\tau)] - \dfrac{F\phi_1}{\omega^2} \cos \phi_0 \sin \tau$

$- \dfrac{F\phi_1}{\omega^2} \sin \phi_0 \cos \tau = (2\zeta A_1 - \dfrac{F\phi_1}{\omega^2} \cos \phi_0) \sin \tau$

$+ (-\alpha A_1 - \tfrac{9}{4}A_0^2 A_1 - \tfrac{3}{128}\beta A_0^5 - \dfrac{F\phi_1}{\omega^2}\sin\phi_0)\cos\tau + \tfrac{3}{16}\zeta\beta A_0^3 \sin 3\tau$

$+ (-\tfrac{1}{32}\alpha\beta A_0^3 - \tfrac{3}{4}A_0^2 A_1 - \tfrac{3}{64}\beta A_0^5)\cos 3\tau - \tfrac{3}{128}\beta A_0^5 \cos 5\tau$

To prevent secular terms, we set

$$2\zeta A_1 - \frac{F\phi_1}{\omega^2} \cos \phi_0 = 0$$

$$\alpha A_1 + \frac{9}{4} A_0^2 A_1 + \frac{3}{128} \beta A_0^5 + \frac{F\phi_1}{\omega^2} \sin \phi_0 = 0$$

which can be solved for A_1 and $\dot\phi_1$.

$$x = x_0 + \varepsilon x_1 + \ldots = A_0 \cos \tau + \varepsilon(A_1 \cos \tau + \frac{1}{32} \beta A_0^3 \cos 3\tau) + \ldots$$

$$= A_0 \cos(\omega t - \phi) + \varepsilon[A_1 \cos(\omega t - \phi) + \frac{1}{32} \beta A_0^3 \cos 3(\omega t - \phi)] + \ldots$$

$$\phi = \phi_0 + \varepsilon \phi_1 + \ldots$$

10.6 $\quad \ddot{x} + \omega^2 x = -\varepsilon \omega^2 (\alpha x - \beta x^2) + F \cos \Omega t \quad, \quad \varepsilon \ll 1 \quad, \quad \omega = \Omega/2$

Let $x(t) = x_0(t) + \varepsilon x_1(t) + \varepsilon^2 x_2(t) + \ldots$

$$\ddot{x}_0 + (\tfrac{\Omega}{2})^2 x_0 = F \cos \Omega t \tag{1}$$

$$\ddot{x}_1 + (\tfrac{\Omega}{2})^2 x_1 = -(\tfrac{\Omega}{2})^2 (\alpha x_0 - \beta x_0^2) \tag{2}$$

$$\ddot{x}_2 + (\tfrac{\Omega}{2})^2 x_2 = -(\tfrac{\Omega}{2})^2 (\alpha x_1 - 2\beta x_0 x_1) \tag{3}$$

----

which are subject to $x_i(\tfrac{\Omega}{2} t + 2\pi) = x_i(\tfrac{\Omega}{2} t), \dot{x}_i(0) = 0, i = 0,1,2,\ldots$

From (1), $x_0 = A_0 \cos \tfrac{\Omega}{2} t - \dfrac{4F}{3\Omega^2} \cos \Omega t$

From (2), $\ddot{x}_1 + (\tfrac{\Omega}{2})^2 x_1 = -(\tfrac{\Omega}{2})^2 [\alpha(A_0 \cos \tfrac{\Omega}{2} t - \dfrac{4F}{3\Omega^2} \cos \Omega t)$

$$- \beta(A_0 \cos \tfrac{\Omega}{2} t - \dfrac{4F}{3\Omega^2} \cos \Omega t)^2] = -(\tfrac{\Omega}{2})^2 [\cos \tfrac{\Omega}{2} t (\alpha A_0 + \dfrac{4A_0 F \beta}{3\Omega^2})$$

$$+ \cos\Omega t\left(-\frac{4F\alpha}{3\Omega^2} - \frac{1}{2}\beta A_0^2\right) + \frac{4A_0 F\beta}{3\Omega^2}\cos\frac{3\Omega}{2}t - \frac{8F^2\beta}{9\Omega^4}\cos 2\Omega t - \frac{1}{2}\beta A_0^2 - \frac{8F^2\beta}{9\Omega^4}]$$

Set the coefficient of $\cos\frac{\Omega}{2}t$ equal to zero, so that $\alpha + \frac{4F}{3\Omega^2}\beta = 0$. Then,

$$x_1 = -\left(\frac{\Omega}{2}\right)^2\left[\left(\frac{4F\alpha}{3\Omega^2} + \frac{1}{2}\beta A_0^2\right)\frac{4}{3\Omega^2}\cos\Omega t - \frac{2A_0 F\beta}{3\Omega^4}\cos\frac{3}{2}\Omega t + \frac{128}{135}\frac{F^2\beta}{\Omega^6}\cos 2\Omega t\right.$$

$$\left. - \frac{\beta A_0^2}{\Omega^2} - \frac{32}{9}\frac{F^2\beta}{\Omega^6}\right] + A_1\cos\frac{\omega}{2}t$$

$$x = x_0 + \varepsilon x_1 + \ldots = A_0\cos\frac{\Omega}{2}t - \frac{4F}{3\Omega^2}\cos\Omega t$$

$$+ \varepsilon\left\{-\left(\frac{\Omega}{2}\right)^2\left[\left(\frac{4F\alpha}{3\Omega^2} + \frac{1}{2}\beta A_0^2\right)\frac{4}{3\Omega^2}\cos\Omega t - \frac{2A_0 F\beta}{3\Omega^4}\cos\frac{3}{2}\Omega t\right.\right.$$

$$\left.\left. + \frac{128}{135}\frac{F^2\beta}{\Omega^6}\cos 2\Omega t - 2\frac{\beta A_0^2}{\Omega^2} - \frac{32}{9}\frac{F^2\beta}{\Omega^6}\right] + A_1\cos\frac{\Omega}{2}t\right\} + O(\varepsilon^2)$$

10.7
$$\ddot{x}_0 + n^2 x_0 = 0$$
$$\ddot{x}_1 + n^2 x_1 = -(\delta_1 + 2\cos 2t)x_0$$
$$\ddot{x}_2 + n^2 x_2 = -(\delta_1 + 2\cos 2t)x_1 - \delta_2 x_0$$

$$n = 2, \quad \delta = n^2 + \varepsilon\delta_1 + \varepsilon^2\delta_2 + \ldots$$

The equations become

$$\ddot{x}_0 + 2^2 x_0 = 0$$

$$\ddot{x}_1 + 2^2 x_1 = -(\delta_1 + 2\cos 2t)x_0$$

$$\ddot{x}_2 + 2^2 x_2 = -(\delta_1 + 2\cos^2 t)x_1 - \delta_2 x_0$$

If $x_0 = \cos 2t$,

$$\ddot{x}_1 + 2^2 x_1 = -(\delta_1 + 2\cos 2t)\cos 2t = \delta_1\cos 2t - 1 - \cos 4t$$

To prevent secular terms, set $\delta_1 = 0$, so that

$$\ddot{x}_1 + 2^2 x_1 = -1 - \cos 4t \rightarrow x_1 = -\frac{1}{4} + \frac{1}{12} \cos 4t$$

$$\ddot{x}_2 + 2^2 x_2 = -2\cos^2 t \left[-\frac{1}{4} + \frac{1}{12} \cos 4t\right] - \delta_2 \cos 2t$$

$$= \left(\frac{1}{2} - \delta_2 - \frac{1}{12}\right) \cos 2t - \frac{1}{12} \cos 6t$$

To prevent secular terms, set $\delta_2 = \frac{5}{12}$, so that

$$\delta = 4 + \frac{5}{12} \varepsilon^2 + \ldots \qquad \rightarrow \quad (10.116)$$

If $x_0 = \sin 2t$

$$\ddot{x}_1 + 2^2 x_1 = -(\delta_1 + 2\cos 2t)\sin 2t = -\delta_1 \sin 2t - \sin 4t$$

To prevent secular terms, set $\delta_1 = 0$, so that

$$\ddot{x}_1 + 2^2 x_1 = -\sin 4t \rightarrow x_1 = \frac{1}{12} \sin 4t$$

$$\ddot{x}_2 + 2^2 x_2 = -\frac{1}{6} \cos 2t \sin 4t - \delta_2 \sin 2t = -\frac{1}{12} \sin 6t - \left(\frac{1}{12} + \delta_2\right) \sin 2t$$

To prevent secular terms, set $\delta_2 = -\frac{1}{12}$, so that

$$\delta = 4 - \frac{1}{12} \varepsilon^2 + \ldots \qquad \rightarrow \quad (10.117)$$

CHAPTER 11

11.1 Because x(t) is periodic, the value of the autocorrelation function approaches in the limit that calculated over a single period. Hence,

$$Rx(\tau) = \frac{1}{T} \int_{-T/2}^{T/2} A^2 \sin \frac{2\pi}{T} t \sin \frac{2\pi}{T} (t + \tau) \, dt = \frac{A^2}{2T} \int_{-T/2}^{T/2} [\cos \frac{2\pi}{T} \tau$$

$$- \cos \frac{2\pi}{T} (2t + \tau)] dt = \frac{A^2}{2T} (\cos \frac{2\pi}{T} \tau) t - \frac{T}{4\pi} \sin \frac{2\pi}{T} (2t + \tau) \Big]_{-T/2}^{T/2} = \frac{A^2}{2} \cos \frac{2\pi}{T} \tau$$

11.2

$$x(t) = A \quad -\frac{T}{4} < t < \frac{T}{4}$$

$$\mu_x = \frac{1}{T} \int_{-T/4}^{T/4} x(t) dt = \frac{1}{2} A$$

$$R_x(\tau) = \frac{1}{T} \int_{-T/2}^{T/2} x(t) \, x(t + \tau) dt$$

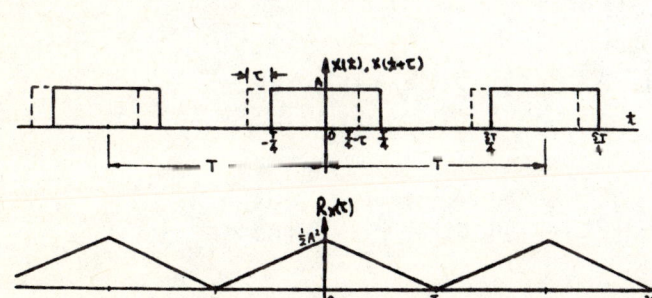

$$= \frac{1}{T} \int_{-T/4}^{T/4 - \tau} A^2 dt = A^2(\frac{1}{2} - \frac{\tau}{T})$$

$$0 < \tau < \frac{T}{2}$$

$$R_x(-\tau) = R_x(\tau)$$

$R_x(\tau)$ is periodic with period T

11.3

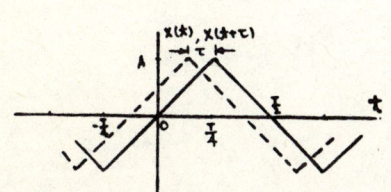

The function $x(t) \, x(t + \tau)$ is periodic with period T/2. Hence, we shall average over T/2 only.

$$x(t) = \frac{4A}{T} t, \quad -\frac{T}{4} < t < \frac{T}{4}$$

$$x(t + \tau) = \frac{4A}{T} (t + \tau), \quad -\frac{T}{4} < t < \frac{T}{4} - \tau$$

$$x(t + \tau) = 2A - \frac{4A}{T} (t + \tau), \quad \frac{T}{4} - \tau < t < \frac{T}{4}$$

233

$$R_x(\tau) = \frac{2}{T} \{(\frac{4A}{T})^2 \int_{-\frac{T}{4}}^{\frac{T}{4} - \tau} t(t+\tau)\, dt + \frac{4A}{T} 2A \int_{\frac{T}{4} - \tau}^{\frac{T}{4}} t[1 - \frac{2}{T}(t+\tau)]\, dt\}$$

$$= A^2 [\frac{1}{3} - 8(\frac{\tau}{T})^2 + \frac{32}{3}(\frac{\tau}{T})^3]\ ,\qquad 0 < \tau < \frac{T}{2}$$

$$R_x(-\tau) = R_x(\tau)$$

11.4

$$x(t) = A\left|\sin \frac{2\pi}{T} t\right|$$

$$\mu_x = \frac{2}{T} \int_{-T/4}^{T/4} x(t)\, dt = \frac{2}{T} \int_0^{T/2} A \sin \frac{2\pi}{T} t\, dt = \frac{2}{\pi} A$$

$$R_x(\tau) = \frac{2}{T} [\int_0^{\frac{T}{2} - \tau} A^2 \sin \frac{2\pi}{T} t \sin \frac{2\pi}{T}(t+\tau)\, dt$$

$$+ \int_{\frac{T}{2} - \tau}^{\frac{T}{2}} A^2 \sin \frac{2\pi}{T} t \sin \frac{2\pi}{T}(t + \tau - \frac{T}{2})\, dt]$$

$$= \frac{A^2}{T} \{\int_0^{\frac{T}{2} - \tau} [\cos \frac{2\pi}{T} \tau - \cos \frac{2\pi}{T}(2t+\tau)]\, dt - \int_{\frac{T}{2} - \tau}^{T/2} [\cos \frac{2\pi}{T} \tau$$

$$- \cos \frac{2\pi}{T}(2t+\tau)]\, dt\}$$

$$= \frac{A^2}{T} [(\cos \frac{2\pi}{T} \tau) t \Big|_0^{\frac{T}{2} - \tau} - \frac{T}{4\pi} \sin \frac{2\pi}{T}(2t+\tau) \Big|_0^{\frac{T}{2} - \tau}$$

$$- (\cos \frac{2\pi}{T} \tau) t \Big|_{\frac{T}{2} - \tau}^{T/2} + \frac{T}{4\pi} \sin \frac{2\pi}{T}(2t+\tau) \Big|_{\frac{T}{2} - \tau}^{\frac{T}{2}}\ ]$$

$$R_x(\tau) = A^2 [\frac{1}{2}(1 - 4\frac{\tau}{T}) \cos \frac{2\pi}{T} \tau + \frac{1}{\pi} \sin \frac{2\pi}{T} \tau]$$

11.5 $R_x(0) = \frac{A^2}{16\Delta} (\frac{3}{4} + \frac{7}{8} + \frac{1}{2} + \frac{5}{8} + \frac{1}{4} + 1 + \frac{1}{8} + \frac{3}{8})\Delta = \frac{9}{32} A^2$

$R_x(\frac{1}{2}\Delta) = \frac{A^2}{16\Delta} (\frac{1}{4} + \frac{3}{8} + 0 + \frac{1}{8} + 0 + \frac{1}{2} + 0 + 0)\Delta = \frac{5}{64} A^2$

$R_x(\Delta) = \frac{A^2}{16\Delta} (0 + 0 + 0 + 0 + 0 + 0 + 0 + 0)\Delta = 0$

$R_x(\frac{3}{2}\Delta) = \frac{A^2}{16\Delta} (0 + \frac{1}{4} + \frac{3}{8} + 0 + \frac{1}{8} + 0 + \frac{1}{8} + 0)\Delta = \frac{7}{128} A^2$

$R_x(2\Delta) = \frac{A^2}{16\Delta} (0 + \frac{3}{4} + \frac{1}{2} + \frac{1}{2} + \frac{1}{4} + \frac{1}{4} + \frac{1}{8} + \frac{1}{8})\Delta = \frac{5}{32} A^2$

$R_x(\frac{5}{2}\Delta) = \frac{A^2}{16\Delta} (0 + \frac{3}{8} + 0 + \frac{1}{8} + 0 + \frac{1}{4} + 0 + 0)\Delta = \frac{3}{64} A^2$

$R_x(3\Delta) = \frac{A^2}{16\Delta} (0 + 0 + 0 + 0 + 0 + 0 + 0 + 0)\Delta = 0$

$R_x(\frac{7}{2}\Delta) = \frac{A^2}{16\Delta} (0 + 0 + \frac{1}{4} + \frac{3}{8} + 0 + \frac{1}{8} + 0 + \frac{3}{8})\Delta = \frac{9}{128} A^2$

$R_x(4\Delta) = \frac{A^2}{16\Delta} (0 + 0 + \frac{1}{2} + \frac{5}{8} + \frac{1}{4} + \frac{5}{8} + \frac{1}{8} + \frac{3}{8})\Delta = \frac{5}{32} A^2$

$R_x(\frac{9}{2}\Delta) = \frac{A^2}{16\Delta} (0 + 0 + 0 + \frac{1}{8} + 0 + \frac{1}{2} + 0 + 0)\Delta = \frac{5}{128} A^2$

$R_x(5\Delta) = \frac{A^2}{16\Delta} (0 + 0 + 0 + 0 + 0 + 0 + 0 + 0)\Delta = 0$

$R_x(\frac{11}{2}\Delta) = \frac{A^2}{16\Delta} (0 + 0 + 0 + \frac{1}{4} + \frac{1}{4} + 0 + \frac{1}{8} + 0)\Delta = \frac{5}{128} A^2$

$R_x(6\Delta) = \frac{A^2}{16\Delta} (0 + 0 + 0 + \frac{5}{8} + \frac{1}{4} + \frac{1}{2} + \frac{1}{8} + \frac{1}{4})\Delta = \frac{7}{64} A^2$

$R_x(\frac{13}{2}\Delta) = \frac{A^2}{16\Delta} (0 + 0 + 0 + \frac{1}{8} + 0 + \frac{1}{2} + 0 + 0)\Delta = \frac{5}{128} A^2$

$$R_x(7\Delta) = \frac{A^2}{16\Delta} (0 + 0 + 0 + 0 + 0 + 0 + 0 + 0)\Delta = 0$$

$$R_x(14\Delta) = \frac{A^2}{16\Delta} (0 + 0 + 0 + 0 + 0 + 0 + 0 + \frac{3}{8})\Delta = \frac{3}{128} A^2$$

$$R_x(\frac{29}{2} \Delta) = \frac{A^2}{16\Delta} (0 + 0 + 0 + 0 + 0 + 0 + 0 + 0)\Delta = 0$$

$$R_x(\infty) = 0$$

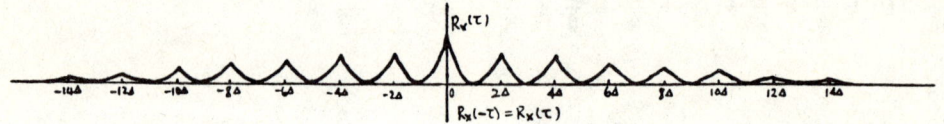

$R_x(-\tau) = R_x(\tau)$

11.6 $x(t) = A \sin \frac{2\pi}{T} t$

$$\psi_x^2 = \frac{1}{T} \int_{-T/2}^{T/2} x^2(t)dt = \frac{1}{T} \int_{-T/2}^{T/2} A^2 \sin^2 \frac{2\pi}{T} t\, dt$$

$$= \frac{A^2}{T} \int_{-T/2}^{T/2} \frac{1}{2} [1 - \cos \frac{4\pi}{T} t]dt = \frac{1}{2} A^2$$

11.7 $x(t) = A$, $-\frac{T}{4} < t < \frac{T}{4}$

$$\psi_x^2 = \frac{1}{T} \int_{-T/2}^{T/2} x^2(t)dt = \frac{1}{T} \int_{-T/4}^{T/4} A^2 dt = \frac{1}{2} A^2$$

$$\sigma_x^2 = \psi_x^2 - (\mu_x)^2 = \frac{1}{2} A^2 - (\frac{1}{2} A)^2 = \frac{1}{4} A^2$$

or

$$\sigma_x^2 = \frac{1}{T} \int_{-T/2}^{T/2} [x(t) - \mu_x]^2 dt = \frac{1}{T} [\int_{-T/2}^{-T/4} (0 - \frac{A}{2})^2 dt$$

$$+ \int_{-T/4}^{T/4} (A - \frac{A}{2})^2 dt + \int_{T/4}^{T/2} (0 - \frac{A}{2})^2 dt] = \frac{1}{4} A^2 \rightarrow \sigma_x = \frac{1}{2} A$$

11.8 $\psi_x^2 = \frac{1}{T} \int_{-T/2}^{T/2} x^2(t) dt = \frac{1}{T} \{ \int_{-T/2}^{-T/4} (-\frac{4A}{T})^2 (t + \frac{T}{2})^2 dt$

$$+ \int_{-T/4}^{T/4} (\frac{4A}{T})^2 t^2 dt + \int_{T/4}^{T/2} (-\frac{4A}{T})^2 (t - \frac{T}{2})^2 dt \}$$

$$= \frac{1}{T} \{ \frac{2}{3} (\frac{T}{2})^3 + T[(\frac{T}{4})^2 - (\frac{T}{2})^2] + \frac{T^2}{4} [\frac{T}{4} + \frac{T}{4}] \} \frac{16A^2}{T^2} = \frac{1}{3} A^2$$

11.9 $x(t) = A |\sin \frac{2\pi}{T} t|$

$$\psi_x^2 = \frac{1}{T/2} \int_0^{T/2} A^2 \sin^2 \frac{2\pi}{T} t \, dt = \frac{2A^2}{T} \cdot \frac{1}{2} \cdot \frac{T}{2} = \frac{1}{2} A^2$$

or

$$\psi_x^2 = R_x(0) = \frac{1}{2} A^2 \rightarrow \psi_x = \frac{\sqrt{2}}{2} A$$

$$\sigma_x^2 = \frac{2}{T} \int_0^{T/2} (A \sin \frac{2\pi}{T} t - \frac{2}{\pi} A)^2 dt = \frac{2A^2}{T} \int_0^{T/2} (\sin^2 \frac{2\pi}{T} t$$

$$- \frac{4}{\pi} \sin \frac{2\pi}{T} t + \frac{4}{\pi^2}) dt = \frac{2A^2}{T} (\frac{T}{4} - \frac{4T}{\pi^2} + \frac{4T}{2\pi^2}) = \frac{1}{2} A^2 (1 - \frac{8}{\pi^2})$$

$$\sigma_x = A \sqrt{\frac{1}{2} (1 - \frac{8}{\pi^2})}$$

11.10

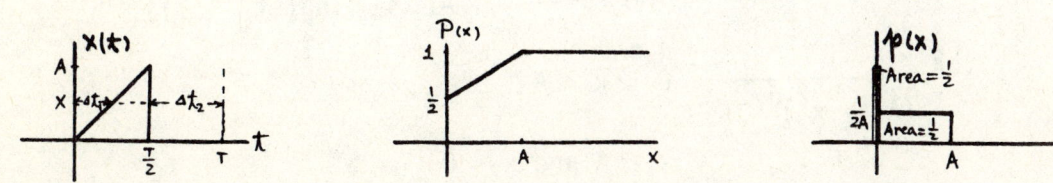

$$\sum_i \Delta t_i = 0, \qquad x < 0$$

$$\sum_i \Delta t_i = \frac{T}{2}\frac{x}{A} + \frac{T}{2} = \frac{T}{2}(1 + \frac{x}{A}), \quad 0 < x < A$$

$$\sum_i \Delta t_i = T, \qquad x > A$$

$$P(x) = \text{Prob}[x(t) < x] = \lim_{T \to \infty} \frac{1}{T}\sum_i \Delta t_i = \frac{1}{2}(1 + \frac{x}{A})u(x) - \frac{1}{2}(\frac{x}{A} - 1)u(x - A)$$

$$p(x) = \frac{dP(x)}{dx} = \frac{1}{2}[\frac{1}{A}u(x) + (1 + \frac{x}{A})\delta(x) - \frac{1}{A}u(x - A) - (\frac{x}{A} - 1)\delta(x - A)]$$

$$= \frac{1}{2}\{\frac{1}{A}[u(x) - u(x - A)] + \delta(x)\}$$

11.11 $\quad p(t) = \begin{cases} \frac{1}{T}, & -\frac{T}{2} < t < \frac{T}{2} \\ 0, & t > \frac{T}{2}, \text{ and } t < -\frac{T}{2} \end{cases}$

$$p(x) = \sum_{i=1}^{2}[\frac{p(t)}{|dx/dt|}]_{t=t_i} = 2\frac{1/T}{4A/T} = \frac{2}{T} \times \frac{T}{4A} = \frac{1}{2A}, \quad |x| < A$$

$$= 0, \quad |x| > A$$

11.12 $\quad x(\phi) = A|\sin(\omega t_0 + \phi)|$

$$p(\phi) = \begin{cases} \frac{1}{\pi}, & 0 < \phi < \pi \\ 0, & \phi < 0, \; \pi < \phi \end{cases}$$

$$p(x) = 2\frac{1/\pi}{|dx/d\phi|} = \frac{2}{\pi}\frac{1}{A|\cos(\omega t_0 + \phi)|} = \frac{2}{\pi}\frac{1}{A[1 - \sin^2(\omega t_0 + \phi)]^{1/2}}$$

$$p(x) = \begin{cases} \frac{2}{\pi}\frac{1}{(A^2 - x^2)^{1/2}}, & 0 < x < A \\ 0, & x > A \text{ and } x < 0 \end{cases}$$

11.13 $E[x^2] = \overline{x^2} = \int_{-\infty}^{\infty} x^2 p(x) dx = \int_{-A}^{A} x^2 \frac{1}{2A} dx = \frac{1}{3} A^2$

11.14 $E[x] = \overline{x} = \int_{-\infty}^{\infty} x \cdot \frac{2}{\pi} \frac{1}{(A^2 - x^2)^{1/2}} dx = -\frac{1}{\pi} \int_{0}^{A} \frac{-2x \, dx}{(A^2 - x^2)^{1/2}}$

$= -\frac{1}{\pi} 2(A^2 - x^2)^{1/2} \Big|_0^A = \frac{2}{\pi} A$

$E[x^2] = \overline{x^2} = \int_{-\infty}^{\infty} x^2 \cdot \frac{2}{\pi} \frac{dx}{(A^2 - x^2)^{1/2}} = \frac{2}{\pi} \int_{0}^{A} \frac{x^2 dx}{(A^2 - x^2)^{1/2}}$

$= \frac{2}{\pi} \left[-\frac{x}{2} \sqrt{A^2 - x^2} + \frac{A^2}{2} \sin^{-1} \frac{x}{A} \right]_0^A = \frac{A^2}{2}$

11.15 From Example 11.2

$x(t) = \begin{cases} 0, & -\frac{T}{2} < t < 0 \\ \frac{2A}{T} t, & 0 < t < \frac{T}{2} \end{cases}$, $R_x(\tau) = \frac{A^2}{6}\left[1 - 3\frac{\tau}{T} + 4\left(\frac{\tau}{T}\right)^3\right]$, $0 < \tau < \frac{T}{2}$

Because $R_x(\tau)$ is periodic, we can expand it in term of the Fourier series

$R_x(\tau) = b_0 + \sum_{r=1}^{\infty} b_r \cos \frac{2r\pi}{T} \tau = b_0 + \frac{1}{2} \sum_{r=1}^{\infty} b_r (e^{i\frac{2\pi r}{T}\tau} + e^{-i\frac{2\pi r}{T}\tau})$

$b_0 = \frac{2}{T} \int_0^{T/2} R_x(\tau) d\tau$, $b_r = \frac{4}{T} \int_0^{T/2} R_x(\tau) \cos \frac{2r\pi}{T} d\tau$

$S_x(\omega) = 2\pi b_0 \delta(\omega) + \pi \sum_{r=1}^{\infty} b_r [\delta(\omega + \frac{2r\pi}{T}) + \delta(\omega - \frac{2r\pi}{T})]$, (see Prob. 11.17)

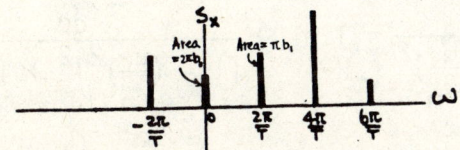

11.16 From Eq. (11.50), $S_f(0) = 0 = \int_{-\infty}^{\infty} R_f(\tau)d\tau$

11.17 $R_f(\tau) = \frac{1}{T} \int_{-T/2}^{T/2} A^2 \sin\frac{2\pi}{T} t \sin\frac{2\pi}{T}(t+\tau) dt$

$= \frac{1}{2} A^2 \cos\frac{2\pi}{T}\tau = \frac{A^2}{4}[e^{i\frac{2\pi}{T}\tau} + e^{-i\frac{2\pi}{T}\tau}] = \frac{1}{2\pi}\int_{-\infty}^{\infty} S_f(\omega)e^{i\omega\tau}d\omega$

$\therefore S_f(\omega) = \frac{1}{2}\pi A^2[\delta(\omega + \frac{2\pi}{T}) + \delta(\omega - \frac{2\pi}{T})]$

11.18

$\zeta = 0.05, \quad \omega_n = \frac{1}{2}\omega_0$

$|H(\omega)|^2 = \frac{1}{[1-(\frac{\omega}{\omega_n})^2]^2 + [2\zeta\frac{\omega}{\omega_n}]^2} = \frac{1}{[1-4(\frac{\omega}{\omega_0})^2]^2 + [0.2\frac{\omega}{\omega_0}]^2}$

$S_f(\omega) = S_0[u(\omega+\omega_0) - u(\omega-\omega_0)]$

$S_x(\omega) = |H(\omega)|^2 S_f(\omega) = \frac{S_0[u(\omega+\omega_0) - u(\omega-\omega_0)]}{[1-4(\frac{\omega}{\omega_0})^2] + [0.2\frac{\omega}{\omega_0}]^2}$

11.19 $R_x(0) = E[x^2(t)] = \frac{S_0}{2\pi}\int_{-\infty}^{\infty}\frac{d\omega}{[1-(\frac{\omega}{\omega_n})^2]^2 + [2\zeta\frac{\omega}{\omega_n}]^2}$

Let $\Omega = \omega + i\lambda, \quad \zeta < 1$

$\int_{-\infty}^{\infty}\frac{d\omega}{[1-(\frac{\omega}{\omega_n})^2]^2 + [2\zeta\frac{\omega}{\omega_n}]^2} = \lim_{R\to\infty}[\oint\frac{d\Omega}{[1-(\frac{\Omega}{\omega_n})^2]^2 + [2\zeta\frac{\Omega}{\omega_n}]^2}$

$$-\int \frac{d\Omega}{[1 - (\frac{\Omega}{\omega_n})^2 + [2\zeta \frac{\Omega}{\omega_n}]^2]}$$

But, $\lim_{R\to\infty} \oint \frac{d\Omega}{[1 - (\frac{\Omega}{\omega_n})^2]^2 + [2\zeta \frac{\Omega}{\omega_n}]^2} = \lim_{R\to\infty} \int_0^\pi \frac{iRe^{i\theta}d\theta}{[1 - (Re^{i\theta}/\omega n)^2] + (2\zeta Re^{i\theta}/\omega n)^2} = 0$

$$\therefore \int_{-\infty}^{\infty} \frac{d\omega}{[1 - (\frac{\omega}{\omega_n})^2]^2 + [2\zeta \frac{\omega}{\omega_n}]^2} = 2\pi i \ \Sigma \ \text{Res}$$

where Σ Res represents the sum of the residues of $|H(\Omega)|^2 = \frac{\omega_n^2}{(\omega_n^2 - \Omega^2)^2 + (2\zeta\Omega\omega_n)^2}$

Where poles in the upper half plane are

$$\Omega_1 = i\zeta + \sqrt{1 - \zeta^2} \ \omega_n \ , \ \Omega_2 = i\zeta - \sqrt{1 - \zeta^2} \ \omega_n$$

$$\text{Res}(\Omega = \Omega_1) = (\Omega - \Omega_1)|H(\Omega)|^2_{\Omega=\Omega_1} = \frac{\omega_n}{8i\zeta\sqrt{1 - \zeta^2} \ (i\zeta + \sqrt{1 - \zeta^2})}$$

$$\text{Res}(\Omega = \Omega_2) = (\Omega - \Omega_2)|H(\Omega)|^2_{\Omega=\Omega_2} = \frac{\omega_n}{8i\zeta\sqrt{1 - \zeta^2}(i\zeta - \sqrt{1 - \zeta^2})}$$

$$R_x(0) = \frac{S_0}{2\pi} 2\pi i \ \Sigma \ \text{Res} = \frac{S_0\omega_n}{8\zeta\sqrt{1 - \zeta^2}} [\frac{1}{i\zeta + \sqrt{1 - \zeta^2}} - \frac{1}{i\zeta - \sqrt{1 - \zeta^2}}] = \frac{S_0\omega_n}{4\zeta}$$

11.20 $\int_{-\infty}^{\infty} \int_{-\infty}^{\infty} [\frac{x_1}{\sqrt{R_x(0)}} \pm \frac{y_2}{\sqrt{R_y(0)}}]^2 p(x_1,y_2) dx_1 dy_2$

$$= \int_{-\infty}^{\infty} \int_{-\infty}^{\infty} \frac{x_1^2 p(x_1,y_2)}{R_x(0)} dx_1 dy_2 \pm 2 \int_{-\infty}^{\infty} \int_{-\infty}^{\infty} \frac{x_1 y_2 p(x_1,y_2)}{\sqrt{R_x(0)R_y(0)}} dx_1 dy_2$$

$$+ \int_{-\infty}^{\infty} \int_{-\infty}^{\infty} \frac{y_2^2 p(x_1,y_2)}{R_y(0)} dx_1 dy_2 = \frac{R_x(0)}{R_x(0)} \pm 2 \frac{R_{xy}(\tau)}{\sqrt{R_x(0)R_y(0)}} + \frac{R_y(0)}{R_y(0)}$$

$$= 2[1 \pm \frac{R_{xy}(\tau)}{\sqrt{R_x(0)R_y(0)}}] \geq 0$$

$$\therefore \sqrt{R_x(0)R_y(0)} \geq |R_{xy}(\tau)| \quad \text{or} \quad R_x(0)R_y(0) \geq |R_{xy}(\tau)|^2 \quad \ldots (11.145)$$

11.21. $x(t) = A\sin\frac{2\pi}{T} t$

$y(t) = A \qquad -\frac{T}{4} < t < \frac{T}{4}$

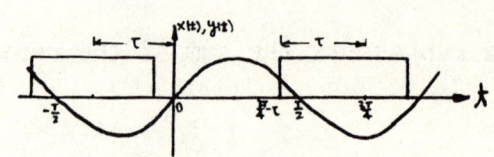

$$R_{xy}(\tau) = \frac{A^2}{T} [\int_{-\frac{T}{2}}^{\frac{T}{4} - \tau} \sin\frac{2\pi}{T} t\, dt + \int_{\frac{3T}{4} - \tau}^{\frac{T}{2}} \sin\frac{2\pi}{T} t\, dt]$$

$$= -\frac{A^2}{2\pi} [\cos\frac{2\pi}{T}(\frac{T}{4} - \tau) - \cos\pi + \cos\pi - \cos\frac{2\pi}{T}(\frac{3T}{4} - \tau)]$$

$$= -\frac{A^2}{\pi} \sin\frac{2\pi}{T} \tau, \quad \frac{T}{4} < \tau < \frac{3T}{4}$$

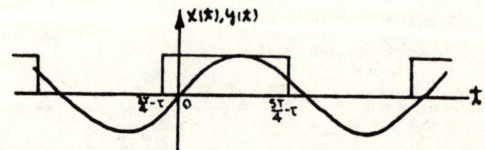

$$R_{xy}(\tau) = \frac{A^2}{T} \int_{\frac{3T}{4} - \tau}^{\frac{5T}{4} - \tau} \sin\frac{2\pi}{T} t\, dt = -\frac{A^2}{2\pi} [\cos\frac{2\pi}{T}(\frac{5T}{4} - \tau) - \cos\frac{2\pi}{T}(\frac{3T}{4} - \tau)]$$

$$= -\frac{A^2}{\pi} \sin\frac{2\pi}{T} \tau, \quad \frac{3T}{4} < \tau < \frac{5T}{4}$$

$$R_{yx}(\tau) = R_{xy}(-\tau) = \frac{A^2}{\pi} \sin\frac{2\pi}{T} \tau$$

11.22 $R_{fx}(\tau) = \lim_{T \to \infty} \frac{1}{T} \int_{-T/2}^{T/2} f(t)x(t + \tau)dt$

$= \lim_{T \to \infty} \frac{1}{T} \int_{-T/2}^{T/2} f(t)[\int_{-\infty}^{\infty} h(\lambda)f(t + \tau - \lambda)d\lambda]dt$

$= \int_{-\infty}^{\infty} h(\lambda)[\lim_{T \to \infty} \frac{1}{T} \int_{-T/2}^{T/2} f(t)f(t + \tau - \lambda)dt]d\lambda = \int_{-\infty}^{\infty} h(\lambda)R_f(\tau - \lambda)d\lambda$

$S_{fx}(\omega) = \int_{-\infty}^{\infty} R_{fx}(\tau)e^{-i\omega\tau}d\tau = \int_{-\infty}^{\infty} [\int_{-\infty}^{\infty} h(\lambda)R_f(\tau - \lambda)d\lambda]e^{-i\omega\tau}d\tau$

$= \int_{-\infty}^{\infty} h(\lambda) \int_{-\infty}^{\infty} R_f(\tau - \lambda)e^{-i\omega\tau} d\tau\, d\lambda$

Let $\tau - \lambda = \sigma \quad d\tau = d\sigma$

$\therefore \int_{-\infty}^{\infty} R_f(\tau - \lambda)e^{-i\omega\tau}d\tau = \int_{-\infty}^{\infty} R_f(\sigma)e^{-i\omega\sigma}e^{-i\omega\lambda}d\sigma = S_f(\omega)e^{-i\omega\lambda}$

$S_{fx}(\omega) = \int_{-\infty}^{\infty} h(\lambda)S_f(\omega)e^{-i\omega\lambda}d\lambda = S_f(\omega)\int_{-\infty}^{\infty} h(\lambda)e^{-i\omega\lambda}d\lambda$

$\therefore S_{fx}(\omega) = H(\omega)S_f(\omega)$

11.23

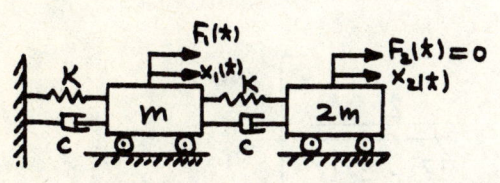

$c = 0.02\sqrt{km}$

$(2m)\ddot{x}_2 = -k(x_2 - x_1) - c(\dot{x}_2 - \dot{x}_1)$

$m\ddot{x}_1 = F_1(t) - k(x_1 - x_2) - kx_1 - c(\dot{x}_1 - \dot{x}_2) - c\dot{x}_1$

$m\begin{bmatrix} 1 & 0 \\ 0 & 2 \end{bmatrix}\begin{Bmatrix} \ddot{x}_1 \\ \ddot{x}_2 \end{Bmatrix} + c\begin{bmatrix} 2 & -1 \\ -1 & 1 \end{bmatrix}\begin{Bmatrix} \dot{x}_1 \\ \dot{x}_2 \end{Bmatrix} + k\begin{bmatrix} 2 & -1 \\ -1 & 1 \end{bmatrix}\begin{Bmatrix} x_1 \\ x_2 \end{Bmatrix} = \begin{Bmatrix} F_1(t) \\ 0 \end{Bmatrix}$

The eigenvalues and eigenvectors are found from

$$\begin{bmatrix} 2 & -1 \\ -1 & 1 \end{bmatrix} \begin{Bmatrix} u_1 \\ u_2 \end{Bmatrix} = \omega^2 \frac{m}{k} \begin{bmatrix} 1 & 0 \\ 0 & 2 \end{bmatrix} \begin{Bmatrix} u_1 \\ u_2 \end{Bmatrix}$$

which gives

$$\omega_1^2 = \frac{5 - \sqrt{17}}{4} \frac{k}{m}$$

$$\omega_2^2 = \frac{5 + \sqrt{17}}{4} \frac{k}{m}$$

$$[u] = \frac{1}{\sqrt{m}} \begin{bmatrix} \dfrac{2}{\sqrt{17 + 3\sqrt{17}}} & \dfrac{2}{\sqrt{17 - 3\sqrt{17}}} \\ \dfrac{3 + \sqrt{17}}{2\sqrt{17 + 3\sqrt{17}}} & \dfrac{3 - \sqrt{17}}{2\sqrt{17 - 3\sqrt{17}}} \end{bmatrix}$$

such that $[u]^T[m][u] = [1]$ and $[u]^T[k][u] = [\omega^2]$

Letting $\begin{Bmatrix} x_1 \\ x_2 \end{Bmatrix} = [u] \begin{Bmatrix} q_1 \\ q_2 \end{Bmatrix}$, the original equations can be transformed into

$$\ddot{q}_r + 2\zeta\omega_r \dot{q}_r + \omega_r^2 q_r = \omega_r^2 f_r(t) \qquad r = 1,2$$

where $\{f\} = \begin{Bmatrix} f_1 \\ f_2 \end{Bmatrix} = \dfrac{F_1(t)}{\sqrt{m}} \begin{Bmatrix} \dfrac{2/\omega_1^2}{\sqrt{17 + 3\sqrt{17}}} \\ \dfrac{2/\omega_2^2}{\sqrt{17 - 3\sqrt{17}}} \end{Bmatrix}$, $[\omega^2] = \dfrac{k}{m} \begin{bmatrix} \dfrac{5 - \sqrt{17}}{4} & 0 \\ 0 & \dfrac{5 + \sqrt{17}}{4} \end{bmatrix}$

$$[S_f(\omega)] = [\omega^2]^{-1}[u][S_f(\omega)][u]^T[\omega^2]^{-1}$$

$$= \frac{m^2 S_0}{k^2 m} \begin{bmatrix} \dfrac{4}{5 - \sqrt{17}} & 0 \\ 0 & \dfrac{4}{5 + \sqrt{17}} \end{bmatrix} \begin{bmatrix} \dfrac{2}{\sqrt{17 + 3\sqrt{17}}} & \dfrac{2}{\sqrt{17 - 3\sqrt{17}}} \\ \dfrac{3 + \sqrt{17}}{2\sqrt{17 + 3\sqrt{17}}} & \dfrac{3 - \sqrt{17}}{2\sqrt{17 - 3\sqrt{17}}} \end{bmatrix} \times$$

$$\begin{bmatrix} 1 & 0 \\ 0 & 0 \end{bmatrix} \begin{bmatrix} \dfrac{2}{\sqrt{17+3\sqrt{17}}} & \dfrac{3+\sqrt{17}}{2\sqrt{17+3\sqrt{17}}} \\ \dfrac{2}{\sqrt{17-3\sqrt{17}}} & \dfrac{3-\sqrt{17}}{2\sqrt{17-3\sqrt{17}}} \end{bmatrix} \begin{bmatrix} \dfrac{4}{5-\sqrt{17}} & 0 \\ 0 & \dfrac{4}{5+\sqrt{17}} \end{bmatrix}$$

$$= \dfrac{mS_0}{k^2} \begin{bmatrix} \dfrac{51+11\sqrt{17}}{34} & \dfrac{2\sqrt{17}}{17} \\ \dfrac{2\sqrt{17}}{17} & \dfrac{51-11\sqrt{17}}{68} \end{bmatrix}$$

$$H_r(\omega) = \dfrac{1}{1-\left(\dfrac{\omega}{\omega_r}\right)^2 + 2i\zeta_r \dfrac{\omega}{\omega_r}}, \quad r = 1,2,$$

$$[2\zeta\omega_r] = \dfrac{c}{m} \begin{bmatrix} \dfrac{5-\sqrt{17}}{4} & 0 \\ 0 & \dfrac{5+\sqrt{17}}{4} \end{bmatrix}$$

$$\therefore [H^*(\omega)][S_f(\omega)][H(\omega)] = \dfrac{mS_0}{k^2} \begin{bmatrix} \dfrac{51+11\sqrt{17}}{34} |H_1|^2 & \dfrac{2\sqrt{17}}{17} H_1^* H_2 \\ \dfrac{2\sqrt{17}}{17} H_1 H_2^* & \dfrac{51-11\sqrt{17}}{68} |H_2|^2 \end{bmatrix}$$

$$[u_1] = \dfrac{1}{\sqrt{m}} \left[\dfrac{2}{\sqrt{17+3\sqrt{17}}} \quad \dfrac{2}{\sqrt{17-3\sqrt{17}}} \right], \quad [u_2] = \dfrac{1}{\sqrt{m}} \left[\dfrac{3+\sqrt{17}}{2\sqrt{17+3\sqrt{17}}} \quad \dfrac{3-\sqrt{17}}{2\sqrt{17-3\sqrt{17}}} \right]$$

$$[u_1][H^*(\omega)][S_f(\omega)][H(\omega)][u_1]^T = \dfrac{S_0}{k^2} \left[\dfrac{9+\sqrt{17}}{34} |H_1|^2 + \dfrac{2\sqrt{2}}{17} (H_1^* H_2 + H_1 H_2^*) + \dfrac{9-\sqrt{17}}{68} |H_2|^2 \right]$$

$$[u_2][H^*(\omega)][S_f(\omega)][H(\omega)][u_2]^T = \frac{S_0}{k^2}[\frac{21+5\sqrt{17}}{34}|H_1|^2 - \frac{\sqrt{2}}{17}(H_1^*H_2$$
$$+ H_1H_2^*) + \frac{21-5\sqrt{17}}{68}|H_2|^2]$$

The mean square values are

$$R_{x1}(0) = \frac{S_0}{2\pi k^2}[\frac{9+\sqrt{17}}{34}\int_{-\infty}^{\infty}|H_1|^2 d\omega + \frac{2\sqrt{2}}{17}\int_{-\infty}^{\infty}(H_1^*H_2 + H_1H_2^*)d\omega$$
$$+ \frac{9-\sqrt{17}}{68}\int_{-\infty}^{\infty}|H_2|^2 d\omega]$$

$$R_{x2}(0) = \frac{S_0}{2\pi k^2}[\frac{21+5\sqrt{17}}{34}\int_{-\infty}^{\infty}|H_1|^2 d\omega - \frac{\sqrt{2}}{17}\int_{-\infty}^{\infty}(H_1^*H_2 + H_1H_2^*)d\omega$$
$$+ \frac{21-5\sqrt{17}}{68}\int_{-\infty}^{\infty}|H_2|^2 d\omega]$$

Using $\int_{-\infty}^{\infty}|H_r|^2 d\omega = \frac{\pi\omega_r}{2\zeta_r}$ and $H_r(\omega) = \frac{1}{1-(\frac{\omega}{\omega_r})^2 + 2i\zeta_r\frac{\omega}{\omega_r}}$, we can calculate the

value of the integrals and thus obtain the value of $R_{x1}(0)$ and $R_{x2}(0)$.

11.24 $\qquad\qquad\qquad\qquad\qquad\qquad f(x,t) = F(t)\delta(x - \frac{L}{2})$

The eigenvalue problem is

$$\frac{d^4Y(x)}{dx^4} - \beta^4 Y(x) = 0 \quad , \quad \beta^4 = \frac{\omega^2 m}{EI} \quad ; \quad Y = 0 \quad , \quad \frac{d^2Y}{dx^2} = 0 \text{ at both ends}$$

The solution of the differential equation subject to the boundary conditions is

$$Y_r(x) = \sqrt{\frac{2}{mL}} \sin\frac{r\pi}{L}x \quad , \quad \beta_r = \frac{r\pi}{L} \quad r = 1,2,\ldots$$

where Y_r has been normalized according to $\int_0^L mY_r(x)Y_r(x)dx = 1$

Letting $y(x,t) = \sum_{r=1}^{\infty} Y_r(x)q_r(t)$, the differential equation

$$m \frac{\partial^2 y}{\partial t^2} + EI \frac{\partial^4 y}{\partial x^4} = f(x,t), \quad 0 < x < L$$

can be reduced to $\ddot{q}_r(t) + \omega_r^2 q_r(t) = \omega_r^2 f_r(t), \quad r = 1,2,\ldots$

where $f_r(t) = \frac{1}{\omega_r^2} \int_0^L Y_r(x)f(x,t)dx = \frac{1}{\omega_r^2} \int_0^L \sqrt{\frac{2}{mL}} \sin \frac{r\pi x}{L} F(t)\delta(x - \frac{L}{2})dx$

$$= \frac{1}{\omega_r^2} \sqrt{\frac{2}{mL}} \sin \frac{r\pi}{2} F(t)$$

$$\therefore R_{f_r f_s}(\tau) = \lim_{T \to \infty} \frac{1}{T} \int_{-T/2}^{T/2} f_r(t)f_s(t + \tau)dt$$

$$= \lim_{T \to \infty} \frac{1}{T} \int_{-T/2}^{T/2} [\frac{1}{\omega_r^2} \sqrt{\frac{2}{mL}} \sin \frac{r\pi}{2} \cdot \frac{1}{\omega_s^2} \sqrt{\frac{2}{mL}} \sin \frac{s\pi}{2} F(t)F(t + \tau)]dt$$

$$= \frac{2}{mL} \frac{1}{\omega_r^2} \frac{1}{\omega_s^2} \sin \frac{r\pi}{2} \sin \frac{s\pi}{2} \lim_{T \to \infty} \frac{1}{T} \int_{-T/2}^{T/2} F(t)F(t + \tau)dt$$

$$= \frac{2}{mL} \frac{1}{\omega_r^2} \frac{1}{\omega_s^2} \sin \frac{r\pi}{2} \sin \frac{s\pi}{2} \cdot S_0 \delta(\tau)$$

where $R_{f_x f_{x'}} = \lim_{T \to \infty} \frac{1}{T} \int_{-T/2}^{T/2} F(t)F(t + \tau)dt = S_0 \delta(\tau)$

$$S_{f_r f_s}(\omega) = \int_{-\infty}^{\infty} [\frac{2}{mL} \frac{1}{\omega_r^2} \frac{1}{\omega_s^2} \sin \frac{r\pi}{2} \sin \frac{s\pi}{2} S_0 \delta(\tau)]e^{-i\omega\tau}d\tau$$

$$= \frac{2}{mL} \frac{1}{\omega_r^2} \frac{1}{\omega_s^2} \sin \frac{r\pi}{2} \sin \frac{s\pi}{2} S_0 \int_{-\infty}^{\infty} e^{-i\omega\tau}\delta(\tau)d\tau$$

$$= \frac{2S_0}{mL} \frac{1}{\omega_r^2} \frac{1}{\omega_s^2} \sin \frac{r\pi}{2} \sin \frac{s\pi}{2}$$

$$R_{y_x y_{x'}}(x,x',\tau) = \frac{1}{2\pi} \sum_{r=1}^{\infty} \sum_{s=1}^{\infty} Y_r(x) Y_s(x') \int_{-\infty}^{\infty} H_r^*(\omega) H_s(\omega) S_{f_r f_s}(\omega) e^{i\omega\tau} d\omega$$

$$= \frac{1}{2\pi} \sum_{r=1}^{\infty} \sum_{s=1}^{\infty} \sqrt{\frac{2}{mL}} \sin\left(\frac{r\pi}{L} \cdot \frac{L}{4}\right) \cdot \sqrt{\frac{2}{mL}} \sin\left(\frac{s\pi}{L} \cdot \frac{3L}{4}\right) \int_{-\infty}^{\infty} H_r^*(\omega) H_s(\omega)$$

$$\times \frac{2S_0}{mL} \frac{1}{\omega_r^2} \frac{1}{\omega_s^2} \sin \frac{r\pi}{2} \sin \frac{s\pi}{2} e^{i\omega\tau} d\omega$$

$$\therefore R_{y_x y_{x'}}(x,x',\tau) = \frac{S_0}{2\pi} \left(\frac{2}{mL}\right)^2 \sum_{r=1}^{\infty} \sum_{s=1}^{\infty} \frac{1}{\omega_r^2} \frac{1}{\omega_s^2} \sin \frac{r\pi}{4} \sin \frac{3s\pi}{4} \sin \frac{r\pi}{2} \sin \frac{s\pi}{2} \times$$

$$\int_{-\infty}^{\infty} H_r^*(\omega) H_s(\omega) e^{i\omega\tau} d\omega$$

$$R_y\left(\frac{L}{4}, 0\right) = \frac{1}{2\pi} \sum_{r=1}^{\infty} \sum_{s=1}^{\infty} Y_r\left(\frac{L}{4}\right) Y_s\left(\frac{L}{4}\right) \int_{-\infty}^{\infty} H_r^*(\omega) H_s(\omega) S_{f_r f_s}(\omega) d\omega$$

$$= \frac{S_0}{2\pi} \left(\frac{2}{mL}\right)^2 \sum_{r=1}^{\infty} \sum_{s=1}^{\infty} \frac{1}{\omega_r^2} \frac{1}{\omega_s^2} \sin \frac{r\pi}{4} \sin \frac{r\pi}{2} \sin \frac{s\pi}{4} \sin \frac{s\pi}{2} \int_{-\infty}^{\infty} H_r^*(\omega) H_s(\omega) d\omega$$

11.25 Use the assumed-modes method to discretize the system (Section 7.4) and then use the procedure of Section 11.17.e

CHAPTER 12

12.1 The differential equation of motion of a mass-spring system is

$$m\ddot{x}(t) + kx(t) = F(t)$$

Using the approach of Example 12.1, the equation can be reduced to the state form

$$\{\dot{y}(t)\} = [A]\{y(t)\} + [B]\{Y(t)\}$$

where

$$\{y(t)\} = \begin{Bmatrix} x(t) \\ \dot{x}(t) \end{Bmatrix}, \quad \{Y(t)\} = \begin{Bmatrix} 0 \\ f(t) \end{Bmatrix}, \quad [A] = \begin{bmatrix} 0 & 1 \\ -\omega_n^2 & 0 \end{bmatrix}, \quad [B] = \begin{bmatrix} 1 & 0 \\ 0 & \frac{1}{m} \end{bmatrix}$$

in which $\omega_n^2 = \frac{k}{m}$. The general solution is

$$\{y(t)\} = e^{[A]t}\{y(0)\} + \int_0^t e^{[A](t-\tau)}[B]\{Y(\tau)\}d\tau$$

where $e^{[A](t-\tau)}$ is the system <u>transition matrix</u>.

In the problem at hand, $F(t) = F_0 u(t)$. Hence, following the procedure used in Example 12.1 and letting the initial state vector be zero, $[x(0) \; \dot{x}(0)]^T = [0 \; 0]^T$, we obtain the response

$$\begin{Bmatrix} x(t) \\ \dot{x}(t) \end{Bmatrix} = \frac{F_0}{m\omega_n} \int_0^t \begin{Bmatrix} \sin \omega_n(t-\tau) \\ \omega_n \cos \omega_n(t-\tau) \end{Bmatrix} d\tau$$

$$= \frac{F_0}{m\omega_n} \begin{Bmatrix} \frac{1}{\omega_n} \cos \omega_n(t-\tau) \\ -\sin \omega_n(t-\tau) \end{Bmatrix} \Big|_0^t = \frac{F_0}{k} \begin{Bmatrix} 1 - \cos \omega_n t \\ \omega_n \sin \omega_n t \end{Bmatrix}$$

12.2 From Example 12.1, the transition matrix for a mass-spring system is

$$[\Phi(t,\tau)] = \begin{bmatrix} \cos \omega_n(t-\tau) & \frac{1}{\omega_n} \sin \omega_n(t-\tau) \\ -\omega_n \sin \omega_n(t-\tau) & \cos \omega_n(t-\tau) \end{bmatrix}$$

The <u>group property</u> is defined mathematically by Eq. (12.21) as follows:

$$[\Phi(t_3,t_1)] = [\Phi(t_3,t_2)][\Phi(t_2,t_1)]$$

To verify this property for the transition matrix at hand, we consider the following matrix product

$[\Phi(t_3,t_2)] [\Phi(t_2,t_1)]$

$$= \begin{bmatrix} \cos \omega_n(t_3-t_2) & \frac{1}{\omega_n} \sin \omega_n(t_3-t_2) \\ -\omega_n \sin \omega_n(t_3-t_2) & \cos \omega_n(t_3-t_2) \end{bmatrix} \begin{bmatrix} \cos \omega_n(t_2-t_1) & \frac{1}{\omega_n} \sin \omega_n(t_2-t_1) \\ -\omega_n \sin \omega_n(t_2-t_1) & \cos \omega_n(t_2-t_1) \end{bmatrix}$$

$$= \begin{bmatrix} \cos \omega_n(t_3-t_2) \cos \omega_n(t_2-t_1) - \sin \omega_n(t_3-t_2) \sin \omega_n(t_2-t_1) \\ -\omega_n \sin \omega_n(t_3-t_2) \cos \omega_n(t_2-t_1) - \omega_n \cos \omega_n(t_3-t_2) \sin \omega_n(t_2-t_1) \end{bmatrix.$$

$$\left. \begin{matrix} \frac{1}{\omega_n} \cos \omega_n(t_3-t_2) \sin \omega_n(t_3-t_1) + \frac{1}{\omega_n} \sin \omega_n(t_3-t_2) \cos \omega_n(t_2-t_1) \\ -\sin \omega_n(t_3-t_2) \sin \omega_n(t_2-t_1) + \cos \omega_n(t_3-t_2) \cos \omega_n(t_2-t_1) \end{matrix} \right]$$

$$= \begin{bmatrix} \cos \omega_n(t_3-t_1) & \frac{1}{\omega_n} \sin \omega_n(t_3-t_1) \\ -\omega_n \sin \omega_n(t_3-t_1) & \cos \omega_n(t_3-t_1) \end{bmatrix} = [\Phi(t_3,t_1)]$$

12.3 The differential equation of motion of a mass-damper-spring system is

$$m\ddot{x}(t) + c\dot{x}(t) + kx(t) = F(t)$$

Using the approach of Section 12.5, the second-order differential equation of motion can be reduced to the state form

$$\{\dot{y}(t)\} = [A]\{y(t)\} + [B]\{Y(t)\}$$

where

$$\{y(t)\} = \begin{Bmatrix} y(t) \\ \dot{y}(t) \end{Bmatrix}, \quad \{Y(t)\} = \begin{Bmatrix} 0 \\ F(t) \end{Bmatrix}, \quad [A] = \begin{bmatrix} 0 & 1 \\ -\omega_n^2 & -2\zeta\omega_n \end{bmatrix}, \quad [B] = \begin{bmatrix} 1 & 0 \\ 0 & \frac{1}{m} \end{bmatrix}$$

in which $\omega_n^2 = \frac{k}{m}$. The response is obtained using Eq. (12.19) and letting the initial state vector be zero, $\{y(0)\} = \{0\}$. The result is

$$\{y(t)\} = \int_0^t e^{A(t-\tau)}[B]\{Y(\tau)\}d\tau$$

The transition matrix is obtained using the series given by Eq. (12.6), in which

$$A^2 = \begin{bmatrix} -\omega_n^2 & -2\zeta\omega n \\ 2\zeta\omega_n^3 & -\omega_n^2(1 - 4\zeta^2) \end{bmatrix}, \quad A^3 = \begin{bmatrix} 2\zeta\omega_n^3 & -\omega_n^2(1 + 4\zeta^2) \\ \omega_n^4(1 + 4\zeta^2) & 4\zeta\omega_n^3(1 - 2\zeta^2) \end{bmatrix} \cdots$$

Inserting the above results in Eq. (12.6) and concentrating on the term in the upper left corner, we have

$$1 + 0 - \frac{(\omega_n t)^2}{2!} + \frac{2\zeta(\omega_n t)^3}{3!} + \cdots$$

$$= [1 - \zeta\omega_n t + \frac{(\zeta\omega_n t)^2}{2!} + \frac{(\zeta\omega_n t)^3}{3!} + \cdots][1 + \zeta\omega_n t - \frac{(1-\zeta^2)(\omega_n t)^2}{2!}$$

$$- \frac{\zeta(1-\zeta^2)(\omega_n t)^3}{3!} + \cdots]$$

$$= [1 - \zeta\omega_n t + \frac{(\zeta\omega_n t)^2}{2!} + \frac{(\zeta\omega_n t)^3}{3!} + \cdots]\{1 - \frac{[\omega_n(1-\zeta^2)^{1/2}t]^2}{2!} + \cdots$$

$$+ \frac{\zeta}{(1-\zeta^2)^{1/2}}\{\omega_n(1-\zeta^2)^{1/2}t - \frac{[\omega_n(1-\zeta^2)^{1/2}t]^3}{3!} + \cdots\}\}$$

$$= e^{-\zeta\omega_n t}[\cos\omega_n(1-\zeta^2)^{1/2}t + \frac{\zeta}{(1-\zeta^2)^{1/2}}\sin\omega_n(1-\zeta^2)^{1/2}t]$$

The remaining three terms in Eq. 12.6 can be obtained in a similar fashion. This permits us to write

$$\Phi(t,0) = e^{At} = e^{-\zeta\omega_n t}\begin{bmatrix} \cos\omega_d t + \frac{\zeta\omega_n}{\omega_d}\sin\omega_d t & \frac{1}{\omega_d}\sin\omega_d t \\ -\frac{\omega_n^2}{\omega_d}\sin\omega_d t & \cos\omega_d t - \frac{\zeta\omega_n}{\omega_d}\sin\omega_d t \end{bmatrix}$$

where $\omega_d = (1-\zeta^2)^{1/2}\omega_n$. The transition matrix $\Phi(t,\tau) = e^{A(t-\tau)}$ is obtained by replacing t by t - τ in the above.

In the problem at hand $F(t) = F_0 u(t)$, so that the response is computed as follows:

$$\{y(t)\} = \int_0^t e^{-\zeta\omega_n(t-\tau)} \begin{bmatrix} \cos\omega_d(t-\tau) + \dfrac{\zeta\omega_n}{\omega_d}\sin\omega_d(t-\tau) & \dfrac{1}{\omega_d}\sin\omega_d(t-\tau) \\ -\dfrac{\omega_n^2}{\omega_d}\sin\omega_d(t-\tau) & \cos\omega_d(t-\tau) - \dfrac{\zeta\omega_n}{\omega_d}\sin\omega_d(t-\tau) \end{bmatrix}$$

$$\times \begin{bmatrix} 1 & 0 \\ 0 & \dfrac{1}{m} \end{bmatrix} \begin{Bmatrix} 0 \\ F(\tau) \end{Bmatrix} d\tau$$

$$= \frac{F_0}{m} \int_0^t \begin{Bmatrix} \dfrac{1}{\omega_d} e^{-\zeta\omega_n(t-\tau)} \sin\omega_d(t-\tau) \\ e^{-\zeta\omega_n(t-\tau)}[\cos\omega_d(t-\tau) - \dfrac{\zeta\omega_n}{\omega_d}\sin\omega_d(t-\tau)] \end{Bmatrix} d\tau$$

$$= \frac{F_0}{m} \begin{Bmatrix} \dfrac{e^{-\zeta\omega_n(t-\tau)}}{\omega_d \omega_n^2} [\zeta\omega_n \sin\omega_d(t-\tau) + \omega_d \cos\omega_d(t-\tau)] \\ -\dfrac{e^{-\zeta\omega_n(t-\tau)}}{\omega_d} \sin\omega_d(t-\tau) \end{Bmatrix} \Bigg|_0^t$$

$$= \frac{F_0}{k} \begin{Bmatrix} 1 - e^{-\zeta\omega_n t}(\cos\omega_d t + \dfrac{\zeta\omega_n}{\omega_d}\sin\omega_d t) \\ \dfrac{\omega_n^2}{\omega_d} e^{-\zeta\omega_n t} \sin\omega_d t \end{Bmatrix}$$

12.4 From Example 4.11, the equations of motion have the matrix form

$$[m]\{\ddot{x}(t)\} + [k]\{x(t)\} = \{F(t)\}$$

in which

$$[m] = m\begin{bmatrix} 1 & 0 \\ 0 & 2 \end{bmatrix}, \quad [k] = k\begin{bmatrix} 2 & -1 \\ -1 & 2 \end{bmatrix}$$

$$\{x(t)\} = \begin{Bmatrix} x_1(t) \\ x_2(t) \end{Bmatrix}, \quad \{F(t)\} = \{b\}u(t), \text{ where } \{b\} = \begin{Bmatrix} 0 \\ F_0 \end{Bmatrix}$$

To use the approach of Sec. 12.4, we reduce the n second-order differential equations to 2n first-order state equations having the matrix form

$$\{\dot{y}(t)\} = [A]\{y(t)\} + [B]\{Y(t)\}$$

where

$$[A] = \begin{bmatrix} 0 & | & [1] \\ \hline -[m]^{-1}[k] & | & 0 \end{bmatrix}, \quad \{y(t)\} = \begin{Bmatrix} \{x(t)\} \\ \hline \{\dot{x}(t)\} \end{Bmatrix}, \quad [B] = \begin{bmatrix} 0 & | & 0 \\ \hline 0 & | & [m]^{-1} \end{bmatrix}, \quad \{Y(t)\} = \begin{Bmatrix} \{0\} \\ \hline \{F(t)\} \end{Bmatrix}$$

The eigenvalue problem for the system is

$$[A]\{U\} = \lambda\{U\}, \text{ which has the solution } \lambda_r, \{U\}_r \ (r = 1,2,\ldots,2n).$$

The adjoint eigenvalue problem is

$$[A]^T\{V\} = \lambda\{V\}, \text{ which has the solution } \lambda_r, \{V\}_r \ (r = 1,2,\ldots,2n).$$

The response is obtained using Eq. (12.49) and letting the initial state vector be zero, $\{y(0)\} = \{0\}$. The result is

$$\{y(t)\} = \int_0^t [U]e^{\Lambda(t-\tau)}[V]^T[B]\{Y(\tau)\}d\tau$$

where

$[\Lambda] = [\text{diag } \lambda_j]$ is the diagonal matrix of eigenvalues of $[A]$
$[U] = [\{U\}_1 \ \{U\}_2 \ \ldots \ \{U\}_{2n}]$ is the matrix of eigenvectors of $[A]$
$[V] = [\{V\}_1 \ \{V\}_2 \ \ldots \ \{V\}_{2n}]$ is the matrix of eigenvectors of $[A]^T$

Substituting $[B]$ and $\{Y(t)\}$, the response becomes

$$\{y(t)\} = \int_0^t [U]e^{\Lambda(t-\tau)}[V]^T \begin{Bmatrix} \{0\} \\ \hline [m]^{-1}\{b\} \end{Bmatrix} u(t)d\tau$$

The eigenvalue problem for the system of Example 4.11 has the form $\omega^2[m]\{u\} = \{k\}\{u\}$. Its solution is $\omega_r^2, \{u\}_r \ (r = 1,2,\ldots,n)$, where the eigenvectors satisfy the orthonomality condition $\{u\}_j^T[m]\{u\}_i = \delta_{ij}$. Hence, the matrix of eigenvectors of $[A]$ can be written as

$$[U] = \begin{bmatrix} \{u\}_1 & \{u\}_1 & \{u\}_2 & \{u\}_2 & & \{u\}_n & \{u\}_n \\ \hline i\omega_1\{u\}_1 & -i\omega_1\{u\}_1 & i\omega_2\{u\}_2 & -i\omega_2\{u\}_2 & \cdots & i\omega_n\{u\}_n & -i\omega_n\{u\}_n \end{bmatrix}$$

Because $[U]$ and $[V]$ must satisfy the biorthonormality condition (12.41a), the matrix of eigenvectors of $[A]^T$ can be shown to be

$$[V] = \frac{1}{2}\begin{bmatrix} [m]\{u\}_1 & [m]\{u\}_1 & [m]\{u\}_2 & [m]\{u\}_2 \\ \hline \frac{1}{i\omega_1}[m]\{u\}_1 & -\frac{1}{i\omega_1}[m]\{u\}_1 & \frac{1}{i\omega_2}[m]\{u\}_2 & -\frac{1}{i\omega_2}[m]\{u\}_2 \end{bmatrix} \cdots$$

$$\left. \begin{array}{cc} [m]\{u\}_n & [m]\{u\}_n \\ \hline \frac{1}{i\omega_n}[m]\{u\}_n & -\frac{1}{i\omega_n}[m]\{u\}_n \end{array} \right]$$

Next, consider

$$[V]^T \left\{ \begin{array}{c} \{0\} \\ \hline [m]^{-1}\{b\} \end{array} \right\} = \frac{1}{2} \left\{ \begin{array}{c} \frac{1}{i\omega_1}\{u\}_1^T\{b\} \\ -\frac{1}{i\omega_1}\{u\}_1^T\{b\} \\ \vdots \\ \frac{1}{i\omega_n}\{u\}_n^T\{b\} \\ -\frac{1}{i\omega_n}\{u\}_n^T\{B\} \end{array} \right\}$$

and

$$\int_0^t e^{\Lambda(t-\tau)} d\tau = -\left[\text{diag} \frac{e^{\lambda_j(t-\tau)}}{\lambda_j} \right]\Bigg|_0^t = -\text{diag}\left[\frac{1-e^{\lambda_j t}}{\lambda_j} \right]$$

Then, the solution can be written as

$$\{y(t)\} = -[U]\ \text{diag}\left[\frac{1-e^{\lambda_j t}}{\lambda_j}\right] \frac{1}{2} \left\{ \begin{array}{c} \frac{1}{i\omega_1}\{u\}_1^T\{b\} \\ -\frac{1}{i\omega_1}\{u\}_1^T\{b\} \\ \vdots \\ \frac{1}{i\omega_n}\{u\}_n^T\{b\} \\ -\frac{1}{i\omega_n}\{u\}_n^T\{b\} \end{array} \right\}$$

$$= -\frac{1}{2} \left[\begin{array}{cc} \{u\}_1 & \{u\}_1 \\ \frac{1}{i\omega_1}\{u\}_1 & -\frac{1}{i\omega_1}\{u\}_1 \cdots \end{array} \right] \left[\begin{array}{cc} \frac{1-e^{i\omega_1 t}}{i\omega_1} & \\ & \frac{1-e^{-i\omega_1 t}}{-i\omega_1} \\ & & \ddots \end{array} \right] \left\{ \begin{array}{c} \frac{1}{i\omega_1}\{u\}_1^T\{b\} \\ -\frac{1}{i\omega_1}\{u\}_1^T\{b\} \\ \vdots \end{array} \right\}$$

$$= \frac{1}{2} \begin{bmatrix} \frac{\{u\}_1}{i\omega_1\{u\}_1} & \frac{\{u\}_1}{-i\omega_1\{u\}_1} & \cdots \end{bmatrix} \begin{Bmatrix} \frac{1-e^{i\omega_1 t}}{\omega_1^2} \{u\}_1^T\{b\} \\ \frac{1-e^{-i\omega_1 t}}{\omega_1^2} \{u\}_1^T\{b\} \\ \vdots \end{Bmatrix}$$

$$= \frac{1}{2} \sum_{r=1}^{n} \begin{bmatrix} \frac{1}{\omega_r^2} (1-e^{i\omega_r t} + 1 - e^{-i\omega_r t})\{u\}_r\{u\}_r^T\{b\} \\ \frac{i}{\omega_r} (1-e^{i\omega_r t} - 1 + e^{-i\omega_r t})\{u\}_r\{u\}_r^T\{b\} \end{bmatrix}$$

$$= \sum_{r=1}^{n} \begin{bmatrix} \frac{1}{\omega_r^2} (1-\cos\omega_r t) \{u\}_r\{u\}_r^T\{b\} \\ \frac{1}{\omega_r} \sin\omega_r t \{u\}_r\{u\}_r^T\{b\} \end{bmatrix}$$

From Example 4.11, the normalized eigenvectors are

$$\{u\}_1 = \frac{1}{\sqrt{m}} \begin{Bmatrix} 0.4597 \\ 0.6280 \end{Bmatrix}, \quad \{u\}_2 = \frac{1}{\sqrt{m}} \begin{Bmatrix} 0.8881 \\ -0.3251 \end{Bmatrix}$$

so that

$$\{u\}_1\{u\}_1^T\{b\} = \frac{F_0}{m} \begin{Bmatrix} 0.2887 \\ 0.3994 \end{Bmatrix}, \quad \{u\}_2\{u\}_2^T\{b\} = \frac{F_0}{m} \begin{Bmatrix} -0.2887 \\ 0.1057 \end{Bmatrix}$$

Using the above, the response becomes

$$\{y(t)\} = \begin{Bmatrix} 0.2887 \frac{F_0}{m\omega_1^2} (1-\cos\omega_1 t) - 0.2887 \frac{F_0}{m\omega_2^2} (1-\cos\omega_2 t) \\ \\ 0.3944 \frac{F_0}{m\omega_1^2} (1-\cos\omega_1 t) + 0.1057 \frac{F_0}{m\omega_2^2} (1-\cos\omega_2 t) \\ \\ 0.2887 \frac{F_0}{m\omega_1} \sin\omega_1 t - 0.2887 \frac{F_0}{m\omega_2} \sin\omega_2 t \\ \\ 0.3944 \frac{F_0}{m\omega_1} \sin\omega_1 t + 0.1057 \frac{F_0}{m\omega_2} \sin\omega_2 t \end{Bmatrix}$$

The first two components represent displacements and are identical to the ones computed in Example 4.11.

12.5 The equation of motion for the system of Problem 12.1 is

$$m\ddot{x}(t) + kx(t) = F(t) = F_0 u(t)$$

Following the procedure of Example 12.3 and using Eq. (12.57), the excitation can be written as

$$F(n) = \sum_{j=0}^{\infty} F(j)\delta(n-j) = \sum_{j=0}^{\infty} F_0 \delta(n-j)$$

The impulse response for a mass-spring system is

$$g(t) = \frac{1}{m\omega_n} \sin \omega_n t \, u(t)$$

Where m is the mass and ω_n the natural frequency. The discrete-time equivalent impulse response is given in Eq. (d) of Example 12.3, or

$$g(j) = g(jT) = \frac{T}{m\omega_n} \sin \omega_n jT, \quad j = 0,1,2,\ldots$$

The discrete-time response x(n), given by Eq. (12.58), is given by the convolution sum

$$x(n) = \sum_{j=0}^{n} F(j)g(n-j) = \sum_{j=0}^{n} F_0 g(n-j)$$

The response is obtained in the form of the sequence

$$x(1) = F_0[g(1) + g(0)] = F_0(\frac{T}{m\omega_n} \sin \omega_n T + 0) = \frac{F_0 T}{m\omega_n} \sin \omega_n T$$

$$x(2) = F_0[g(2) + g(1) + g(0)] = F_0(\frac{T}{m\omega_n} \sin 2\omega_n T + \frac{T}{m\omega_n} \sin \omega_n T + 0)$$

$$= \frac{F_0 T}{m\omega_n} (\sin \omega_n T + \sin 2\omega_n T)$$

$$x(3) = F_0[g(3) + g(2) + g(1) + g(0)] = F_0(\frac{T}{m\omega_n} \sin 3\omega_n T + \frac{T}{m\omega_n} \sin 2\omega_n T$$

$$+ \frac{T}{m\omega_n} \sin \omega_n T + 0) = \frac{F_0 T}{m\omega_n} (\sin \omega_n T + \sin 2\omega_n T + \sin 3\omega_n T)$$

Hence, the response at the nth sampling time is

$$x(n) = \frac{F_0 T}{m\omega_n} (\sin \omega_n T + \sin 2\omega_n T + \ldots + \sin n\omega_n T)$$

From Problem 12.1, the continuous-time response is

$$x(t) = \frac{F_0}{m\omega_n^2} (1 - \cos \omega_n t)$$

To compare the results, we let ω_n = 1 rad/s and T = 0.1 s. Both responses are plotted over a 20 s time interval. To observe the difference in the response, an expanded plot over the first 5 s is provided as well.

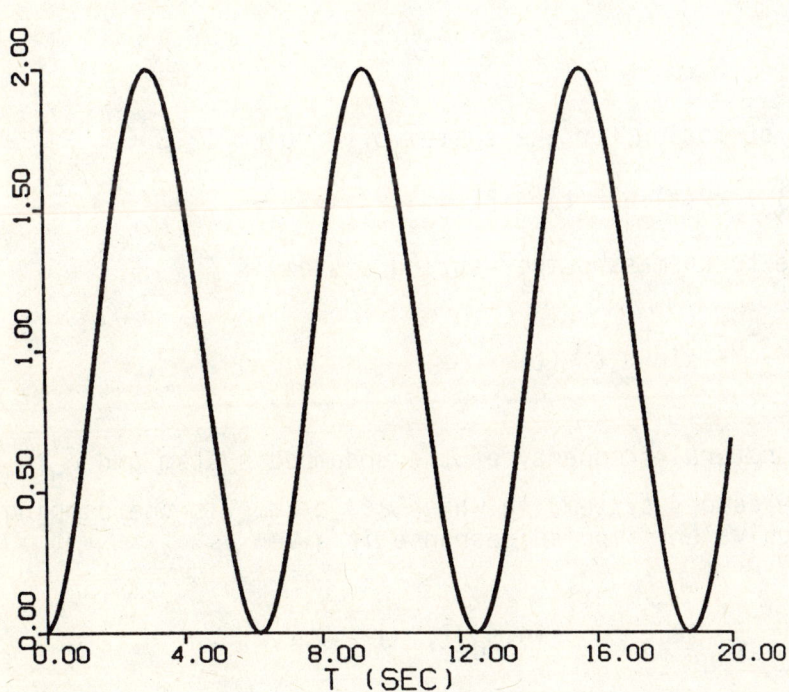

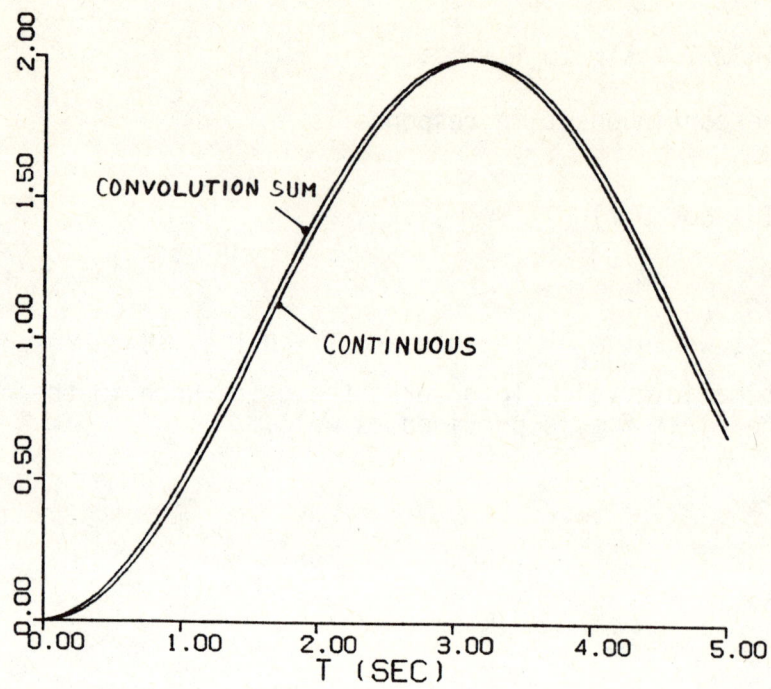

12.6 The equations of motion for the system of Problem 12.3 is

$$m\ddot{x}(t) + c\dot{x}(t) + kx(t) = F(t) = F_0 u(t)$$

The impulse response for a mass-damper-spring system is

$$g(t) = \frac{1}{m\omega_d} e^{-\zeta\omega_n t} \sin \omega_d t \, u(t)$$

where $\omega_n = \sqrt{\frac{k}{m}}$ is the natural frequency of the undamped system and $\omega_d = \omega_n \sqrt{1 - \zeta^2}$ is the frequency of the damped system, in which $\zeta = c/2m\omega_n$ is the damping factor. The discrete-time equivalent impulse response is given as

$$g(j) = g(jT) = \frac{T}{m\omega_d} e^{-\zeta\omega_n jT} \sin \omega_d jT, \quad j = 0,1,2,\ldots$$

From Eq. (12.58), the discrete-time response $x(n)$ is

$$x(n) = \sum_{j=0}^{n} F(j)g(n-j) = \sum_{j=0}^{n} F_0 \, g(n-j)$$

The response is obtained in the form of the sequence

$$x(1) = F_0[g(1) + g(0)] = F_0(\frac{T}{m\omega_d} e^{-\zeta\omega_n T} \sin \omega_d T + 0) = \frac{F_0 T}{m\omega_d} e^{-\zeta\omega_n t} \sin \omega_d T$$

$$x(2) = F_0[g(2) + g(1) + g(0)] = F_0(\frac{T}{m\omega_d} e^{-2\zeta\omega_n T} \sin 2\omega_d T + \frac{T}{m\omega_d} e^{-\zeta\omega_n T} \sin \omega_d T + 0)$$

$$= \frac{F_0 T}{m\omega_d} (e^{-\zeta\omega_n T} \sin \omega_d T + e^{-2\zeta\omega_n T} \sin 2\omega_d T)$$

. . . .

Hence, the response at the nth sampling time is

$$x(n) = \frac{F_0 T}{m\omega_d}(e^{-\zeta\omega_n T} \sin \omega_d T + e^{-2\zeta\omega_n T} \sin 2\omega_d T + \ldots + e^{-n\zeta\omega_n T} \sin n\omega_d T)$$

From Problem 12.3, the continuous-time response is

$$x(t) = \frac{F_0}{k} [1 - e^{-\zeta\omega_n t}(\cos \omega_d t + \frac{\zeta\omega_n}{\omega_d} \sin \omega_d t)] , \quad t \geq 0$$

To compare the results, we let $\omega_n = 1$ rad/s, $T = 0.1$ s and $\zeta = 0.1$. Both responses are plotted over a 20 s time interval. To observe the difference in the response, an expanded plot over the first 5 s is provided as well.

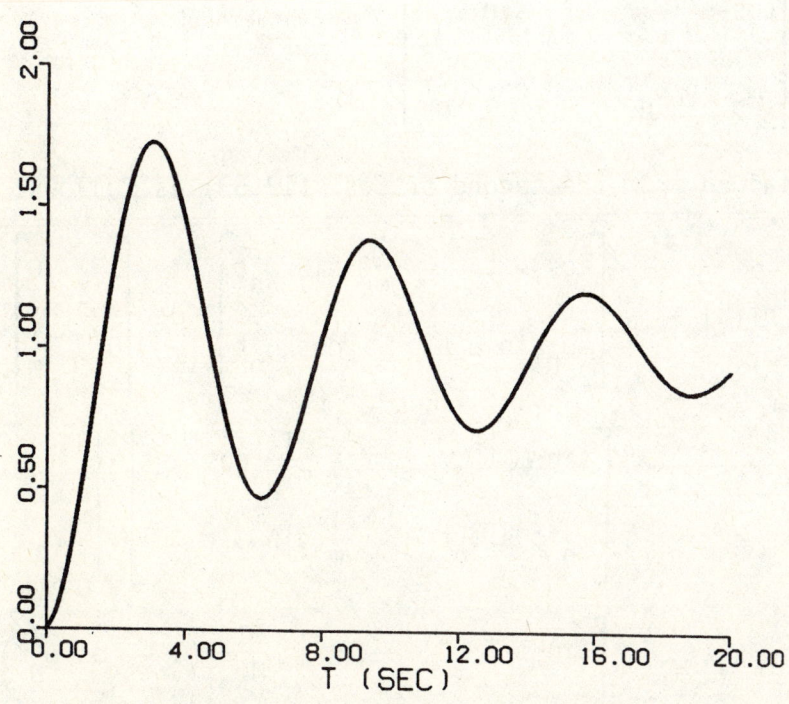

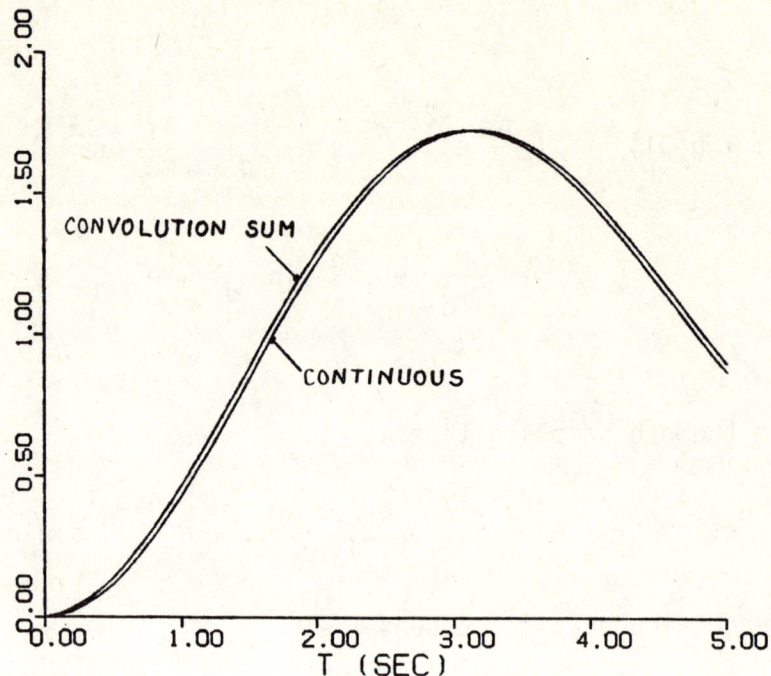

12.7 The continuous-time transition matrix for a mass-spring system was obtained in Problem 12.1. Letting t = T and using the first of Eqs. (12.63), we can write the transition matrix for the discrete-time system in the form

$$[\Phi] = e^{[A]T} = \begin{bmatrix} \cos \omega_n T & \frac{1}{\omega_n} \sin \omega_n T \\ -\omega_n \sin \omega_n T & \cos \omega_n T \end{bmatrix}$$

The matrix $[\Gamma]$ is obtained from the second of Eqs. (12.63) as follows:

$$[\Gamma] = \int_0^T e^{[A]t} dt [B] = \int_0^T \begin{bmatrix} \cos \omega_n t & \frac{1}{\omega_n} \sin \omega_n t \\ -\omega_n \sin \omega_n t & \cos \omega_n t \end{bmatrix} dt \begin{bmatrix} 1 & 0 \\ 0 & \frac{1}{m} \end{bmatrix}$$

$$= \frac{1}{\omega_n} \begin{bmatrix} \sin \omega_n t & -\frac{1}{m\omega_n} \cos \omega_n t \\ \omega_n \cos \omega_n t & \frac{1}{m} \sin \omega_n t \end{bmatrix} \Bigg|_0^T$$

$$= \frac{1}{\omega_n} \begin{bmatrix} \sin \omega_n T & \frac{1}{m\omega_n}(1 - \cos \omega_n T) \\ -\omega_n(1 - \cos \omega_n T) & \frac{1}{m} \sin \omega_n T \end{bmatrix}$$

The response of the system to a unit impulse applied at $k = 0$ with zero initial conditions can be obtained using Eq. (12.65), or

$$\{y(k+1)\} = [\Phi]\{y(k)\} + [\Gamma]\{Y(k)\} \ , \ k = 0,1,2,\ldots$$

where

$$\{y(0)\} = \begin{Bmatrix} 0 \\ 0 \end{Bmatrix} \ , \ \{Y(0)\} = \begin{Bmatrix} 0 \\ 1 \end{Bmatrix} \ , \ \{Y(k)\} = \begin{Bmatrix} 0 \\ 0 \end{Bmatrix}, \ k = 1,2,\ldots$$

Substituting $[\Phi]$ and $[\Gamma]$ in Eq. (12.65), the response is obtained in the form of the following sequence

$$\{y(1)\} = [\Phi]\{y(0)\} + [\Gamma]\{Y(0)\} = \frac{1}{m\omega_n^2} \begin{Bmatrix} 1 - \cos \omega_n T \\ \omega_n \sin \omega_n T \end{Bmatrix}$$

$$\{y(2)\} = [\Phi]\{y(1)\} + [\Gamma]\{Y(1)\} = \begin{bmatrix} \cos \omega_n T & \frac{1}{\omega_n} \sin \omega_n T \\ -\omega_n \sin \omega_n T & \cos \omega_n T \end{bmatrix} \frac{1}{m\omega_n^2} \begin{Bmatrix} 1 - \cos \omega_n t \\ \omega_n \sin \omega_n T \end{Bmatrix}$$

$$+ [\Gamma]\begin{Bmatrix} 0 \\ 0 \end{Bmatrix} = \frac{1}{m\omega_n^2} \begin{Bmatrix} \cos \omega_n T - \cos^2 \omega_n T + \sin^2 \omega_n T \\ -\omega_n \sin \omega_n T + \omega_n \sin \omega_n T \cos \omega_n T + \omega_n \sin \omega_n T \cos \omega_n T \end{Bmatrix}$$

$$= \frac{1}{m\omega_n^2} \begin{Bmatrix} \cos \omega_n T - \cos 2\omega_n T \\ -\omega_n \sin \omega_n T + \omega_n \sin 2\omega_n T \end{Bmatrix}$$

Similarly

$$y(3) = [\Phi]\{y(2)\} + [\Gamma]\{Y(2)\} = \begin{bmatrix} \cos \omega_n T & \frac{1}{\omega_n} \sin \omega_n T \\ -\omega_n \sin \omega_n T & \cos \omega_n T \end{bmatrix}$$

$$\times \frac{1}{m\omega_n^2} \begin{Bmatrix} \cos \omega_n T - \cos 2\omega_n T \\ -\omega_n \sin \omega_n T + \omega_n \sin 2\omega_n T \end{Bmatrix} + [\Gamma]\begin{Bmatrix} 0 \\ 0 \end{Bmatrix} = \frac{1}{m\omega_n^2} \begin{Bmatrix} \cos 2\omega_n T - \cos 3\omega_n T \\ -\omega_n \sin 2\omega_n T + \omega_n \sin 3\omega_n T \end{Bmatrix}$$

Following this approach, the response at the kth instant is

$$\{y(k)\} = \frac{1}{m\omega_n^2} \begin{Bmatrix} \cos (k-1)\omega_n T - \cos k\omega_n T \\ -\omega_n \sin (k-1)\omega_n T + \omega_n \sin k\omega_n T \end{Bmatrix} \ , \ k=1,2,\ldots$$

The discrete-time impulse response is the upper component of the vector $\{y(k)\}$, or

$$y_1(k) = \frac{1}{m\omega_n^2} [\cos(k-1)\omega_n T - \cos k\omega_n T], \quad k = 1, 2, \ldots$$

For small sampling period T such that $\omega_n T$ is a small number, the first term in the bracket can be expanded as follows:

$$\cos(k-1)\omega_n T = \cos k\omega_n T \cos \omega_n T + \sin k\omega_n T \sin \omega_n T$$

$$\cong \cos k\omega_n T + \omega_n T \sin k\omega_n T$$

Introducing the last approximation, the discrete-time impulse response can be written as

$$y_1(k) = \frac{T}{m\omega_n} \sin k\omega_n T, \quad k = 0, 1, 2, \ldots$$

The continuous-time impulse response of a mass-spring system is

$$x(t) = \frac{T}{m\omega_n} \sin \omega_n t$$

where the impulse response was multiplied by T to permit comparison with the discrete-time impulse response. Both responses are plotted over a 5 s time interval for $\omega_n = 1$ rad/s T = 0.1 s.

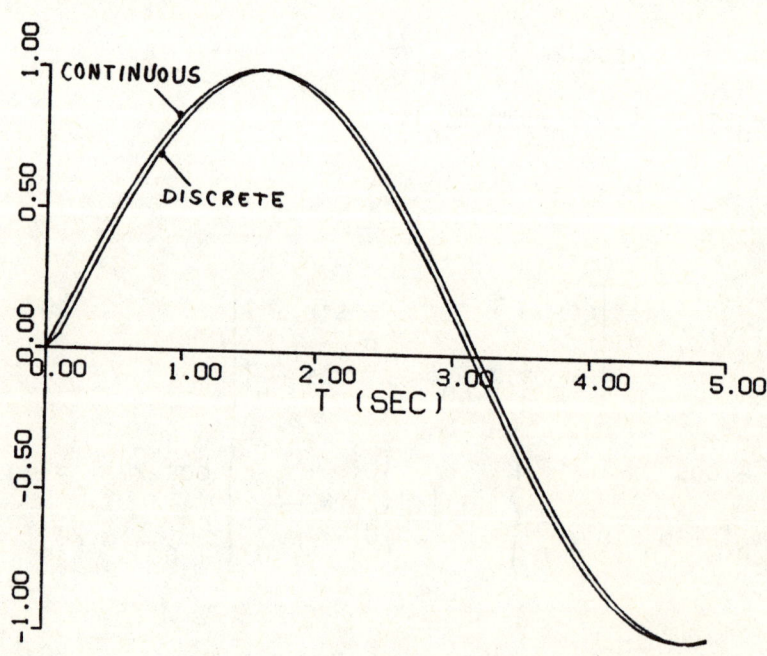

12.8 The response of a system based on the discrete-time transition matrix is given by Eq. (12.65) in the form

$$\{y(k+1)\} = [\Phi]\{y(k)\} + [\Gamma]\{Y(k)\}, \quad k = 0,1,2,\ldots$$

From Problem 12.7, the matrices $[\Phi]$ and $[\Gamma]$ for a mass-spring system are

$$[\Phi] = \begin{bmatrix} \cos\omega_n T & \frac{1}{\omega_n}\sin\omega_n T \\ -\omega_n \sin\omega_n T & \cos\omega_n T \end{bmatrix}, \quad [\Gamma] = \frac{1}{\omega_n}\begin{bmatrix} \sin\omega_n T & \frac{1}{m\omega_n}(1-\cos\omega_n T) \\ -\omega_n(1-\cos\omega_n T) & \frac{1}{m}\sin\omega_n T \end{bmatrix}$$

Here the force is a step function of amplitude F_0 applied at time $t = 0$ with zero initial conditions, or

$$\{y(0)\} = \begin{Bmatrix} 0 \\ 0 \end{Bmatrix}, \quad \{Y(k)\} = F_0\{u(k)\} = F_0\begin{Bmatrix} 0 \\ 1 \end{Bmatrix}, \quad k = 0,1,2,\ldots$$

Where $\{u(k)\}$ is the discrete-time unit step function. From Eq. (12.65) the response of the system is as follows:

$$\{y(0)\} = \begin{Bmatrix} 0 \\ 0 \end{Bmatrix}$$

$$\{y(1)\} = [\Phi]\{y(0)\} + [\Gamma]\{Y(0)\} = \frac{F_0}{\omega_n}\begin{bmatrix} \sin\omega_n T & \frac{1}{m\omega_n}(1-\cos\omega_n T) \\ -\omega_n(1-\cos\omega_n T) & \frac{1}{m}\sin\omega_n T \end{bmatrix}\begin{Bmatrix} 0 \\ 1 \end{Bmatrix}$$

$$= \frac{F_0}{k}\begin{Bmatrix} 1-\cos\omega_n T \\ \omega_n \sin\omega_n T \end{Bmatrix}$$

$$\{y(2)\} = [\Phi]\{y(1)\} + [\Gamma]\{Y(1)\}$$

$$= \begin{bmatrix} \cos\omega_n T & \frac{1}{\omega_n}\sin\omega_n T \\ -\omega_n \sin\omega_n T & \cos\omega_n T \end{bmatrix}\frac{F_0}{k}\begin{Bmatrix} 1-\cos\omega_n T \\ \omega_n \sin\omega_n T \end{Bmatrix}$$

$$+ \frac{F_0}{\omega_n}\begin{bmatrix} \sin\omega_n T & \frac{1}{m\omega_n}(1-\cos\omega_n T) \\ -\omega_n(1-\cos\omega_n T) & \frac{1}{m}\sin\omega_n T \end{bmatrix}\begin{Bmatrix} 0 \\ 1 \end{Bmatrix}$$

$$= \frac{F_0}{k}\begin{Bmatrix} \cos\omega_n T - \cos^2\omega_n T + \sin^2\omega_n T + 1 - \cos\omega_n T \\ -\omega_n \sin\omega_n T + \omega_n \sin\omega_n T \cos\omega_n T + \omega_n \cos\omega_n T \sin\omega_n T + \omega_n \sin\omega_n T \end{Bmatrix}$$

$$= \frac{F_0}{k} \begin{Bmatrix} 1 - \cos 2\omega_n T \\ \omega_n \sin 2\omega_n T \end{Bmatrix}$$

$$\{y(3)\} = [\Phi]\{y(2)\} + [\Gamma]\{Y(2)\}$$

$$= \begin{bmatrix} \cos \omega_n T & \frac{1}{\omega_n} \sin \omega_n T \\ -\omega_n \sin \omega_n T & \cos \omega_n T \end{bmatrix} \frac{F_0}{k} \begin{Bmatrix} 1 - \cos 2\omega_n T \\ \omega_n \sin 2\omega_n T \end{Bmatrix}$$

$$+ \frac{F_0}{\omega_n} \begin{bmatrix} \sin \omega_n T & \frac{1}{m\omega_n}(1 - \cos \omega_n T) \\ -\omega_n(1 - \cos \omega_n T) & \frac{1}{m} \sin \omega_n T \end{bmatrix} \begin{Bmatrix} 0 \\ 1 \end{Bmatrix}$$

$$= \frac{F_0}{k} \begin{Bmatrix} \cos \omega_n T - \cos \omega_n T \cos 2\omega_n T + \sin \omega_n T \sin 2\omega_n T + 1 - \cos \omega_n T \\ -\omega_n \sin \omega_n T + \omega_n \sin \omega_n T \cos 2\omega_n T + \omega_n \cos \omega_n T \sin 2\omega_n T + \omega_n \sin \omega_n T \end{Bmatrix}$$

$$= \frac{F_0}{k} \begin{Bmatrix} 1 - \cos 3\omega_n T \\ \omega_n \sin 3\omega_n T \end{Bmatrix}$$

. . . .

Hence, the response at the kth sampling time is

$$\{y(k)\} = \frac{F_0}{k} \begin{Bmatrix} 1 - \cos k\omega_n T \\ \omega_n \sin k\omega_n T \end{Bmatrix}, \quad k = 0, 1, 2, \ldots$$

The continuous-time unit step response was obtained in Problem 12.1, from which

$$x(t) = \frac{F_0}{k}(1 - \cos \omega_n t), \quad t > 0$$

Replacing the continuous time t by the sampling time kT, the response based on the discrete-time transition matrix and the response based on the continuous-time transition matrix appear to be identical. Based on this and on results from Problem 12.5, it appears that the convolution sum approach is less accurate than the discrete-time transition matrix approach for the case in which the excitation is a step function.

12.9 The response of a system based on the discrete-time transition matrix is given by Eq. (12.65) as follows:

$$\{y(k+1)\} = [\Phi]\{y(k)\} + [\Gamma]\{Y(k)\}, \quad k = 0,1,2,\ldots$$

The continuous-time transition matrix for a mass-damper-spring system was obtained in Problem 12.3. Letting $t = T$ and using the first of Eqs. (12.63), we can write the transition matrix for the discrete-time system in the form

$$[\Phi] = e^{[A]T} = e^{-\zeta\omega_n T} \begin{bmatrix} \cos\omega_d T + \dfrac{\zeta\omega_n}{\omega_d}\sin\omega_d T & \dfrac{1}{\omega_d}\sin\omega_d T \\ -\dfrac{\omega_n^2}{\omega_d}\sin\omega_d T & \cos\omega_d T - \dfrac{\zeta\omega_n}{\omega_d}\sin\omega_d T \end{bmatrix}$$

where $\omega_d = \omega_n(1 - \zeta^2)^{1/2}$.

The matrix $[\Gamma]$ is obtained from the second of Eqs. (12.63), or

$$[\Gamma] = \int_0^T e^{-\zeta\omega_n t} \begin{bmatrix} \cos\omega_d t + \dfrac{\zeta\omega_n}{\omega_d}\sin\omega_d t & \dfrac{1}{\omega_d}\sin\omega_d t \\ -\dfrac{\omega_n^2}{\omega_d}\sin\omega_d t & \cos\omega_d t - \dfrac{\zeta\omega_n}{\omega_d}\sin\omega_d t \end{bmatrix} dt \begin{bmatrix} 1 & 0 \\ 0 & \dfrac{1}{m} \end{bmatrix}$$

Because $\{Y(k)\} = F_0 \begin{Bmatrix} 0 \\ 1 \end{Bmatrix} (k)$, $(k = 0,1,2,\ldots)$, only the second column of $[\Gamma]$ is needed. Denoting this column by $[\Gamma]_2$, we can write

$$\{\Gamma\}_2 = \frac{1}{m}\int_0^T e^{-\zeta\omega_n t} \begin{Bmatrix} \dfrac{1}{\omega_d}\sin\omega_d t \\ \cos\omega_d t - \dfrac{\zeta\omega_n}{\omega_d}\sin\omega_d t \end{Bmatrix} dt = \frac{1}{m}\begin{Bmatrix} \dfrac{e^{-\zeta\omega_n t}}{\omega_n^2}\left(-\dfrac{\zeta\omega_n}{\omega_d}\sin\omega_d t - \cos\omega_d t\right) \\ \dfrac{e^{-\zeta\omega_n t}}{\omega_d}\sin\omega_d t \end{Bmatrix}\Bigg|_0^T$$

$$= \frac{1}{k}\begin{Bmatrix} 1 - e^{-\zeta\omega_n T}\left(\cos\omega_d T + \dfrac{\zeta\omega_n}{\omega_d}\sin\omega_d T\right) \\ \dfrac{\omega_n^2}{\omega_d}e^{-\zeta\omega_n T}\sin\omega_d T \end{Bmatrix}$$

The response of the system can be obtained using Eq. (12.65) as follows:

$$\{y(0)\} = \begin{Bmatrix} 0 \\ 0 \end{Bmatrix}$$

$$\{y(1)\} = [\Phi]\{y(0)\} + F_0\{\Gamma\}_2 = \frac{F_0}{m\omega_n^2}\begin{Bmatrix} 1-e^{-\zeta\omega_n T}(\cos\omega_d T + \frac{\zeta\omega_n}{\omega_d}\sin\omega_d T) \\ \frac{\omega_n^2}{\omega_d} e^{-\zeta\omega_n T}\sin\omega_d T \end{Bmatrix}$$

$$\{y(2)\} = [\Phi]\{y(1)\} + F_0\{\Gamma\}_2 = F_0[\Phi]\{\Gamma\}_2 + F_0\{\Gamma\}_2 = F_0([\Phi] + [I])\{\Gamma\}_2$$

$$\{y(3)\} = [\Phi]\{y(2)\} + F_0\{\Gamma\}_2 = F_0([\Phi]^2 + [\Phi] + [I])\{\Gamma\}_2$$

$$\vdots$$

$$\{y(k)\} = F_0([\Phi]^{k-1} + [\Phi]^{k-2} + \ldots + [\Phi] + [I])\{\Gamma\}_2$$

To compare the results, we let ω_n = 1 rad/s, T = 0.1 s and ζ = 0.1

The folowing plot provides a description of the continuous-time response, the response by the convolution-sum, both according to results obtained in Problem 12.6, and the response by discrete-time transition matrix obtained here. The comparison reveals that in this case the convolution-sum approach is more accurate than the discrete-time transition matrix approach.

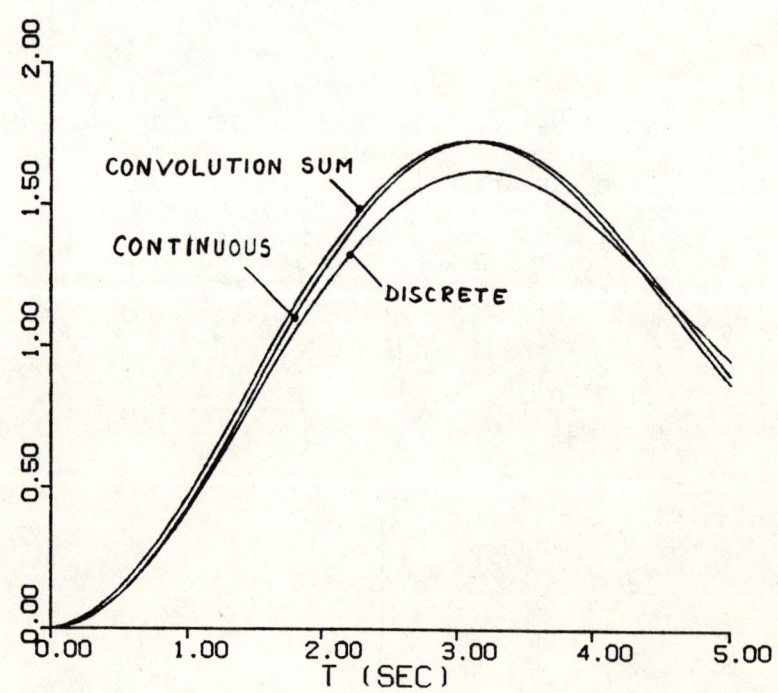

12.10 Following Example 12.5, we introduce the notation

$$\theta(t) = y_1(t) \quad, \quad \dot{\theta}(t) = y_2(t)$$

The second-order differential equation can be replaced by the state equations

$$\dot{y}_1 = y_2 \,, \quad \dot{y}_2 = -4 \sin y_1$$

The components of the vector $\underset{\sim}{f}$ are

$$f_1 = y_2 \,, \quad f_2 = -4 \sin y_1$$

Using Eqs. (12.85) and (12.86), we obtain

$$y_1(k+1) = y_1(k) + \frac{1}{6}[g_{11}(k) + 2g_{21}(k) + 2g_{31}(k) + g_{41}(k)]$$

$$y_2(k+1) = y_2(k) + \frac{1}{6}[g_{12}(k) + 2g_{22}(k) + 2g_{32}(k) + g_{42}(k)]$$

$$k = 0, 1, 2, \ldots$$

where the components of the vectors $\underset{\sim}{g}_1$, $\underset{\sim}{g}_2$, $\underset{\sim}{g}_3$ and $\underset{\sim}{g}_4$ are as follows:

$$g_{11}(k) = Tf_1[y_1(k), y_2(k)] = Ty_2(k)$$

$$g_{12}(k) = Tf_2[y_1(k), y_2(k)] = -4T \sin [y_1(k)]$$

$$g_{21}(k) = Tf_1[y_1(k) + 0.5g_{11}(k), y_2(k) + 0.5g_{12}(k)] = T[y_2(k) + 0.5g_{12}(k)]$$

$$g_{22}(k) = Tf_2[y_1(k) + 0.5g_{11}(k), y_2(k) + 0.5g_{12}(k)] = -4T \sin [y_1(k) + 0.5g_{11}(k)]$$

$$g_{31}(k) = Tf_1[y_1(k) + 0.5g_{21}(k), y_2(k) + 0.5g_{22}(k)] = T[y_2(k) + 0.5g_{22}(k)]$$

$$g_{32}(k) = Tf_2[y_1(k) + 0.5g_{21}(k), y_2(k) + 0.5g_{22}(k)] = -4T \sin[y_1(k) + 0.5g_{21}(k)]$$

$$g_{41}(k) = Tf_1[y_1(k) + g_{31}(k), y_2(k) + g_{32}(k)] = T[y_2(k) + g_{32}(k)]$$

$$g_{42}(k) = Tf_2[y_1(k) + g_{31}(k), y_2(k) + g_{32}(k)] = -4T \sin[y_1(k) + g_{31}(k)]$$

The following listing provides the computer program for the fourth-order Runge-Kutta solution using a sampling period T = 0.01 s:

```
C     PROBLEM 12-10 SOLUTION BY THE 4TH-ORDER RUNGE-KUTTA METHOD
C     **************
      T=0.01
      NP=500
      PI=ARCOS(-1.)
      Y1=PI/3
      Y2=0.
      WRITE(20,1000)0.,Y1
C
      DO 10 K=1,NP
      G11=T*Y2
      G12=-4*T*SIN(Y1)
      G21=T*(Y2+0.5*G12)
      G22=-4*T*SIN(Y1+0.5*G11)
      G31=T*(Y2+0.5*G22)
      G32=-4*T*SIN(Y1+0.5*G21)
      G41=T*(Y2+G32)
      G42=-4*T*SIN(Y1+G31)
      Y1=Y1+(G11+2*G21+2*G31+G41)/6.
      Y2=Y2+(G12+2*G22+2*G32+G42)/6.
      RK=K
   10 WRITE(20,1000)RK,Y1
 1000 FORMAT(5X,2F13.6)
      STOP
      END
```

The response θ(t) = f(t) is shown in the following plot.

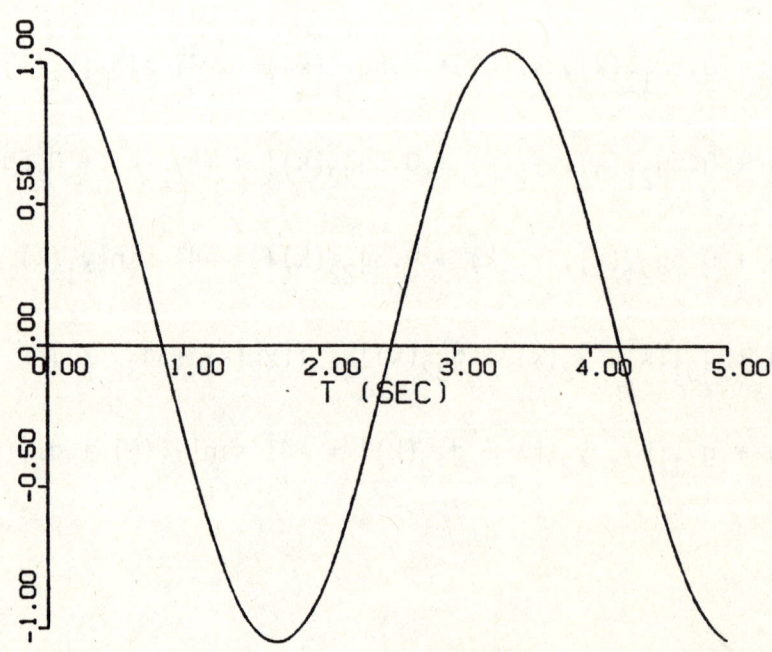